JN194111

江川博康 著

弱点克服

# 大学生の微分方程式

東京図書

# はしがき

微分積分・線形代数は大学数学の土台をなしますが，数学を必要とする方面へ進もうとしている人にとっては，微分積分・線形代数だけでは十分とは言えません．さらに進んだ数学の知識を身につけなければいけません．本書は，その手助けになることを最大の目標として「微分方程式」全分野について書き上げました．『弱点克服　大学生の微積分』，『弱点克服　大学生の線形代数　改訂版』の姉妹編です．

常微分方程式・連立常微分方程式・偏微分方程式など，微分方程式の全分野の重要かつ典型的な内容から，80 項目をとりあげました．レベルは基本から応用です．読みやすく勉強しやすいように，一つの項目を見開きで，左頁が用語および定理・公式などの解説，さらに例題をとりあげて計算方法・公式の使い方などを説明しました．また，右頁はそれぞれの項目の重要問題の解答および解答へのアプローチとなるポイントを入れました．解答は，さまざまな問題を解く上での土台になるように，きわめてオーソドックスなものを心がけました．さらに，理解の認識をはかれるように，各章末に練習問題として類題をつけ，巻末に詳しい解答を載せました．

微分方程式は，物理系・工学系ではその道具として必要不可欠の分野ですが，本書がそうした分野を学ぶ方々の絶好の指南書になることを心から願っています．

最後になりましたが，東京図書編集部の鈴木桜子氏には執筆の当初より貴重なご意見，温かい励ましのお言葉をいただき，終始お世話になりました．ここに，感謝の意を表します．

2019 年 10 月
江川博康

# 目次

★問題の頁数のあとのマス目は，理解の度合いを記入しておくのにご利用ください．

## *Chapter* 3.　微分演算子　**91**



## *Chapter* 4.　級数解　**117**

## *Chapter* 5. 連立常微分方程式 137



## *Chapter* 6. 偏微分方程式 165



■カバー・表紙デザイン　高橋　敦

## このテキストの使用説明書

このテキストは，前著『弱点克服　大学生の微積分』『弱点克服　大学生の線形代数』と共通して，他の類書にないスタイルをとっている．それは『有限の時間を，いかに活用するか』の具体化ということである．試験の時間が限られた時間であることはいうまでもないが，大学生活の中で数学を勉強する時間もまた，限られた時間でしかない．その限られた時間で，よりレベルの高い微分方程式の内容を，数学科はもちろん物理系・工学系などのユーザーが実際の具体的な問題に対応できる実力を養えるように，工夫を凝らしてある．

微分方程式を学ぶにあたっては，微積分の分野では1変数の微積分法および偏微分法についての基礎知識，すなわち基本から標準的な関数の微分・積分等の計算ができることは前提条件である．さらに，線形代数では行列式，固有値・固有ベクトルについての知識も最低限は必要である．

本文はすべて見開き2頁である．まず各問題の左ページをじっくり読むことを勧める．重要事項のていねいな解説を置いており，時間がないときでも，とりあえず解説のゴシックやアミの敷かれたところだけを確認することで基本事項が押さえられる．さらに，定理の使い方および問題を解く上での参考となる例題とその解答をスペースの許す範囲で取りあげて，理解が深まるようにした．

右ページでは問題の解答を，なるべく詳細に記した．原則的でオーソドックスな解法を心がけ，間違えやすいところは，右の欄に注意事項や解説をつけた．解答へのアプローチとなるポイントも入れた．

各章末問題は，本文中の問題よりいくらかレベルの高いものも選び，解答については，やはり思考過程や計算過程をなるべく省略せず，ていねいな解答を心がけ，いくつか別解や注もつけて，内容の理解がより深められるようにした．

このテキストの内容がかなり理解でき，問題も8割以上こなせるようになったとすれば，微分方程式については十分な実力がついたと考えてよい．しかし，この「微分方程式」という山は，なかなか手強く険しいものである．おすすめしておきたいのは，「最初からパーフェクトを求めない」ということだ．「解けたか・解けなかったか」という結果にとらわれるのでなく，自分でどこまで考えられたか，どのようなヒント（解くための道具）があれば正答にたどりつけるか，と検討して粘り強く勉強を継続することだ．

以上のことを参考に，あなた自身がこのテキストを，あなたにいちばんあったやり方で，あなた自身のスキル UP に活用してくれたら，うれしく思います．

## 微分方程式のススメ

微積分の創始者の一人であるニュートンは，いわゆるニュートン力学の創始者でもあって，「$f=ma$」というニュートンの運動の第2法則の運動方程式は，2階微分方程式として記述されている．そしてニュートンは，世の中で起こっているさまざまな物理現象（力の働き具合の関係式）を**運動方程式＝微分方程式**として記述し，それを解くことで，地上での物理現象からはるか彼方の天体の運動にいたるまで，それを解析し**未来の動きを予測することもできる**と考えていた，らしい．

ただ，残念なことに，「すべての微分方程式が解ける」わけではない．もっと現実に即していうなら，**「解ける微分方程式は（ごく）限られている」**のである．このことは微積分を学んだ段階で，微分計算はできてもその逆演算にあたる（不定）積分を求める（解く）のは一般にできないことを体験しているとわかるだろう．

本書で扱う微分方程式は，「解ける」微分方程式ばかりであるが，上記のことがあるのでどうしてもいくらか「こういう形のものは，このようにすることで解くことができる」という形の解説にならざるを得ない．それで，解説のページをひと通りざっと見ていただくと，「**〜に帰着させて解く**」といった表現がくり返し出てくるのに気づくだろう．まずは，その「帰着先」の**基本的な微分方程式の解法を身につける**必要がある．したがって，まず問題にとりかかる前に，どういうものに帰着させているかを見て整理しておくというのも，一つの方法である．そのうえで，このタイプは変数分離形になるんだな，これは線形微分方程式に変形できるんだな，などと見ていけるとよいだろう．「**視察**」（式の形を見極める）ということばも説明の中でなんどか登場するが，これにもある程度の経験が必要なので，反復練習をすることにより徐々に眼力を磨いて欲しい．

もちろん，さまざまな解法があるといっても，関連のあるところではその流れがわかるように解説をして，また積分計算によらない解法や先ほどの「視察」により楽に解けるというものも数多く紹介している．このテキストによってこれだけの豊かな解法を身につけておけば，**微分方程式においては十分な実力**がつけられたと自信をもっていただいてかまわない．

# *Chapter* 1

# 1 階常微分方程式

## 問題 1　微分方程式とは

次の各関数は，右に示した微分方程式をみたすことを示せ．

(1)　$y=\dfrac{c}{x}$，　$xy'=-y$　　(2)　$y=A\sin(3x+B)$，　$y''=-9y$

(3)　$y=(Ax+B)e^x$，　$y''-2y'+y=0$

(4)　$y=c^2+\dfrac{c}{x}$，　$x^4\left(\dfrac{dy}{dx}\right)^2=y+x\dfrac{dy}{dx}$

**解説**　未知の関数 $y=f(x)$ の性質が，その導関数 $y'=f'(x)$ を含む方程式で表されることがある．このような方程式のうち最も簡単なものは，$f'(x)=g(x)$ の形であり，この場合，関数 $f(x)$ は $g(x)$ の不定積分に他ならない．$x$ の関数 $y=f(x)$ がたとえば，$y'=2x$ をみたすとき，その関数 $y$ は

$$y=\int 2xdx=x^2+C$$

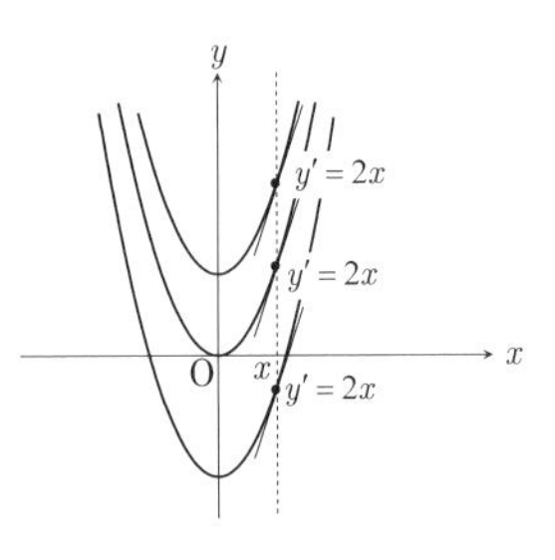


である．ここで，積分定数 $C$ は任意に定めることができて，$C$ の値によって異なる曲線が得られる．しかし，どの曲線においても，点 $(x, y)$ における接線の傾きはその接点の $x$ 座標の 2 倍になっている．等式 $y'=2x$ のように未知の関数 $y$ の導関数 $y'$ を含む方程式を $y$ についての**微分方程式**（differential equation）という．微分方程式を簡単に D.E. と表すこともある．

一般には，関数 $y=f(x)$ とその導関数 $y'=\dfrac{dy}{dx}$，$y''=\dfrac{d^2y}{dx^2}$，…，および変数 $x$ を含む方程式を微分方程式という．関数 $y=f(x)$ を未知関数，$x$ を独立変数という．微分方程式に含まれる導関数の階数の最高のものを，その微分方程式の**階数**（order）という．たとえば

$$F\left(x, y, \frac{dy}{dx}\right)=0 \qquad \cdots\cdots(1\text{ 階微分方程式})$$

$$F\left(x, y, \frac{dy}{dx}, \frac{d^2y}{dx^2}\right)=0 \qquad \cdots\cdots(2\text{ 階微分方程式})$$

（例）　$y=cx^2$ は微分方程式 $xy'=2y$ をみたすことを示してみよう．

（解）　$y=cx^2$ を $x$ で微分すると　$y'=2cx$　　$\therefore$　$xy'=2cx^2$

よって　　$xy'=2y$

## 解 答

(1)　$\underset{㋐}{y=\dfrac{c}{x}}$ のとき　$y'=-\dfrac{c}{x^2}$

したがって，$xy'=x\cdot\left(-\dfrac{c}{x^2}\right)=-\dfrac{c}{x}$

よって，与えられた関数は　$xy'=-y$ をみたす．

(2)　$y=A\sin(3x+B)$ のとき

$$y'=3A\cos(3x+B)$$

$$y''=-9A\sin(3x+B)$$

よって，与えられた関数は　㋑$y''=-9y$ をみたす．

(3)　$y=(Ax+B)e^x$ のとき

$$y'=(Ax+A+B)e^x$$

$$y''=(Ax+2A+B)e^x$$

したがって

$$\begin{aligned}&y''-2y'+y\\&=(Ax+2A+B)e^x-2(Ax+A+B)e^x\\&\qquad+(Ax+B)e^x\\&=0\end{aligned}$$

よって，与えられた関数は　㋒$y''-2y'+y=0$ をみたす．

(4)　$y=c^2+\dfrac{c}{x}$ のとき　$\dfrac{dy}{dx}=-\dfrac{c}{x^2}$

したがって

$$x^4\left(\frac{dy}{dx}\right)^2=x^4\left(-\frac{c}{x^2}\right)^2=c^2$$

$$\begin{aligned}y+x\frac{dy}{dx}&=c^2+\frac{c}{x}+x\cdot\left(-\frac{c}{x^2}\right)\\&=c^2\end{aligned}$$

よって，与えられた関数は次式をみたす．

㋓ $$x^4\left(\frac{dy}{dx}\right)^2=y+x\frac{dy}{dx}$$

㋐　分母を払って　$xy=c$
両辺を $x$ で微分して

$$\frac{d}{dx}(xy)=\frac{d}{dx}(c)$$

これより　$y+xy'=0$
すなわち　$xy'=-y$
としてもよい．

㋑　(1) は，任意定数が1個であるが，微分方程式の階数も1である．それに対して (2) は，任意定数が2個で，微分方程式の階数も2である．

㋒　ここでも，㋑とまったく同様のことが言える．なお，㋒は2階線形微分方程式と呼ばれる重要な微分方程式である（問題24参照）．

㋓　ここでも，㋑とまったく同様のことが言える．

**POINT**　微分方程式は，関数 $y=f(x)$ とその導関数 $y', y''$, …… および変数 $x$ の間に成り立つ等式である．微分方程式は，理工系に限らずさまざまな分野でとり扱われる．

## 問題 2 微分方程式の作成

(1) 次の式から（　　）内の任意定数を消去して微分方程式を作れ．

① $y^2=cx$ $(c)$ ② $y=\dfrac{c}{x}+c$ $(c)$

③ $y=Ae^{ax}\sin(kx+B)$ $(A, B)$

(2) $xy$ 平面上の任意の円の群がみたす微分方程式を求めよ．

**解 説** たとえば，**直線群** $y=ax+a^2$ のみたす微分方程式を作ってみよう．
$y=ax+a^2$ を $x$ で微分して $y'=a$，さらに微分して $y''=0$ となるが，

$y''=0$ を直線群 $y=ax+a^2$ の微分方程式としてはいけない．

それは，$y''=0$ から順次積分すると $y'=C_1$，$y=C_1x+C_2$
となり，解の直線群の傾き $C_1$ と $y$ 切片 $C_2$ は $C_2=C_1{}^2$ の関係をみたさないからである．正しくは，$y=ax+a^2$ から $y'=a$ として，$a=y'$ を与式に代入することにより $y=xy'+y'^2$ となる．

また，**原点を通る放物線群** $y=ax^2+bx$ のみたす微分方程式を作ってみよう．
$y=ax^2+bx$ を微分して $y'=2ax+b$，$y''=2a$，$y^{(3)}=0$ となるが，これより

$y^{(3)}=0$ を放物線群 $y=ax^2+bx$ の微分方程式としてはいけない．

それは，$y^{(3)}=0$ から順次積分すると

$$y''=C_1,\ y'=C_1x+C_2,\ y=\frac{C_1}{2}x^2+C_2x+C_3$$

となり，原点を通るという放物線群 $y=ax^2+bx$ のもつ性質を失うからである．
正しくは，$y=ax^2+bx$ から $y'=2ax+b$，$y''=2a$ として

$$b=y'-2ax=y'-xy''$$

これらを $2y=2ax^2+2bx$ に代入して

$$2y=x^2y''+2(y'-xy'')x$$

よって，微分方程式は $x^2y''-2xy'+2y=0$ となる．

一般に，$n$ 個の任意定数を含む式からこれらを消去すると，$n$ 階微分方程式が得られる．したがって，微分方程式の階数（導関数の次数）は任意定数の個数に一致する．すなわち，任意定数を消去するには，

原式および順次 $n$ 回微分して得られる計 $(n+1)$ 個の式から求めればよい．

本問の (1) では，①と②は $y'$ のみ，③は $y''$ までの導関数を用いて微分方程式を作ればよい．

## 解 答

(1)　①　$y^2=cx$ の両辺を $x$ で微分して　$2yy'=c$

$c$ を消去して　　$y^2=2yy'x$

よって，ⓐ$2xy'=y$　……(答)

②　$y=\dfrac{c}{x}+c$ の両辺を $x$ で微分して　$y'=-\dfrac{c}{x^2}$

$$\therefore\quad c=-x^2y'$$

$c$ を消去して　　$y=-\dfrac{x^2y'}{x}-x^2y'$

よって　　$(x^2+x)y'+y=0$　……(答)

③　ⓘ$y=Ae^{ax}\sin(kx+B)$ の両辺を $x$ で2回微分して

$$y'=Ae^{ax}\{a\sin(kx+B)+k\cos(kx+B)\}$$

$$y''=Ae^{ax}\{(a^2-k^2)\sin(kx+B)+2ak\cos(kx+B)\}$$

ⓤこれより　　$y'=ay+kAe^{ax}\cos(kx+B)$

$$y''=(a^2-k^2)y+2akAe^{ax}\cos(kx+B)$$

$$\therefore\quad y''-2ay'=(a^2-k^2)y-2a^2y$$

よって　$y''-2ay'+(a^2+k^2)y=0$　……(答)

(2)　$xy$ 平面上の任意の円群の方程式は

ⓔ$(x-a)^2+(y-b)^2=r^2$

($a, b, r$ は任意定数)

両辺を $x$ で微分して

$$2(x-a)+2(y-b)y'=0$$

$$\therefore\quad (x-a)+(y-b)y'=0$$

さらに2回微分して

$$1+y'^2+(y-b)y''=0 \quad \cdots\cdots①$$

$$2y'y''+y'y''+(y-b)y'''=0$$

$$\therefore\quad 3y'y''+(y-b)y'''=0 \quad \cdots\cdots②$$

ⓞ①，②から $b$ を消去して

$$y'''(1+y'^2)-3y'y''^2=0$$

よって　　$y'''(1+y'^2)=3y'y''^2$　……(答)

ⓐ　任意定数は $c$ のみだから，1階微分方程式である．$y$ は恒等的には0でないから，上の式の両辺を $y$ で割る．

ⓘ　任意定数は $A$ と $B$ の2個だから，2階微分方程式である．$y', y''$ をていねいに計算すること．

ⓤ　$y'$ と $y''$ において，$y$ で置き換えられるものは置き換えて，最後に $e^{ax}\cos(kx+B)$ を消去する．

ⓔ　任意定数は3個だから，$y', y'', y'''$ を計算する．

ⓞ　$y-b$ の項を消去する．

**POINT**　微分方程式を作るとき，その階数は任意定数の個数に一致する．これは微分方程式全般にわたって大切な性質である．

## 問題 3　直接積分形

(1)　微分方程式 $\dfrac{dy}{dx}=x^3e^x$ の一般解を求めよ．

(2)　微分方程式 $(2e^x+3)\dfrac{dy}{dx}=1$ の一般解を求めよ．

(3)　微分方程式 $x\dfrac{dy}{dx}+2=x^2$ において，初期条件 $y(1)=1$ をみたす特殊解を求めよ．

**解説**　微分方程式が与えられたとき，それを恒等的にみたし，$y$ の導関数 $y'$, $y''$ などを含まない $x$ と $y$ の関係式 $\varphi(x,y)=0$ を微分方程式の**解**という．また，微分方程式の解 $\varphi(x,y)=0$ が表す曲線を微分方程式の**解曲線**という．

1階微分方程式 $F\left(x,y,\dfrac{dy}{dx}\right)=0$ は1つの任意定数 $C$ を含む解 $\varphi(x,y,C)=0$ をもつが，点 $(x_0,y_0)$ を通る解曲線はただ1つだけ存在する．

このとき，任意定数 $C$ を含む解 $\varphi(x,y,C)=0$ を，与えられた微分方程式の**一般解**という．また，一般解 $\varphi(x,y,C)=0$ において任意定数 $C$ に特定な値 $C_1$ を代入して得られる解 $\varphi(x,y,C_1)=0$ を**特殊解**という．本問の (3) における「$x=1$ のとき $y=1$」のように，微分方程式において，変数のある値に対する解の値を指定する条件を，**初期条件**というが，初期条件によって一般解における任意定数 $C$ の値が定まり，特殊解が得られる．また，一般解の任意定数にどのような値を代入しても得られない解を**特異解**という．

一般解と特殊解を求めることを，**微分方程式を解く**という．

以上は，1階微分方程式について考えてきたが，2階以上の微分方程式についても同様にして次のことが成り立つ．一般に，

$n$ 階微分方程式の一般解は $n$ 個の任意定数を含む．

さて，$\dfrac{dy}{dx}=f(x)$ の形の微分方程式を**直接積分形**という．微分方程式の中では最も簡単なものである．この解き方は

$$\frac{dy}{dx}=f(x) \quad\Longrightarrow\quad y=\int f(x)\,dx=F(x)+C$$

となり，一般解は $y=F(x)+C$ である．

## 解 答

(1)　$\dfrac{dy}{dx}=x^3e^x$ の両辺を $x$ で積分すると

$$y=\underset{㋐}{\int x^3e^x dx}$$
$$=(x^3-3x^2+6x-6)e^x+C \quad (C\text{は任意定数})$$

……(答)

(2)　$(2e^x+3)\dfrac{dy}{dx}=1$ のとき　$\underset{㋑}{\dfrac{dy}{dx}=\dfrac{1}{2e^x+3}}$

両辺を $x$ で積分すると

$$y=\underset{㋒}{\int\frac{1}{2e^x+3}dx}$$

$e^x=t$ とおくと　$e^x dx=dt$

$$dx=\frac{1}{e^x}dt=\frac{1}{t}dt$$

$$\therefore \quad \int\frac{dx}{2e^x+3}=\int\frac{1}{2t+3}\cdot\frac{1}{t}dt$$
$$=\frac{1}{3}\int\left(\frac{1}{t}-\frac{2}{2t+3}\right)dt$$
$$=\frac{1}{3}\,\underset{㋓}{(\log|t|-\log|2t+3|)}+C$$

よって　$y=\dfrac{1}{3}\{x-\log(2e^x+3)\}+C$　……(答)

(3)　$x\dfrac{dy}{dx}+2=x^2$ のとき　$x\dfrac{dy}{dx}=x^2-2$

$x\neq 0$ から　$\dfrac{dy}{dx}=x-\dfrac{2}{x}$

両辺を $x$ で積分して

$$y=\underset{㋔}{\int\left(x-\frac{2}{x}\right)dx=\frac{1}{2}x^2-2\log x+C}$$

初期条件 $x=1$ のとき　$y=1$ だから　$C=\dfrac{1}{2}$

よって，求める特殊解は

$$y=\frac{1}{2}x^2-2\log x+\frac{1}{2}$$

……(答)

㋐　$g(x)$ が $x$ の整式のとき
$\int g(x)e^x dx$
$=(g-g'+g''-\cdots)e^x$
が成り立つ．

㋑　これは直接積分形である．

㋒　$\int R(e^x)dx$ ($R(x)$ は $x$ の有理関数) では，$e^x=t$ とおくと，$t$ の有理関数の積分に帰着する．

㋓　$t=e^x$ だから
$\log|t|=\log e^x=x$
また
$|2t+3|=2e^x+3$

㋔　$\int\dfrac{2}{x}dx=2\log|x|$ であるが，初期条件 $x=1$ のとき $y=1$ が定義されるのは $x>0$ のときだから，絶対値記号をはずした．

**POINT**　直接積分法は最も簡単な微分方程式である．また，一般解において初期条件を与えた解を特殊解という．

## 問題 4 変数分離形 (1)

次の微分方程式を解け.

(1) $\dfrac{dy}{dx}=\dfrac{\sin x}{\cos y}$ (2) $y+x\dfrac{dy}{dx}=0$

(3) $(y-1)dx+(2x+1)dy=0$ (4) $(1+x^2)dy+(1+y^2)dx=0$

**解説** $\dfrac{dy}{dx}=(x\text{のみの関数})\times(y\text{のみの関数})$ すなわち

$$\frac{dy}{dx}=P(x)Q(y) \quad \cdots\cdots①$$

の形の微分方程式を**変数分離形**という. 解法は次のようである.

$Q(y)\neq 0$ ($Q(y)$ が恒等的には 0 でない) ときは, ①の両辺を $Q(y)$ で割って

$$\frac{1}{Q(y)}\frac{dy}{dx}=P(x) \quad \cdots\cdots②$$

この両辺を $x$ で積分すると

$$\int\frac{1}{Q(y)}\frac{dy}{dx}dx=\int\frac{1}{Q(y)}dy=\int P(x)dx+C \quad \cdots\cdots③$$

となって, ③が①の一般解である. また, $Q(y)=0$ をみたす $y$ が存在するときは, その $y$ が恒等的に①をみたすかどうかを吟味する必要がある.

また, ①は $(x\text{のみの関数})\,dx+(y\text{のみの関数})\,dy=0$ と変形して

$$f(x)dx+g(y)dy=0 \implies \int f(x)dx+\int g(y)dy=C$$

として解くこともできる.

**(例)** 微分方程式 $\dfrac{dy}{dx}=xy$ を初期条件 $y(0)=2$ のもとで解いてみよう.

**(解)** $y=0$ (恒等的に $y=0$) は微分方程式をみたすが, 初期条件に反する.

$y\neq 0$ のとき $\dfrac{dy}{y}=xdx$ $\displaystyle\int\frac{dy}{y}=\int xdx$

$$\log|y|=\frac{x^2}{2}+C_1 \qquad |y|=e^{\frac{x^2}{2}+C_1}=e^{C_1}e^{\frac{x^2}{2}}$$

$$\therefore\ y=\pm e^{C_1}e^{\frac{x^2}{2}}=Ce^{\frac{x^2}{2}} \quad (C=\pm e^{C_1})$$

$y=0$ と合わせて一般解は $y=Ce^{\frac{x^2}{2}}$

ここで, $x=0$ のとき $y=2$ だから $C=2$

よって, 求める解は $y=2e^{\frac{x^2}{2}}$

## 解答

(1)　$\dfrac{dy}{dx}=\dfrac{\sin x}{\cos y}$ のとき　$\cos y\,dy=\sin x\,dx$

$\displaystyle\int\cos y\,dy=\int\sin x\,dx$ から

$$\sin y=-\cos x+C$$

よって　$\cos x+\sin y=C$　……(答)

(2)　ⓐ$y+x\dfrac{dy}{dx}=0$ のとき　$x\dfrac{dy}{dx}=-y$

$x\fallingdotseq 0$，$y\fallingdotseq 0$ のとき

$$\frac{dy}{y}=-\frac{dx}{x} \text{ から } \int\frac{dy}{y}=-\int\frac{dx}{x}$$

$$\log|y|=-\log|x|+C_1 \qquad \log|xy|=C_1$$

$$\therefore\quad xy=C \quad (C=\pm e^{C_1})$$

ⓘ$x=0$，$y=0$ も解であるが，$C=0$ のとき得られる．

よって　$xy=C$　……(答)

(3)　$(y-1)dx+(2x+1)dy=0$

$x\fallingdotseq -\dfrac{1}{2}$，$y\fallingdotseq 1$ のとき　$\dfrac{dx}{2x+1}+\dfrac{dy}{y-1}=0$

$\displaystyle\int\frac{dx}{2x+1}+\int\frac{dy}{y-1}=C_1$ から

$$\log|2x+1|+2\log|y-1|=2C_1$$

$$\therefore\quad (2x+1)(y-1)^2=C \quad (C=\pm e^{2C_1})$$

ⓤ$x=-\dfrac{1}{2}$，$y=1$ も解であるが，$C=0$ のとき得られる．

よって　$(2x+1)(y-1)^2=C$　……(答)

(4)　$(1+x^2)dy+(1+y^2)dx=0$

$\dfrac{dx}{1+x^2}+\dfrac{dy}{1+y^2}=0$ から

$$\int\frac{dx}{1+x^2}+\int\frac{dy}{1+y^2}=C$$

よって　ⓔ$\tan^{-1}x+\tan^{-1}y=C$　……(答)

ⓐ　$ydx+xdy=0$ と変形して，$x\fallingdotseq 0$，$y\fallingdotseq 0$ のときは

$\dfrac{dx}{x}+\dfrac{dy}{y}=0$ から

$\displaystyle\int\frac{dx}{x}+\int\frac{dy}{y}=C$ としてもよい．

ⓘ　$y$ を $x$ の関数と考えると $x=0$ は解とはいえないが，$x$ を $y$ の関数とも見なせるので，$x=0$ も解とする．与えられた微分方程式を

$ydx+xdy=0$

のように変形するとその意味がよくわかる．

ⓤ　ⓘを参照のこと．

ⓔ　$\tan^{-1}y=C-\tan^{-1}x$ から

$y=\tan(C-\tan^{-1}x)$

として，加法定理を用いて

$y=\dfrac{A-x}{1+Ax}$ としてもよい．

**POINT**　変数分離形は微分方程式においては基本レベルであるが，重要である．解法をしっかり覚えよう．

## 問題 5　変数分離形（2）

次の微分方程式を解け．

(1)　$(x-y)^2\dfrac{dy}{dx}=1$　　　(2)　$\dfrac{dy}{dx}=\sqrt{2x-y+3}$

**解説**　微分方程式　$\dfrac{dy}{dx}=f(ax+by+c)$　……①

について考える．

$b=0$ とすると，①は $\dfrac{dy}{dx}=f(ax+c)$ となり直接積分形になるので，ここでは $b\neq 0$ として考える．このような形の微分方程式は，

$u=ax+by+c$ とおくことにより，**変数分離形に帰着させる**

のが原則である．それは次のようにして示される．

$u=ax+by+c$ とおく　と，$\dfrac{du}{dx}=a+b\dfrac{dy}{dx}$ だから　$b\dfrac{dy}{dx}=\dfrac{du}{dx}-a$

①の両辺に $b$ を掛けて　$b\dfrac{dy}{dx}=bf(ax+by+c)$

したがって　$\dfrac{du}{dx}-a=bf(u)$　　$\therefore\ \dfrac{du}{dx}=bf(u)+a$

これは変数分離形である．

(例)　微分方程式 $\dfrac{dy}{dx}=x+y$ を解いてみよう．

(解)　$u=x+y$ とおくと，$\dfrac{du}{dx}=1+\dfrac{dy}{dx}$ から　$\dfrac{dy}{dx}=\dfrac{du}{dx}-1$

与式に代入して　$\dfrac{du}{dx}-1=u$　　$\therefore\ \dfrac{du}{dx}=u+1$　……②

$u=-1$ は②をみたす．

$u\neq -1$ のとき　$\dfrac{du}{u+1}=dx$　　$\displaystyle\int\frac{du}{u+1}=\int dx$

$\log|u+1|=x+C_1$　　$\therefore\ u+1=Ce^x$　$(C=\pm e^{C_1})$

したがって，$u=-1$ と合わせて②の解は　$u+1=Ce^x$

よって，求める解は　$x+y+1=Ce^x$

## 解答

(1)　$u=x-y$ とおくと

$\dfrac{du}{dx}=1-\dfrac{dy}{dx}$ から　$\dfrac{dy}{dx}=1-\dfrac{du}{dx}$

与式に代入すると

$$u^2\left(1-\dfrac{du}{dx}\right)=1 \qquad \dfrac{du}{dx}=\dfrac{u^2-1}{u^2} \qquad \cdots\cdots①$$

㋐$u=\pm1$ は①をみたす．

$u\neq\pm1$ のとき　$\left(1+\dfrac{1}{u^2-1}\right)du=dx$

$$\int\left\{1+\frac{1}{2}\left(\frac{1}{u-1}-\frac{1}{u+1}\right)\right\}du=\int dx$$

㋑$u+\dfrac{1}{2}\log\left|\dfrac{u-1}{u+1}\right|=x+C_1$

よって　$\dfrac{x-y-1}{x-y+1}=Ce^{2y}$　$(C=\pm e^{2C_1})$

または　$x-y=-1$　……(答)

(2)　㋒$u=\sqrt{2x-y+3}$ とおくと　$u^2=2x-y+3$

両辺を $x$ で微分して

$2u\dfrac{du}{dx}=2-\dfrac{dy}{dx}$　$\therefore$　$\dfrac{dy}{dx}=2-2u\dfrac{du}{dx}$

与式に代入して

$$2-2u\frac{du}{dx}=u \qquad \therefore \quad 2u\frac{du}{dx}=2-u \qquad \cdots\cdots②$$

$u=2$ は②をみたす．

$u\neq2$ のとき　$\dfrac{2u}{u-2}du=-dx$

$$2\int\left(1+\frac{2}{u-2}\right)du=-\int dx$$

$\therefore$　㋓$2u+4\log|u-2|=-x+C$

よって，求める解は

$$2\sqrt{2x-y+3}+4\log|\sqrt{2x-y+3}-2|=-x+C$$

または　$y=2x-1$　……(答)

㋐　関数としての $u=1$，$u=-1$ は①の解である．

㋑　これを変形して

$$-y+\frac{1}{2}\log\left|\frac{u-1}{u+1}\right|=C_1$$

$$\log\left|\frac{u-1}{u+1}\right|=2y+2C_1$$

$$\frac{u-1}{u+1}=\pm e^{2y+2C_1}=\pm e^{2C_1}e^{2y}$$

㋒　$u=2x-y+3$ とおくのが原則であるが，解答のようにおく方が簡単である．

㋓　$u=2$ は $C=-\infty$ に対応する解と考える．$u=2$ と合わせて，②の解はこの㋓で与えられる．

**POINT**　$y'=f(ax+by+c)$ は，$ax+by+c=u$ とおくことにより変数分離形に帰着できる．これは覚えておかないと解けない．

## 問題 6　同次形（1階）(1)

次の微分方程式を解け．

(1)　$(x-2y)\dfrac{dy}{dx}=2x-y$　　(2)　$(x^2-y^2)\dfrac{dy}{dx}=2xy$

**解 説**　微分方程式 $\dfrac{dy}{dx}=f(x,y)$ の右辺が $\dfrac{y}{x}\left(\text{または } \dfrac{x}{y}\right)$ の関数になっているとき，すなわち

$$\frac{dy}{dx}=f\left(\frac{y}{x}\right) \quad \cdots\cdots①$$

の形の微分方程式を**同次形**あるいは**同次方程式**という．

これは次のようにして変数分離形に帰着させて解くことができる．

$\dfrac{y}{x}=z$ とおくと　　$y=xz$　（$y$ は $x$ の関数だから $z$ も $x$ の関数）

この両辺を $x$ で微分すると

$$\frac{dy}{dx}=\frac{d}{dx}(xz)=\frac{d}{dx}(x)\cdot z+x\cdot\frac{d}{dx}(z)=z+x\frac{dz}{dx}$$

これを①に代入して

$$z+x\frac{dz}{dx}=f(z) \qquad \therefore\quad \frac{dz}{dx}=\frac{f(z)-z}{x} \quad \cdots\cdots②$$

これは $x$ と $z$ についての変数分離形であるから，問題 4 の方法によって解ける．

$\displaystyle\int\frac{dx}{x}=\int\frac{dz}{f(z)-z}$ から　　$\displaystyle\log|x|=\int\frac{dz}{f(z)-z}+C$　　となる．

(例)　微分方程式　$x\dfrac{dy}{dx}=x+2y$ を解いてみよう．

(解)　$x=0$ は与式をみたさないので，両辺を $x$ で割ると　　$\dfrac{dy}{dx}=1+\dfrac{2y}{x}$

同次形だから，$\dfrac{y}{x}=z$ とおくと　　$\dfrac{dy}{dx}=z+x\dfrac{dz}{dx}$

したがって　　$z+x\dfrac{dz}{dx}=1+2z$　　　$\therefore\quad x\dfrac{dz}{dx}=z+1$　　$\cdots\cdots③$

$z=-1$ は明らかに③をみたす．

$z\neq-1$ のとき　$\displaystyle\int\frac{dz}{z+1}=\int\frac{dx}{x}$　　$\log|z+1|=\log|x|+C_1=\log e^{C_1}|x|$

$z+1=\pm e^{C_1}x=Cx$　　　$\therefore\quad y=Cx^2-x$　　（$z=-1$ を含む）

## 解 答

(1)　$x=0$ は与式をみたさないので，両辺を $x$ で割ると

$$\left(1-\frac{2y}{x}\right)\frac{dy}{dx}=2-\frac{y}{x} \qquad \cdots\cdots①$$

(ア)

$\dfrac{y}{x}=z$ とおくと　$\dfrac{dy}{dx}=\dfrac{d}{dx}(xz)=z+x\dfrac{dz}{dx}$

①は　$(1-2z)\left(z+x\dfrac{dz}{dx}\right)=2-z$　(イ)

$$\frac{2z-1}{z^2-z+1}dz=-\frac{2}{x}dx$$

$$\int\frac{2z-1}{z^2-z+1}dz=\int\left(-\frac{2}{x}\right)dx \quad (ウ)$$

$$\log(z^2-z+1)=-2\log|x|+C_1$$

$$\therefore\quad z^2-z+1=\frac{e^{C_1}}{x^2}=\frac{C}{x^2}\qquad (C=e^{C_1})$$

よって　$x^2-xy+y^2=C$　……(答)

(2)　$x=0$ は与式をみたさないので，両辺を $x^2$ で割り $\dfrac{y}{x}=z$ とおくと　$(1-z^2)\left(z+x\dfrac{dz}{dx}\right)=2z$

$$x(1-z^2)\frac{dz}{dx}=z(z^2+1) \qquad \cdots\cdots②$$

$z=0$ は②をみたす．$(y=0)$

$z\fallingdotseq 0$ のとき　$\dfrac{dx}{x}=\dfrac{1-z^2}{z(z^2+1)}dz$　(エ)

$$\int\frac{dx}{x}=\int\left(\frac{1}{z}-\frac{2z}{z^2+1}\right)dz$$

$$\log|x|=\log|z|-\log(z^2+1)+C_1$$

$$\log\left|\frac{x(z^2+1)}{z}\right|=C_1 \qquad \therefore\quad \frac{x(z^2+1)}{z}=C \quad (オ)$$

よって　$x^2+y^2=Cy$　(カ)　……(答)

$y=0$ は，$C=\infty$ のときに対応する．

(ア)　同次方程式であるから，$\dfrac{y}{x}=z$ とおく．

(イ)　$(1-2z)x\dfrac{dz}{dx}$
$=2(z^2-z+1)$
また
$z^2-z+1$
$=\left(z-\dfrac{1}{2}\right)^2+\dfrac{3}{4}>0$

(ウ)　$\displaystyle\int\frac{f'(z)}{f(z)}dz=\log|f(z)|$

(エ)　$\dfrac{1-z^2}{z(z^2+1)}$
$=\dfrac{1}{z}-\dfrac{2z}{z^2+1}$

(オ)　$C=\pm e^{C_1}$

(カ)　この円は中心 $\left(0,\dfrac{C}{2}\right)$，半径 $\dfrac{|C|}{2}$ で原点を通るので，$y=0$ は $C=\infty$ に対応すると考える．

**POINT**　同次形は $\dfrac{y}{x}$ が1つのかたまりになって式ができているものであるが，はじめからそのような形になっているとは限らない．見抜くには慣れが必要となる．

## 問題 7　同次形（1階）(2)

次の微分方程式を与えられた初期条件のもとで解け.

$$\frac{dy}{dx}=\frac{x+y+3}{x-y+1}\qquad (x=0 \text{ のとき } y=-1)$$

**解説**　ここでは，微分方程式　$\dfrac{dy}{dx}=f\left(\dfrac{ax+by+c}{px+qy+r}\right)$　……①

について考えてみよう．これは，適当な変換によって**同次形**または**変数分離形**に帰着させることができる．

（i）　$aq-bp \fallingdotseq 0$ のとき；$ax+by+c=0$，$px+qy+r=0$ は $xy$ 平面上の**交わる2直線**と見なせるので，交点（解）$(\alpha,\beta)$ をもつ．実際に解くと

$$(\alpha,\beta)=\left(\frac{-cq+br}{aq-bp},\ \frac{-ar+cp}{aq-bp}\right)$$

ここで，**平行移動** $x=X+\alpha$，$y=Y+\beta$ を行うと

$$\frac{dy}{dx}=\frac{dy}{dY}\cdot\frac{dY}{dX}\cdot\frac{dX}{dx}=1\cdot\frac{dY}{dX}\cdot1=\frac{dY}{dX}$$

であるから，①は次のようになる．

$$\frac{dY}{dX}=f\left(\frac{a(X+\alpha)+b(Y+\beta)+c}{p(X+\alpha)+q\,(Y+\beta)+r}\right)=f\left(\frac{aX+bY}{pX+qY}\right)$$

これは同次形であり，$z=\dfrac{Y}{X}$ とおくことにより　$z+X\dfrac{dz}{dX}=f\left(\dfrac{a+bz}{p+qz}\right)$

となり，変数分離形に帰着できる．

（ii）　$aq-bp=0$ のとき；$aq=bp$ より

$\dfrac{p}{a}=\dfrac{q}{b}=k$ すなわち $p=ka$，$q=kb$ とおけるので，①は

$$\frac{dy}{dx}=f\left(\frac{ax+by+c}{kax+kby+r}\right)=f\left(\frac{ax+by+c}{k(ax+by+c)+r-kc}\right)\qquad\cdots\cdots②$$

ここで，$z=ax+by+c$ とおくことにより

$$\frac{dz}{dx}=a+b\frac{dy}{dx}$$

すなわち，②は　$\dfrac{dz}{dx}=bf\left(\dfrac{z}{kz+r-kc}\right)+a$

となり，変数分離形に帰着できる．

## 解答

$\begin{cases} x+y+3=0 \\ x-y+1=0 \end{cases}$ を解くと　$x=-2$, $y=-1$ ㋐

したがって，$x=X-2$, $y=Y-1$ とおくと

$\dfrac{dy}{dx}=\dfrac{dY}{dX}$ ㋑ だから，与えられた微分方程式は

$$\frac{dY}{dX}=\frac{(X-2)+(Y-1)+3}{(X-2)-(Y-1)+1}=\frac{X+Y}{X-Y}$$ ㋒

$z=\dfrac{Y}{X}$ とおくと　$\dfrac{dY}{dX}=z+X\dfrac{dz}{dX}$ より

$$z+X\frac{dz}{dX}=\frac{1+z}{1-z}$$

$$X\frac{dz}{dX}=\frac{1+z}{1-z}-z=\frac{1+z^2}{1-z}$$

$$\frac{1-z}{1+z^2}dz=\frac{dX}{X}$$

$$\int\left(\frac{1}{1+z^2}-\frac{z}{1+z^2}\right)dz=\int\frac{dX}{X}$$

$$\tan^{-1}z-\frac{1}{2}\log(1+z^2)=\log|X|+C_1$$

$$\therefore\quad 2\tan^{-1}z=\log e^{2C_1}(1+z^2)X^2$$
$$=\log C(X^2+Y^2)$$

すなわち　$2\tan^{-1}\dfrac{Y}{X}=\log C(X^2+Y^2)$ ㋓

$x=0$ のとき $y=-1$ ㋔ だから，$X=2$ のとき $Y=0$

であり　$0=\log 4C$　$\therefore$　$C=\dfrac{1}{4}$

よって，求める解は

$$2\tan^{-1}\frac{y+1}{x+2}=\log\frac{1}{4}\{(x+2)^2+(y+1)^2\}$$

……(答)

㋐　交わる2直線であるから交点をもつ．

㋑　$\dfrac{dy}{dx}=\dfrac{dy}{dY}\cdot\dfrac{dY}{dX}\cdot\dfrac{dX}{dx}$
$=1\cdot\dfrac{dY}{dX}\cdot 1=\dfrac{dY}{dX}$

㋒　同次形に帰着する．

㋓　$\tan^{-1}x=\theta$
$\Longleftrightarrow$　$x=\tan\theta$ を用いて
$\dfrac{Y}{X}=$
$\tan\left\{\dfrac{1}{2}\log C(X^2+Y^2)\right\}$
としてもよいが，解答の方が形はきれいである．

㋔　初期条件．

**POINT**　見かけは同次形あるいは変数分離形ではないが，適当な変換によりそのような形に帰着するタイプである．同次形に帰着できる場合は，2直線の交点と平行移動というのが覚え方のキーワードになる．

## 問題 8　1階線形微分方程式

次の微分方程式を解け.

(1)　$\dfrac{dy}{dx}-y=x^3$　　(2)　$x\dfrac{dy}{dx}+2y=x\log x$

(3)　$\sin x\cos x\cdot y'-y=\sin^3 x$

**解説**　次の形の微分方程式を**1階線形微分方程式**という.

$$\frac{dy}{dx}+P(x)y=Q(x)\quad\left[\frac{dy}{dx}+(x\text{のみの関数})\,y=(x\text{のみの関数})\right]\quad\cdots\cdots①$$

ここで,「線形」とは「1次」の別な呼び方で,この場合は$y$,$y'$について1次という意味である.①で,$Q(x)=0$　すなわち

$$\frac{dy}{dx}+P(x)y=0\quad\cdots\cdots②$$

のとき,①は**同次形**といい,$Q(x)\neq 0$のとき①は**非同次形**という.

②は変数分離形であり,一般解は容易である.

①は,両辺に$e^{\int P(x)dx}$を掛けると

$$e^{\int P(x)dx}\frac{dy}{dx}+P(x)e^{\int P(x)dx}y=Q(x)e^{\int P(x)dx}$$

したがって　$\dfrac{d}{dx}\left(ye^{\int P(x)dx}\right)=Q(x)e^{\int P(x)dx}$

これより　$ye^{\int P(x)dxy}=\displaystyle\int Q(x)e^{\int P(x)dx}dx+C$

よって　$y=e^{-\int P(x)\,dx}\left(\displaystyle\int Q(x)e^{\int P(x)dx}dx+C\right)$　($C$は任意定数)　$\cdots\cdots$③

となる.ここでは,③を丸暗記してもよいが記憶が面倒である.

①の両辺に,$e^{\int P(x)dx}$を掛ける　ことを記憶しておくとよい.

とくに,$P(x)$が定数すなわち$\dfrac{dy}{dx}+py=Q(x)$のタイプは,両辺に$e^{px}$を掛けて,$e^{px}\dfrac{dy}{dx}+pe^{px}y=(ye^{px})'=Q(x)e^{px}$と変形できる.

(例)　微分方程式$y'-2y=e^{3x}$を解いてみよう.

(解)　両辺に$e^{-2x}$を掛けて　$e^{-2x}y'-2e^{-2x}y=e^{3x}\cdot e^{-2x}$　　$(e^{-2x}y)'=e^x$

$$e^{-2x}y=\int e^x dx=e^x+C\qquad\therefore\ y=e^{2x}(e^x+C)=e^{3x}+Ce^{2x}$$

## 解答

(1)　与式の両辺に ㋐$e^{-x}$ を掛けて

$$e^{-x}\frac{dy}{dx}-e^{-x}y=e^{-x}x^3 \qquad \frac{d}{dx}(ye^{-x})=x^3e^{-x}$$

$$\therefore\quad ye^{-x}=\int x^3e^{-x}dx \ (㋑)$$

$$=-(x^3+3x^2+6x+6)e^{-x}+C$$

よって　$y=Ce^x-x^3-3x^2-6x-6$　……(答)

(2)　$x=0$ は与式をみたさないので，両辺を $x$ で割ると

$$\frac{dy}{dx}+\frac{2}{x}y=\log x \qquad \cdots\cdots①$$

①の両辺に $e^{\int\frac{2}{x}dx}=e^{2\log x}=x^2$ ㋒ を掛けると

$$x^2\frac{dy}{dx}+2xy=x^2\log x \qquad \frac{d}{dx}(yx^2)=x^2\log x$$

$$\therefore\quad yx^2=\int x^2\log x\,dx=\frac{x^3}{3}\log x-\int\frac{x^3}{3}\cdot\frac{1}{x}dx$$

$$=\frac{x^3}{3}\log x-\frac{x^3}{9}+C$$

よって　$y=\frac{x}{3}\log x-\frac{x}{9}+\frac{C}{x^2}$　……(答)

(3)　$\sin x\cos x\neq 0$ だから，両辺を $\sin x\cos x$ で割ると

$$y'-\frac{1}{\sin x\cos x}y=\frac{\sin^2 x}{\cos x}$$

$\int\frac{1}{\sin x\cos x}dx=\int\frac{\sec^2 x}{\tan x}dx$ ㋓ $=\log(\tan x)$ より

公式を用いて

$$y=\tan x\ (㋔)\left(\int\frac{\sin^2 x}{\cos x}\cdot\frac{1}{\tan x}dx+C\right)$$

$$=\tan x(-\cos x+C)=C\tan x-\sin x \qquad \cdots\cdots(答)$$

㋐　$e^{\int(-1)dx}=e^{-x}$ より．

㋑　$y$ が $x$ の整式のとき

$$\int ye^{-x}dx=-(y+y'+y''+\cdots)e^{-x}$$

㋒　$a>0$，$a\neq 1$ のとき

$a^{\log_a x}=x$

とくに　$e^{\log_e x}=x$

㋓　$\sec^2 x=\frac{1}{\cos^2 x}$

$$\int\frac{\sec^2 x}{\tan x}dx=\int\frac{(\tan x)'}{\tan x}dx$$

㋔　$e^{\int\frac{1}{\sin x\cos x}dx}=e^{\log(\tan x)}=\tan x$

**POINT**　1階の線形微分方程式は，公式を丸暗記するのではなく，最初から自分で公式を導くつもりで式変形をすること．

## 問題 9　1階線形微分方程式（定数変化法）

定数変化法によって，次の微分方程式を解け．

(1)　$x\dfrac{dy}{dx}+y=x\log x$　　　(2)　$(1+x^2)\dfrac{dy}{dx}=xy+2$

**解説**　ここでは，1階線形微分方程式　$\dfrac{dy}{dx}+P(x)y=Q(x)$　……①

の解法の1つである「**定数変化法**」について学ぶ．

①の同次形である微分方程式　$\dfrac{dy}{dx}+P(x)y=0$　……②

をまず解いてみよう．$y=0$ は②の解である．

$y\neq 0$ のとき，②から　$\dfrac{dy}{y}+P(x)dx=0$

$$\int\frac{dy}{y}+\int P(x)dx=C_1 \text{ から } \log|y|=C_1-\int P(x)dx$$

$$y=\pm e^{C_1}e^{-\int P(x)dx}=Ce^{-\int P(x)dx}\quad (C\text{ は積分定数})$$

$y=0$ は $C=0$ のとき得られるから，②の一般解は　$y=Ce^{-\int P(x)dx}$

ここで，任意定数 $C$ の代わりに $x$ の関数 $u(x)$ でおき換えて

$y=u(x)e^{-\int P(x)dx}$ とおくと

$$\frac{dy}{dx}=\frac{d}{dx}u(x)e^{-\int P(x)dx}+u(x)\frac{d}{dx}e^{-\int P(x)dx}$$

$$=\frac{du}{dx}e^{-\int P(x)dx}+u(x)\cdot e^{-\int P(x)dx}\{-P(x)\}=\frac{du}{dx}e^{-\int P(x)dx}-P(x)y$$

となるので，これを①に代入すると

$$\frac{du}{dx}e^{-\int P(x)dx}-P(x)y+P(x)y=Q(x)\qquad \therefore\ \frac{du}{dx}=Q(x)e^{\int P(x)dx}$$

したがって　$u(x)=\int Q(x)e^{\int P(x)dx}dx+C$

よって　$y=e^{-\int P(x)dx}\left(\int Q(x)e^{\int P(x)dx}dx+C\right)$

このように，微分方程式を解くのに，同次形の一般解に現れる任意定数 $C$ を $x$ の関数と見なして，$u(x)$ とおき換えて非同次形の解を求める方法を**定数変化法**という．

## 解答

(1)　同次形である微分方程式は　$x\dfrac{dy}{dx}+y=0$

この　㋐一般解は　$xy=C$

任意定数 $C$ を関数 $u(x)$ でおき換えて，

$y=\dfrac{u(x)}{x}$ とおくと　$\dfrac{dy}{dx}=\dfrac{u'(x)x-u(x)}{x^2}$

与式に代入して

$$x\cdot\frac{u'(x)x-u(x)}{x^2}+\frac{u(x)}{x}=x\log x$$

$u'(x)=x\log x$ から　㋑$u(x)=\dfrac{x^2}{2}\log x-\dfrac{x^2}{4}+C$

よって　$y=\dfrac{x}{2}\log x-\dfrac{x}{4}+\dfrac{C}{x}$　……(答)

(2)　同次形は　$(1+x^2)\dfrac{dy}{dx}-xy=0$

$y\neq 0$ のとき　$\dfrac{dy}{y}-\dfrac{x}{1+x^2}dx=0$

$\displaystyle\int\frac{dy}{y}-\int\frac{x}{1+x^2}dx=C_1$ から

㋒$\log|y|-\dfrac{1}{2}\log(1+x^2)=C_1$　　$\therefore$　$y=C\sqrt{1+x^2}$

$y=u(x)\sqrt{1+x^2}$ とおくと

$$\frac{dy}{dx}=u'(x)\sqrt{1+x^2}+u(x)\cdot\frac{x}{\sqrt{1+x^2}}$$

与式に代入して

$$u'(x)(1+x^2)^{\frac{3}{2}}+u(x)x\sqrt{1+x^2}$$
$$=x\,u(x)\sqrt{1+x^2}+2$$

$$\therefore\quad u'(x)=\frac{2}{(1+x^2)^{\frac{3}{2}}}$$

㋓$u(x)=\displaystyle\int\frac{2}{(1+x^2)^{\frac{3}{2}}}dx=\frac{2x}{\sqrt{1+x^2}}+C$

よって　$y=2x+C\sqrt{1+x^2}$　……(答)

㋐　問題 4 の (2) を参照のこと．

㋑　$u(x)=\displaystyle\int x\log x\,dx$

$=\displaystyle\int\left(\frac{x^2}{2}\right)'\log x\,dx$

$=\dfrac{x^2}{2}\log x$

$-\displaystyle\int\frac{x^2}{2}\cdot\frac{1}{x}dx$

$=\dfrac{x^2}{2}\log x-\dfrac{x^2}{4}+C$

㋒　$\log|y|=\log\sqrt{1+x^2}+C_1$
$=\log e^{C_1}\sqrt{1+x^2}$

から　$y=\pm e^{C_1}\sqrt{1+x^2}$
$=C\sqrt{1+x^2}$

㋓　$x=\tan\theta\left(|\theta|<\dfrac{\pi}{2}\right)$ とおくと

$\begin{cases}1+x^2=\sec^2\theta\\ dx=\sec^2\theta\,d\theta\end{cases}$ より

$u(x)=\displaystyle\int\frac{2}{\sec^3\theta}\cdot\sec^2\theta\,d\theta$

$=\displaystyle\int 2\cos\theta\,d\theta$

$=2\sin\theta+C$

$=\dfrac{2x}{\sqrt{1+x^2}}+C$

**POINT**　定数変化法は，同次形の一般解に現れる任意定数の関数化を図るものである．同次形に対する非同次形の問題では使える解法である．

## 問題 10　ベルヌーイの微分方程式

次の微分方程式を解け．

(1)　$\dfrac{dy}{dx}+y=xy^3$　　　(2)　$x\dfrac{dy}{dx}+y=x^3y^2$　$(x>0)$

**解説**　次の微分方程式を**ベルヌーイの微分方程式**という．

$$\frac{dy}{dx}+P(x)y=Q(x)y^k \quad (k \text{ は定数で } k \neq 0, 1) \quad \cdots\cdots ①$$

$k=0$ のときは　$y'+P(x)y=Q(x)$

$k=1$ のときは　$y'+\{P(x)-Q(x)\}y=0$

となり，それぞれ1階線形微分方程式となる．

$k \neq 0, 1$ のとき，$z=y^{1-k}$ とおくと

$$\frac{dz}{dx}=\frac{dz}{dy}\frac{dy}{dx}=\frac{d}{dy}(y^{1-k})\cdot\frac{dy}{dx}=(1-k)y^{-k}\frac{dy}{dx}$$

①の両辺に $(1-k)y^{-k}$ を掛けて

$$(1-k)y^{-k}\frac{dy}{dx}+(1-k)y^{-k}P(x)y=(1-k)y^{-k}Q(x)y^k$$

$$\therefore \quad \frac{dz}{dx}+(1-k)P(x)z=(1-k)Q(x)$$

これは1階線形微分方程式であるから，問題8解説での公式により

$$z=e^{-(1-k)\int P(x)dx}\left\{(1-k)\int Q(x)e^{(1-k)\int P(x)dx}dx+C\right\}$$

これより $z=y^{1-k}$ から $y$ を求めることができる．

(例)　微分方程式 $\dfrac{dy}{dx}+xy=\dfrac{x}{y}$ を解いてみよう．

(解)　ベルヌーイの微分方程式で $k=-1$ のときだから，$z=y^{1-(-1)}=y^2$ とおくと

$$\frac{dz}{dx}=\frac{dz}{dy}\frac{dy}{dx}=\frac{d}{dy}(y^2)\cdot\frac{dy}{dx}=2y\frac{dy}{dx}$$

与式から　$2y\dfrac{dy}{dx}+2xy^2=2x$　　　$\dfrac{dz}{dx}+2xz=2x$

$$\therefore \quad z=e^{-\int 2xdx}\left(\int 2xe^{\int 2xdx}dx+C\right)=e^{-x^2}\left(\int 2xe^{x^2}dx+C\right)$$

よって　　$y^2=e^{-x^2}(e^{x^2}+C)=1+Ce^{-x^2}$

## 解答

(1) ㋐$z=y^{1-3}=y^{-2}$　とおくと

$$\frac{dz}{dx}=\frac{dz}{dy}\frac{dy}{dx}=-2y^{-3}\frac{dy}{dx}$$

㋑与式の両辺に$-2y^{-3}$を掛けると

$$-2y^{-3}\frac{dy}{dx}-2y^{-2}=-2x$$

$$\therefore\quad \frac{dz}{dx}-2z=-2x$$

$$z=e^{\int 2dx}\left(\int(-2x)e^{\int -2dx}dx+C\right)$$

$$=e^{2x}\left(\int -2xe^{-2x}dx+C\right)$$ ㋒

$$=e^{2x}\left(xe^{-2x}+\frac{1}{2}e^{-2x}+C\right)=x+\frac{1}{2}+Ce^{2x}$$

よって　㋓$\dfrac{1}{y^2}=x+\dfrac{1}{2}+Ce^{2x}$　……(答)

(2)　与式は　$\dfrac{dy}{dx}+\dfrac{1}{x}y=x^2y^2$　……①

$z=y^{1-2}=y^{-1}$ とおくと

$$\frac{dz}{dx}=\frac{dz}{dy}\frac{dy}{dx}=-y^{-2}\frac{dy}{dx}$$

①から　$-y^{-2}\dfrac{dy}{dx}-\dfrac{1}{x}y^{-1}=-x^2$

$$\therefore\quad \frac{dz}{dx}-\frac{1}{x}z=-x^2$$

$$z=e^{\int\frac{1}{x}dx}\left(\int(-x^2)e^{\int-\frac{1}{x}dx}dx+C\right)$$

$$=x\left(-\int xdx+C\right)=x\left(-\frac{x^2}{2}+C\right)$$

よって　$\dfrac{1}{y}=Cx-\dfrac{x^3}{2}$　　$\therefore$　㋔$y=\dfrac{2}{2Cx-x^3}$

……(答)

㋐　ベルヌーイの微分方程式で，$k=3$ のときである．

㋑　$\dfrac{dz}{dx}$ と $\dfrac{dy}{dx}$ の関係式に着目する．両辺にこの式を掛けることにより，$\dfrac{dz}{dx}$ に直接おき換える．

㋒　$\int -2xe^{-2x}dx$

$=\int x(e^{-2x})'\,dx$

として，部分積分法．

㋓　$y^2=\dfrac{2}{2x+1+2Ce^{2x}}$

$y=0$ は与式をみたすが，これは $C=\infty$ に対応する．

㋔　$y=0$ は与式をみたすが，これは $C=\infty$ に対応する．

**POINT**　ベルヌーイの微分方程式 $y'+P(x)y=Q(x)y^k$ $(k\neq 0, 1)$ は，$z=y^{1-k}$ とおいて線形微分方程式に帰着することがポイント．

## 問題 11　積分方程式（1）

連続な関数 $x(t)$，$y(t)$ が次の条件（i），（ii）を満たすとする．

（i）　$x(t)=1+\int_0^t e^{-2(t-s)}x(s)\,ds$

（ii）　$y(t)=\int_0^t e^{-2(t-s)}\{2x(s)+3y(s)\}\,ds$

(1)　$x(t)$ を求めよ．　　　　(2)　$y(t)$ を求めよ．

**解説**　定積分を含む方程式を**積分方程式**という．積分方程式には積分される関数に未知の関数が含まれているが，上端または下端に変数が含まれている場合は，与えられた等式の両辺をその変数で微分して微分方程式に帰着させるのが原則である．用いられる公式は次のような定積分の微分公式である．

$f(x), g(x), h(x)$ は連続であるとき，

$$\frac{d}{dx}\int_a^x f(t)\,dt=f(x),\quad \frac{d}{dx}\int_a^{g(x)} f(t)\,dt=f(g(x))g'(x)$$

$$\frac{d}{dx}\int_a^x h(x)f(t)\,dt=\frac{d}{dx}\left\{h(x)\int_a^x f(t)\,dt\right\}=h'(x)\int_a^x f(t)\,dt+h(x)f(x)$$

(例)　(1)　$f(x)=3x+\int_0^x f(t)\,dt$　……①　を満たす連続関数 $f(x)$ を求めよ．

(2)　$x>0$ のとき，$\int_0^x tf(t)\,dt=\frac{3}{5}x\int_0^x f(t)\,dt$　……②　を満たす関数 $f(x)$ を求めよ．ただし，$f(x)$ は微分可能であって，$f(1)=1$ とする．

(解)　(1)　①の両辺を $x$ で微分して　$f'(x)=3+f(x)$　$\{f(x)+3\}'=f(x)+3$

$\therefore$　$f(x)+3=Ce^x$　　　$f(x)=Ce^x-3$

①で $x=0$ とおくと，$f(0)=0$ だから　$C=3$　　　$\therefore$　$f(x)=3e^x-3$

(2)　②の両辺を $x$ で微分すると

$$xf(x)=\frac{3}{5}\int_0^x f(t)\,dt+\frac{3}{5}xf(x)\qquad \therefore\quad 2xf(x)=3\int_0^x f(t)\,dt$$

さらに $x$ で微分して　$2f(x)+2xf'(x)=3f(x)$　　　$\therefore$　$2xf'(x)=f(x)$

$$\frac{f'(x)}{f(x)}=\frac{1}{2x}\qquad \int\frac{f'(x)}{f(x)}dx=\int\frac{dx}{2x}\quad (x>0)$$

$$\log|f(x)|=\frac{1}{2}\log x+C_1=\log e^{C_1}\sqrt{x}\qquad \therefore\quad f(x)=C\sqrt{x}$$

$f(1)=1$ だから　$C=1$　　　　よって　$f(x)=\sqrt{x}$

## 解答

(1)　条件（i）から

$$x(t)=1+e^{-2t}\int_0^t e^{2s}x(s)\,ds \quad \text{㋐}$$

両辺を $t$ で微分して

$$\text{㋑}\ x'(t)=-2e^{-2t}\int_0^t e^{2s}x(s)\,ds+e^{-2t}\cdot e^{2t}x(t)$$

$$=-2\{x(t)-1\}+x(t)\underset{\text{㋑}}{=}-x(t)+2$$

$$\frac{x'(t)}{x(t)-2}=-1 \qquad \int\frac{x'(t)}{x(t)-2}dt=-\int dt$$

$$\log|x(t)-2|=-t+C_1$$

$$\therefore\quad x(t)-2=\pm e^{-t+C_1}=Ce^{-t}$$

$$x(t)=Ce^{-t}+2$$

㋒条件（i）で $t=0$ とおくと　$x(0)=1$

$$\therefore\quad C=-1$$

よって　$x(t)=-e^{-t}+2$　……(答)

(2)　条件（ii）から

$$y(t)=e^{-2t}\int_0^t e^{2s}\{2x(s)+3y(s)\}\,ds$$

両辺を $t$ で微分して

$$y'(t)=-2e^{-2t}\int_0^t e^{2s}\{2x(s)+3y(s)\}\,ds$$

$$+e^{-2t}\cdot e^{2t}\{2x(t)+3y(t)\}$$

$$=-2y(t)+\{2x(t)+3y(t)\}$$

$$=y(t)+2x(t)=y(t)+2(-e^{-t}+2)$$

㋓両辺に $e^{-t}$ を掛けて

$$y'(t)e^{-t}-y(t)e^{-t}=-2e^{-2t}+4e^{-t}$$

$$\therefore\quad \{y(t)e^{-t}\}'=-2e^{-2t}+4e^{-t}$$

両辺を $t$ で積分して

$$y(t)e^{-t}=\int(-2e^{-2t}+4e^{-t})\,dt$$

$$=e^{-2t}-4e^{-t}+C_2$$

条件（ii）で $t=0$ とおくと $y(0)=0$ から　$C_2=3$

よって　$y(t)=3e^t+e^{-t}-4$　……(答)

㋐　$\int_0^t e^{-2t}\cdot e^{2s}x(s)\,ds$ は積分変数が $s$ であるから，$s$ 以外の $t$ は両辺を $t$ で微分する前に定積分の外に出す．

㋑　$x(t)=X$，$x'(t)=\dfrac{dX}{dt}$ とおくと，変数分離形

$$\frac{dX}{dt}=-X+2$$

である．なお，

$$\{x(t)-2\}'=-\{x(t)-2\}$$

だから，$x(t)-2=Ce^{-t}$ としてもよい．

㋒　条件（i）の等式は，すべての実数 $t$ に対して成り立つので，$t=0$ とおいて，初期条件に相当する $x(0)=1$ を導いた．

㋓　1階線形微分方程式

$$\frac{dy}{dx}+P(x)y=Q(x)$$

の解法と同じ要領である．

$$y'(t)-y(t)=2(-e^{-t}+2)$$

だから，両辺に $e^{\int(-1)dt}=e^{-t}$ を掛けた．

**POINT**　積分方程式において，上端または下端に変数が含まれている場合は，等式の両辺をその変数で微分して微分方程式に帰着させるのがコツである．

## 問題 12　積分方程式 (2)

$f(x)=(1+x)^2+2\int_0^x tf'(x-t)\,dt$ を満たす $f(x)$ を求めよ.

**解説**　前問に引き続き，積分方程式について学ぶ．被積分関数においては，積分変数以外の変数は積分記号の外に出すことは前問で学んだが，これに対して

(例)　$f(x)=(x^2+1)e^{-x}+\int_0^x f(x-t)e^{-t}dt$ を満たす連続な関数 $f(x)$

を求める解法を考えてみよう．$\int_0^x f(x-t)e^{-t}dt$ において，$f(x-t)$ から $x$ を消去して $x$ の関数を積分記号の外へ出さなければいけないが，このようなときは $x-t=z$ とおきかえるのが原則である．
$x-t=z$ は $t$ と $z$ の関数関係であり，定積分においては $x$ は定数として扱う．
$t=x-z$ から　$dt=-dz$
したがって

| $t$ | $0 \longrightarrow x$ |
|---|---|
| $z$ | $x \longrightarrow 0$ |

$$\int_0^x f(x-t)e^{-t}dt=\int_x^0 f(z)e^{-x+z}(-dz)=\int_0^x f(z)e^{-x+z}dz$$
$$=e^{-x}\int_0^x f(z)e^z dz$$

となり，上の（例）は　$f(x)=(x^2+1)e^{-x}+e^{-x}\int_0^x f(z)e^z dz$　……①

①の両辺を $x$ で微分して

$$f'(x)=2xe^{-x}-(x^2+1)e^{-x}-e^{-x}\int_0^x f(z)e^z dz+e^{-x}\cdot f(x)e^x$$
$$=2xe^{-x}-f(x)+f(x)=2xe^{-x}$$
$$\therefore\quad f(x)=\int 2xe^{-x}dx=-2(x+1)e^{-x}+C$$

①から $f(0)=1$ だから　$C=3$　　よって　$f(x)=-2(x+1)e^{-x}+3$

さて，本問では部分積分法を用いて

$$\int_0^x tf'(x-t)\,dt=\int_0^x t(-f(x-t))'dt$$
$$=\Big[-tf(x-t)\Big]_{t=0}^{t=x}+\int_0^x f(x-t)\,dt$$
$$=-xf(0)+\int_0^x f(x-t)\,dt$$

と変形できるが，さらに $x-t=z$ とおき換えることが必要である．したがって，最初から $x-t=z$ とおき換えた方がよいであろう．

## 解答

$$f(x)=(1+x)^2+2\int_0^x tf'(x-t)\,dt \quad \cdots\cdots①$$

㋐ $\int_0^x tf'(x-t)\,dt$ において，$x-t=z$ とおくと

$$t=x-z$$
$$dt=-dz$$

| $t$ | $0 \longrightarrow x$ |
|---|---|
| $z$ | $x \longrightarrow 0$ |

したがって

$$\int_0^x tf'(x-t)\,dt=\int_x^0 (x-z)f'(z)(-dz)$$
$$=\int_0^x (x-z)f'(z)\,dz \quad ㋑$$
$$=\Big[(x-z)f(z)\Big]_{z=0}^{z=x}-\int_0^x(-1)f(z)\,dz$$
$$=-xf(0)+\int_0^x f(z)\,dz$$

①から $f(0)=1$ だから

$$\int_0^x tf'(x-t)\,dt=-x+\int_0^x f(z)\,dz$$

ゆえに，①は　$f(x)=1+x^2+2\int_0^x f(z)\,dz \quad \cdots\cdots②$

両辺を $x$ で微分して　$f'(x)=2x+2f(x)$

$$㋒\ f'(x)-2f(x)=2x$$

両辺に $e^{-2x}$ を掛けて

$$e^{-2x}f'(x)-2e^{-2x}f(x)=2xe^{-2x}$$
$$\therefore\quad \{e^{-2x}f(x)\}'=2xe^{-2x}$$

両辺を $x$ で積分して

$$e^{-2x}f(x)=\int 2xe^{-2x}dx=\int -x(e^{-2x})'dx$$
$$=-xe^{-2x}+\int e^{-2x}dx$$
$$=-\left(x+\frac{1}{2}\right)e^{-2x}+C$$

$f(0)=1$ だから　$C=\dfrac{3}{2}$

よって　$f(x)=\dfrac{3}{2}e^{2x}-x-\dfrac{1}{2} \quad \cdots\cdots$(答)

㋐　積分変数は $x$ ではなく $t$ である．定積分においては $x$ は定数として考える．

㋑　部分積分法を用いる．

㋒　$f'(x)+pf(x)=Q(x)$
($p$ は定数)
$\Longrightarrow$ 両辺に $e^{px}$ を掛けて
$e^{px}f'(x)+pe^{px}f(x)=Q(x)e^{px}$
すなわち
$\{e^{px}f(x)\}'=Q(x)e^{px}$
と変形する．

**POINT**　積分方程式において，$\int_0^x f(x-t)e^{-t}dt$ などを含む場合は，$x-t=z$ とおいて，積分変数以外の変数を積分記号の外に出すのが定石である．

## 問題 13 クレローの微分方程式

次の微分方程式を解け.

(1) $y=x\dfrac{dy}{dx}-2\left(\dfrac{dy}{dx}\right)^2$  (2) $y=x\dfrac{dy}{dx}+\sqrt{1+\left(\dfrac{dy}{dx}\right)^2}$

(3) $y=x\dfrac{dy}{dx}+\dfrac{1}{2\left(\dfrac{dy}{dx}\right)^2}$

### 解説

微分方程式 $y=x\dfrac{dy}{dx}+f\left(\dfrac{dy}{dx}\right)$ ……①

を**クレローの微分方程式**という. 簡単にするために $\dfrac{dy}{dx}=p$ とおくと, ①は

$$y=xp+f(p) \quad \cdots\cdots②$$

となる. ②の両辺を $x$ で微分すると

$$\frac{dy}{dx}=\frac{d}{dx}(xp)+\frac{d}{dx}f(p)=p+x\frac{dp}{dx}+f'(p)\frac{dp}{dx}$$

$$p=p+x\frac{dp}{dx}+f'(p)\frac{dp}{dx} \qquad \therefore \quad \frac{dp}{dx}\{x+f'(p)\}=0$$

これより $\dfrac{dp}{dx}=0$ または $x+f'(p)=0$

$\dfrac{dp}{dx}=0$ のとき, $p=C$ となり①の一般解は $\dfrac{dy}{dx}=C$ とおいた式と同値で

$$y=Cx+f(C) \quad (C \text{ は任意定数}) \quad \cdots\cdots③$$

$x+f'(p)=0$ のとき, これと②を連立させて次式を得る.

$$\begin{cases} y=xp+f(p) \\ x+f'(p)=0 \end{cases} \quad (p \text{ は媒介変数}) \quad \cdots\cdots④$$

この 2 式から $p$ を消去したものが解であるが, この解は任意定数を含まず, さらに一般解③の $C$ に特別な値を代入しても得られないので特異解である. 実は特異解は, 一般解のすべての曲線群に接する曲線すなわち**包絡線**である (『弱点克服大学生の微積分』問題 75 を参照).

実際には, 特異解の求め方は, $y=Cx+f(C)$ と, 定数 $C$ を媒介変数と見なして $C$ について偏微分した $x+f'(C)=0$ を連立させて

$$\begin{cases} y=Cx+f(C) \\ x+f'(C)=0 \end{cases}$$ から $C$ を消去すればよい.

## 解答

$\dfrac{dy}{dx}=p$ とおく．

(1) $y=px-2p^2$

㋐一般解は　$y=Cx-2C^2$　……①　……(答)

㋑特異解は，①を $C$ で偏微分して

$$x-4C=0 \qquad \therefore \quad C=\frac{1}{4}x$$

これを①に代入して，特異解は

㋒ $y=\dfrac{1}{4}x\cdot x-2\left(\dfrac{1}{4}x\right)^2=\dfrac{1}{8}x^2$　……(答)

(2) $y=px+\sqrt{1+p^2}$

一般解は　$y=Cx+\sqrt{1+C^2}$　……②　……(答)

特異解は，②を $C$ で偏微分して

$$x+\frac{C}{\sqrt{1+C^2}}=0 \qquad \therefore \quad x=-\frac{C}{\sqrt{1+C^2}}$$

これを②に代入して

$$y=C\cdot\left(-\frac{C}{\sqrt{1+C^2}}\right)+\sqrt{1+C^2}=\frac{1}{\sqrt{1+C^2}}$$

$C$ を消去して　$x^2+y^2=1$　かつ　㋓$y>0$

よって，特異解は

$y=\sqrt{1-x^2}$　$(-1<x<1)$　……(答)

(3) $y=px+\dfrac{1}{2p^2}$

一般解は　$y=Cx+\dfrac{1}{2C^2}$　……③　……(答)

特異解は，③を $C$ で偏微分して

$$x-\frac{1}{C^3}=0 \qquad \therefore \quad x=\frac{1}{C^3},\ y=\frac{3}{2C^2}$$

これより ㋔$C$ を消去して，特異解は

$y=\dfrac{3}{2}x^{\frac{2}{3}}$　……(答)

㋐ クレローの微分方程式

$y=xp+f(p)$，$p=\dfrac{dy}{dx}$

の一般解は

$y=Cx+f(C)$

㋑ 特異解は

$$\begin{cases} y=Cx+f(C) \\ x+f'(C)=0 \end{cases}$$

から $C$ を消去して得られる．

㋒ 特異解 $y=\dfrac{1}{8}x^2$ と①は

$\dfrac{1}{8}x^2=Cx-2C^2$

$x^2-8Cx+16C^2=0$

$(x-4C)^2=0$

$\therefore$ $x=4C$　(重解)

すなわち，点 $(4C, 2C^2)$ で接するので，特異解の放物線は①の包絡線である．

㋓ $y=\dfrac{1}{\sqrt{1+C^2}}>0$

㋔ $x=\dfrac{1}{C^3}$ より　$\dfrac{1}{C^2}=x^{\frac{2}{3}}$

**POINT**　クレローの微分方程式は，一般解と特異解をもつことをおさえよう．特異解は一般解の包絡線になるというきれいな図形的性質がある．

## 問題 14　完全微分方程式 (1)

次の方程式が完全微分方程式であることを示して，これを解け．

(1)　$(2x-3y+1)dx-(3x-4y+2)dy=0$

(2)　$(y-e^x\cos y)+(x+e^x\sin y)y'=0$

**解説**　微分方程式　$P(x,y)+Q(x,y)\dfrac{dy}{dx}=0\quad(Q(x,y)\neq 0)$　……①

に対して　$P(x,y)dx+Q(x,y)dy=0$　……②

は①と同値と見なすが，②の左辺がある関数 $z=f(x,y)$ の全微分になっているとき，すなわち関係式

$$P(x,y)dx+Q(x,y)dy=\frac{\partial f}{\partial x}dx+\frac{\partial f}{\partial y}dy\,(=df(x,y))$$

が成り立つとき，②を**完全微分方程式**または**完全微分形**という．

このとき，②は $df(x,y)=0$ となるので，$z=f(x,y)$ の変化は0となり，完全微分方程式②の一般解は　$f(x,y)=C$（$C$ は任意定数）となる．

もっとも簡単な完全微分方程式を挙げておこう．

$ydx+xdy=0$ は $d(xy)=0$ から，一般解は　$xy=C$

$xdx+ydy=0$ は $d(x^2+y^2)=0$ から，一般解は　$x^2+y^2=C$

$xdy-ydx=0$ は $d\left(\dfrac{y}{x}\right)=0$ から，一般解は　$\dfrac{y}{x}=C$

さて，$P(x,y)dx+Q(x,y)dy=0$ が完全微分方程式であるための必要十分条件は

$$\frac{\partial P}{\partial y}=\frac{\partial Q}{\partial x}$$

である（証明は，『弱点克服 大学生の微積分』問題 67 を参照）．

一般に，微分方程式②が完全微分形のとき，その解法は次のようにする．

(1)　$\int P(x,y)dx$ を計算し，これを $g(x,y)$ とおく．

(2)　$f(x,y)=g(x,y)+\varphi(y)$　（$\varphi(y)$ は $y$ のみの関数）とおいて，

$\dfrac{\partial f}{\partial y}=\dfrac{\partial g}{\partial y}+\varphi'(y)=Q(x,y)$ より，未知の関数 $\varphi(y)$ を求める．

(3)　$f(x,y)=g(x,y)+\varphi(y)=C$　（$C$ は任意定数）が求める一般解である．

なお，(2) は，$f(x,y)=\int Q(x,y)dy+\phi(x)$ として $\phi(x)$ を求めてもよい．

## 解 答

(1)　$P=2x-3y+1$, $Q=-(3x-4y+2)$ とおくと

$$\frac{\partial P}{\partial y}=-3, \quad \frac{\partial Q}{\partial x}=-3 \qquad \therefore \underset{㋐}{\frac{\partial P}{\partial y}=\frac{\partial Q}{\partial x}}$$

したがって，完全微分方程式である．

$\underset{㋑}{\int P dx}=\int(2x-3y+1)dx=x^2-3xy+x$ から

$f(x, y)=x^2-3xy+x+\varphi(y)$ とおくと

$\frac{\partial f}{\partial y}=-3x+\varphi'(y)$ から

$$\underset{㋒}{-3x+\varphi'(y)=Q=-3x+4y-2}$$

$$\therefore \quad \varphi'(y)=4y-2$$

これより　$\varphi(y)=\int(4y-2)dy=2y^2-2y$

よって，㋓求める一般解は

$$x^2-3xy+x+2y^2-2y=C$$

すなわち　$x^2-3xy+2y^2+x-2y=C$　……(答)

(2)　$(y-e^x\cos y)dx+(x+e^x\sin y)dy=0$

$P=y-e^x\cos y$, $Q=x+e^x\sin y$ とおくと

$\frac{\partial P}{\partial y}=\frac{\partial Q}{\partial x}=1+e^x\sin y$ から，与式は完全微分方程式である．

$\int P dx=\int(y-e^x\cos y)dx=xy-e^x\cos y$ から

$f(x, y)=xy-e^x\cos y+\varphi(y)$ とおくと

$\frac{\partial f}{\partial y}=x+e^x\sin y+\varphi'(y)$ から

$$x+e^x\sin y+\varphi'(y)=Q=x+e^x\sin y$$

$$\therefore \quad \varphi'(y)=0 \qquad \underset{㋔}{\varphi(y)=0}$$

よって，求める一般解は

$$xy-e^x\cos y=C$$　……(答)

㋐　$Pdx+Qdy=0$ が完全微分方程式であるための必要十分条件．

㋑　$\int Pdx$ は，$y$ を定数と見なして $x$ についてのみ積分する．

㋒　$\frac{\partial f}{\partial y}=Q$

㋓　完全微分方程式の一般解は　$f(x, y)=C$
（$C$ は任意定数）

㋔　$\varphi'(y)=0$ のとき，
$\varphi(y)=C_1$ となるが，
$f(x, y)$
$=xy-e^x\cos y+C_1=C_2$
から
$xy-e^x\cos y=C_2-C_1$
$=C$
となるので，はじめから $\varphi(y)=0$ としてよい．

**POINT**　完全微分方程式の定義をしっかり把握して，そこからどのようにして一般解が求められるか，式変形の流れに慣れること．

## 問題 15　完全微分方程式 (2)

次の微分方程式の積分因数を求め，それによって微分方程式を解け．

(1)　$(2x^2+3xy)dx+3x^2dy=0$

(2)　$(xy^2-y^3)dx+(1-xy^2)dy=0$

**解説**　微分方程式　$P(x,y)dx+Q(x,y)dy=0$　……①

が完全微分形でない場合，①の両辺に適当な関数 $\lambda(x,y)$ を掛けて

$$\lambda(x,y)P(x,y)dx+\lambda(x,y)Q(x,y)dy=0 \quad \cdots\cdots ②$$

が完全微分方程式になるようにできるとき，$\lambda(x,y)$ を①の**積分因数**という．

$\lambda(x,y)$ が①の積分因数であるための必要十分条件は

$$\frac{\partial}{\partial y}(\lambda P)=\frac{\partial}{\partial x}(\lambda Q) \quad \text{だから} \quad \frac{\partial \lambda}{\partial y}P+\lambda\frac{\partial P}{\partial y}=\frac{\partial \lambda}{\partial x}Q+\lambda\frac{\partial Q}{\partial x}$$

すなわち　$$P\frac{\partial \lambda}{\partial y}-Q\frac{\partial \lambda}{\partial x}=\left(\frac{\partial Q}{\partial x}-\frac{\partial P}{\partial y}\right)\lambda \quad \cdots\cdots ③$$

が成り立つことである．これは偏微分方程式を解くことになり，一般には困難である．ここでは，$\lambda(x,y)$ が容易に求めることができる特別な場合を学ぼう．

(1)　$\dfrac{Q_x-P_y}{Q}$ が $x$ のみの関数であるとき；

$\lambda(x,y)$ が $x$ のみの関数であるとすると，③は

$$-Q\frac{\partial \lambda}{\partial x}=(Q_x-P_y)\lambda \qquad \frac{d\lambda}{\lambda}=\frac{P_y-Q_x}{Q}dx$$

となり，$x$ のみの積分因数 $\lambda(x)=e^{\int\frac{P_y-Q_x}{Q}dx}$ が得られる．

(例)　$ydx-xdy=0$ の積分因数を求めて，この微分方程式を解いてみよう．

(解)　$P(x,y)=y$，$Q(x,y)=-x$ だから

$$\frac{Q_x-P_y}{Q}=\frac{-1-1}{-x}=\frac{2}{x} \quad (x\text{ のみの関数})$$

$\therefore$　積分因数は　$\lambda(x)=e^{\int\left(-\frac{2}{x}\right)dx}=e^{-\log x^2}=\dfrac{1}{x^2}$

これより　$\dfrac{ydx-xdy}{x^2}=0 \qquad d\left(\dfrac{y}{x}\right)=0$ 　　よって　$\dfrac{y}{x}=C$

(2)　$\dfrac{Q_x-P_y}{P}$ が $y$ のみの関数であるとき；

同じように考えて，$y$ のみの積分因数 $\lambda(y)=e^{\int\frac{Q_x-P_y}{P}dy}$ が得られる．

## 解 答

(1)　$P=2x^2+3xy$，$Q=3x^2$ とおくと

$$\frac{Q_x-P_y}{Q}=\frac{6x-3x}{3x^2}=\frac{1}{x}\quad (x\text{のみの関数})$$

したがって，㋐積分因数は

$$\lambda(x)=e^{\int\left(-\frac{1}{x}\right)dx}=e^{-\log x}=\frac{1}{x}$$

これより　㋑$(2x+3y)\,dx+3x\,dy=0$

$$\frac{\partial}{\partial x}(x^2+3xy)\cdot dx+\frac{\partial}{\partial y}(x^2+3xy)\cdot dy=0$$

$$\therefore\quad d(x^2+3xy)=0$$

よって，求める一般解は

$$x^2+3xy=C \qquad \cdots\cdots(\text{答})$$

(2)　$P=xy^2-y^3$，$Q=1-xy^2$ とおくと

$$\frac{Q_x-P_y}{P}=\frac{-y^2-(2xy-3y^2)}{xy^2-y^3}=\frac{-2y(x-y)}{y^2(x-y)}$$

$$=-\frac{2}{y}\quad (y\text{のみの関数})$$

したがって，積分因数は

$$\lambda(y)=e^{\int\left(-\frac{2}{y}\right)dy}=e^{-2\log y}=\frac{1}{y^2}$$

$$\therefore\quad (x-y)\,dx+\left(\frac{1}{y^2}-x\right)dy=0$$ ㋒

$\displaystyle\int(x-y)\,dx=\frac{x^2}{2}-xy$ から

$\displaystyle f(x,y)=\frac{x^2}{2}-xy+\varphi(y)$ とおくと

$\displaystyle\frac{\partial f}{\partial y}=-x+\varphi'(y)$ から　$\displaystyle -x+\varphi'(y)=\frac{1}{y^2}-x$

$$\therefore\quad \varphi'(y)=\frac{1}{y^2}\qquad \varphi(y)=-\frac{1}{y}$$

よって，求める一般解は

$$\frac{x^2}{2}-xy-\frac{1}{y}=C \qquad \cdots\cdots(\text{答})$$

㋐　$\dfrac{Q_x-P_y}{Q}$ が $x$ のみの関数のとき，積分因数は $\lambda(x)=e^{\int\frac{P_y-Q_x}{Q}dx}$

㋑　$\displaystyle\int(2x+3y)\,dx=x^2+3xy$ となるが，$\dfrac{\partial}{\partial y}(x^2+3xy)=3x$ となるので，この式は $x^2+3xy$ の全微分となる．

㋒　$\dfrac{\partial}{\partial y}(x-y)=-1$，$\dfrac{\partial}{\partial x}\left(\dfrac{1}{y^2}-x\right)=-1$ となり，これは確かに完全微分方程式である．

**POINT**　積分因数 $\lambda(x,y)$ を求めるのは一般には難しい．$\lambda(x,y)$ が $x$ のみあるいは $y$ のみの関数であるときの処理は覚えておこう．

## 問題 16　完全微分方程式 (3)

次の微分方程式は $x^m y^n$ の形の積分因数をもつ．これを求めて，微分方程式を解け．

$$(y^2-xy)dx+x^2dy=0$$

**解説**　前問に引き続き，微分方程式 $P(x,y)dx+Q(x,y)dy=0$ ……①

の積分因数について学ぶ．

(3)　$\lambda(x,y)=x^m y^n$ ($m, n$ は定数) であるとき；

前問題 (1)，(2) の方法がうまくいかないとき，積分因数として $x^m y^n$ を考えるとうまく解決する場合がある．例題を通してその求め方を学ぼう．

**(例)**　$(x^2y^4+y)dx+xdy=0$ の積分因数を求めてみよう．

**(解)**　$\lambda(x,y)=x^m y^n$ として，微分方程式の両辺に掛けると

$$x^m y^n(x^2y^4+y)dx+x^{m+1}y^n dy=0 \quad \cdots\cdots②$$

$$\frac{\partial}{\partial y}x^m y^n(x^2y^4+y)=\frac{\partial}{\partial y}(x^{m+2}y^{n+4}+x^m y^{n+1})$$

$$=(n+4)x^{m+2}y^{n+3}+(n+1)x^m y^n$$

$$\frac{\partial}{\partial x}x^{m+1}y^n=(m+1)x^m y^n$$

したがって，②が完全微分形であるための必要十分条件は

$$n+4=0 \quad \text{かつ} \quad n+1=m+1 \qquad \therefore \quad m=n=-4$$

よって，積分因数は $\lambda(x,y)=x^{-4}y^{-4}=\dfrac{1}{x^4y^4}$ となる．

さて，上の例は次のようにして求めることもできる．

与えられた微分方程式を変形して　$(ydx+xdy)+x^2y^4dx=0$

$ydx+xdy=d(xy)$ に着目して　$d(xy)+x^2y^4dx=0$

両辺を $x^4y^4$ で割って

$$\frac{d(xy)}{(xy)^4}+\frac{dx}{x^2}=0 \qquad d\left(-\frac{1}{3(xy)^3}\right)+d\left(-\frac{1}{x}\right)=0$$

$$d\left(-\frac{1}{3x^3y^3}-\frac{1}{x}\right)=0 \qquad \therefore \quad -\frac{1}{3x^3y^3}-\frac{1}{x}=C_1$$

よって，一般解は　$3x^2y^3+1=Cx^3y^3$ ($C=-3C_1$) となる．

こうして視察で解けるタイプがあるが，この解法は覚えておくと便利である．

## 解答

$\lambda(x,y)=x^m y^n$ として，㋐与式の両辺に掛けると

$$x^m y^n(y^2-xy)dx+x^{m+2}y^n dy=0 \quad \cdots\cdots ①$$

$$\frac{\partial}{\partial y}x^m y^n(y^2-xy)$$

$$=(n+2)x^m y^{n+1}-(n+1)x^{m+1}y^n$$

$$\frac{\partial}{\partial x}x^{m+2}y^n=(m+2)x^{m+1}y^n$$

したがって，㋑①が完全微分形であるための必要十分条件は

$$n+2=0 \quad かつ \quad -(n+1)=m+2$$

$$\therefore \quad n=-2,\ m=-1$$

よって，積分因数は　$\lambda(x,y)=x^{-1}y^{-2}=\dfrac{1}{xy^2}$

このとき，①は

$$㋒\left(\frac{1}{x}-\frac{1}{y}\right)dx+\frac{x}{y^2}dy=0$$

$\displaystyle\int\left(\frac{1}{x}-\frac{1}{y}\right)dx=\log|x|-\frac{x}{y}$ から

$f(x,y)=\log|x|-\dfrac{x}{y}+\varphi(y)$ とおくと

$$\frac{\partial f}{\partial y}=\frac{x}{y^2}+\varphi'(y)$$

したがって　$\dfrac{x}{y^2}+\varphi'(y)=\dfrac{x}{y^2}$

$$\therefore \quad \varphi'(y)=0 \qquad \varphi(y)=0$$

よって，求める一般解は

$$\log|x|-\frac{x}{y}=C \quad \cdots\cdots(答)$$

〈参考〉　与式を変形すると

$\dfrac{dy}{dx}=\dfrac{xy-y^2}{x^2}=\dfrac{y}{x}-\left(\dfrac{y}{x}\right)^2$　だから同次形となり，

$\dfrac{y}{x}=z$ とおくことによって変数分離形に帰着できる．逆に，同次形の微分方程式の問題が，完全微分形に帰着できるか，演習として試してみるとよい．

㋐　$P=y^2-xy$，$Q=x^2$ であるが

$$\frac{Q_x-P_y}{Q}=\frac{2x-(2y-x)}{x^2}=\frac{3x-2y}{x^2}$$

$$\frac{Q_x-P_y}{P}=\frac{2x-(2y-x)}{y^2-xy}=\frac{3x-2y}{y^2-xy}$$

は，いずれも完全微分形の条件をみたさない．

㋑　$(n+2)x^m y^{n+1}-(n+1)x^{m+1}y^n=(m+2)x^{m+1}y^n$ が，$x$ と $y$ の恒等式であること．

㋒　これは完全微分方程式である．

**POINT**　積分因数 $\lambda(x,y)$ として $x^m y^n$ を考えることがあるが，これは試行錯誤にすぎない．前問の方法でうまくいかないときに，考える1つの手法として理解しておこう．

## 問題 17　1 階高次微分方程式

次の微分方程式を解け．

(1) $\left(\dfrac{dy}{dx}\right)^2-\dfrac{4}{x}=0$　　(2) $\left(\dfrac{dy}{dx}\right)^3-(3x+2y)\left(\dfrac{dy}{dx}\right)^2+6xy\dfrac{dy}{dx}=0$

(3) $(1-x^2)\left(\dfrac{dy}{dx}\right)^3+2x(1-x^2)\left(\dfrac{dy}{dx}\right)^2=\dfrac{dy}{dx}+2x$

**解説**

$$\left(\frac{dy}{dx}\right)^n+P_1(x,y)\left(\frac{dy}{dx}\right)^{n-1}+\cdots+P_{n-1}(x,y)\frac{dy}{dx}+P_n(x,y)=0 \quad \cdots\cdots①$$

の形の微分方程式を**1 階高次微分方程式**という．

①が $\dfrac{dy}{dx}$ に関する 1 次式に因数分解して

$$\left\{\frac{dy}{dx}-f_1(x,y)\right\}\left\{\frac{dy}{dx}-f_2(x,y)\right\}\cdots\left\{\frac{dy}{dx}-f_n(x,y)\right\}=0$$

と変形できたとすると，①は $n$ 個の微分方程式

$$\frac{dy}{dx}-f_1(x,y)=0,\quad \frac{dy}{dx}-f_2(x,y)=0,\quad \cdots,\quad \frac{dy}{dx}-f_n(x,y)=0$$

に分解できる．これらは 1 階の微分方程式である．一般解をそれぞれ

$$F_1(x,y,C_1)=0,\quad F_2(x,y,C_2)=0,\quad \cdots,\quad F_n(x,y,C_n)=0$$

($C_1, C_2, \cdots, C_n$ は任意定数)

とすると，これらの任意定数 $C_1, C_2, \cdots, C_n$ は互いに関係なく別々に任意の値をとれるが，任意定数として同じ $C$ を用いて

$$F_1(x,y,C)=0,\quad F_2(x,y,C)=0,\quad \cdots,\quad F_n(x,y,C)=0 \quad (C \text{ は任意定数})$$

としてかまわない．それは，それぞれの式で $C$ が任意の値をとれるからである．よって，①の一般解は次のようになる．

$$F_1(x,y,C)F_2(x,y,C)\cdots F_n(x,y,C)=0 \quad (C \text{ は任意定数})$$

(例)　微分方程式 $\left(\dfrac{dy}{dx}\right)^2-2(x+y)\dfrac{dy}{dx}+4xy=0$ を解け．

(解)　$\left(\dfrac{dy}{dx}-2x\right)\left(\dfrac{dy}{dx}-2y\right)=0$ から　$\dfrac{dy}{dx}-2x=0$　または　$\dfrac{dy}{dx}-2y=0$

それぞれの一般解は，順に

$$y-x^2+C_1=0,\quad y-C_2e^{2x}=0$$

よって，求める一般解は　$(y-x^2+C)(y-Ce^{2x})=0$　($C$ は任意定数)

## 解答

(1)　与式を ㋐因数分解して

$$\left(\frac{dy}{dx}+\frac{2}{\sqrt{x}}\right)\left(\frac{dy}{dx}-\frac{2}{\sqrt{x}}\right)=0$$

$\dfrac{dy}{dx}+\dfrac{2}{\sqrt{x}}=0$ から　$y=-4\sqrt{x}+C_1$

$\dfrac{dy}{dx}-\dfrac{2}{\sqrt{x}}=0$ から　$y=4\sqrt{x}+C_2$

よって，㋑一般解は

$$(y+4\sqrt{x}-C)(y-4\sqrt{x}-C)=0 \qquad \cdots\cdots(\text{答})$$

(2)　与式を ㋒因数分解して

$$\frac{dy}{dx}\left(\frac{dy}{dx}-3x\right)\left(\frac{dy}{dx}-2y\right)=0$$

$\dfrac{dy}{dx}=0$ から　$y=C_1$

$\dfrac{dy}{dx}=3x$ から　$y=\dfrac{3}{2}x^2+C_2$

$\dfrac{dy}{dx}=2y$ から　$y=C_3e^{2x}$

よって，一般解は

$$(y-C)\left(y-\frac{3}{2}x^2-C\right)(y-Ce^{2x})=0 \qquad \cdots\cdots(\text{答})$$

(3)　与式を ㋓因数分解して

$$\left\{(1-x^2)\left(\frac{dy}{dx}\right)^2-1\right\}\left(\frac{dy}{dx}+2x\right)=0$$

$(1-x^2)\left(\dfrac{dy}{dx}\right)^2-1=0$ から　$\dfrac{dy}{dx}=\pm\dfrac{1}{\sqrt{1-x^2}}$

$$\therefore\quad y=\int\frac{dx}{\sqrt{1-x^2}}=\sin^{-1}x+C_1$$

$$y=-\int\frac{dx}{\sqrt{1-x^2}}=-\sin^{-1}x+C_2$$

$\dfrac{dy}{dx}=-2x$ から　$y=-x^2+C_3$

よって，一般解は

$$(y-\sin^{-1}x-C)(y+\sin^{-1}x-C)(y+x^2-C)=0$$

$\cdots\cdots$(答)

㋐　$\dfrac{dy}{dx}=p$ とおくと

$p^2-\dfrac{4}{x}=0$

$x>0$ のもとで

左辺$=\left(p+\dfrac{2}{\sqrt{x}}\right)\left(p-\dfrac{2}{\sqrt{x}}\right)$

㋑　任意定数はすべて $C$ に直す．

㋒　$\dfrac{dy}{dx}=p$ とおくと

$p^3-(3x+2y)p^2+6xyp=0$

左辺

$=p\{p^2-(3x+2y)p+6xy\}$

$=p(p-3x)(p-2y)$

㋓　$\dfrac{dy}{dx}=p$ とおくと

$(1-x^2)p^3+2x(1-x^2)p^2=p+2x$

$(1-x^2)p^2(p+2x)=p+2x$

$\{(1-x^2)p^2-1\}(p+2x)=0$

**POINT**　1 階の高次微分方程式が因数分解できるという特殊な場合であるが，直接積分法の拡張にすぎない．

## 問題 18　$x, y$ の一方がない微分方程式

次の微分方程式を解け.

(1)　$y=\left(\dfrac{dy}{dx}\right)^3-2\left(\dfrac{dy}{dx}\right)^2$　　　(2)　$x=\left(\dfrac{dy}{dx}\right)^3+\dfrac{dy}{dx}$

**解説**　微分方程式が　$y=f\left(\dfrac{dy}{dx}\right)$　……①

の形で与えられているときを考える. このとき, $\dfrac{dy}{dx}=p$ とおくと①は

$$y=f(p)$$

これを $x$ に関して微分すると　$\dfrac{dy}{dx}=\dfrac{d}{dx}f(p)=f'(p)\dfrac{dp}{dx}$

すなわち　$p=f'(p)\dfrac{dp}{dx}$

$p\neq 0$ とすると　$dx=\dfrac{f'(p)}{p}dp$　　ゆえに　$x=\displaystyle\int\dfrac{f'(p)}{p}dp+C$

これを $y=f(p)$ と連立させると, $p$ を媒介変数とする一般解

$$x=\int\frac{f'(p)}{p}dp+C,\ y=f(p) \quad \cdots\cdots②$$

が得られる. $p=0$ すなわち $\dfrac{dy}{dx}=0$ のときは, 解 $y=C$ が得られる.

②が①の一般解であることを確認しておこう.

$y=f(p)$ のとき, $\dfrac{dy}{dx}=f'(p)\dfrac{dp}{dx}$　……③

$x=\displaystyle\int\dfrac{f'(p)}{p}dp+C$ のとき　$\dfrac{dx}{dp}=\dfrac{d}{dp}\left\{\displaystyle\int\dfrac{f'(p)}{p}dp+C\right\}=\dfrac{f'(p)}{p}$ から

$\dfrac{dp}{dx}=\dfrac{1}{\dfrac{dx}{dp}}=\dfrac{p}{f'(p)}$　　ゆえに, ③から $\dfrac{dy}{dx}=f'(p)\cdot\dfrac{p}{f'(p)}=p$

よって, $y=f(p)=f\left(\dfrac{dy}{dx}\right)$ となり, ②は確かに微分方程式①を満たす.

また, 微分方程式が　$x=g\left(\dfrac{dy}{dx}\right)$　で与えられているときは, $\dfrac{dy}{dx}=p$ として

$$x=g(p)$$

これを $y$ に関して微分すると　$\dfrac{dx}{dy}=g'(p)\dfrac{dp}{dy}$

$p\neq 0$ とすると　$\dfrac{1}{p}=g'(p)\dfrac{dp}{dy}$　　$dy=pg'(p)dp$

よって, $p$ を媒介変数とする一般解

$$x=g(p),\ y=\int pg'(p)dp+C$$

が得られる. $p=0$ のときは, 解 $y=C$ が得られる.

## 解答

(1)　$\underset{㋐}{\dfrac{dy}{dx}}=p$ とおくと，与えられた微分方程式は

$$y=p^3-2p^2$$

$x$ に関して微分すると

$$\frac{dy}{dx}=(3p^2-4p)\frac{dp}{dx} \qquad p=(3p^2-4p)\frac{dp}{dx}$$

$p \neq 0$ とすると　$dx=(3p-4)\,dp$

ゆえに　$x=\displaystyle\int(3p-4)\,dp=\frac{3}{2}p^2-4p+C$

よって，求める一般解は $p$ を媒介変数として

$$x=\frac{3}{2}p^2-4p+C,\ y=p^3-2p^2 \qquad \cdots\cdots(答)$$

$p=0$ とすると，$y=0$ が得られるがこれは ㋑特異解である．

（注）　一般解を $p$ を消去して表してみよう．

$$x-C=\frac{p}{2}(3p-8)\cdots\cdots①, \quad y=p^2(p-2)\cdots\cdots②$$

①，②から　$4(x-C)-9y=-p(3p-4)^2$

$$(4x-9y-4C)^2=p^2(3p-4)^4$$

$$p^2(3p-4)^2=(3p^2-4p)^2=(3p^2-8p)^2+24p^2(p-2)$$
$$=4\{(x-C)^2+6y\}$$

$$(3p-4)^2=6(x-C)+16=2(3x-3C+8)$$

よって　$(4x-9y-4C)^2$
$$=8\{(x-C)^2+6y\}(3x-3C+8)$$

(2)　㋒(1) と同様に　$x=p^3+p$

$y$ に関して微分すると

$$\frac{dx}{dy}=(3p^2+1)\frac{dp}{dy}$$

$p \neq 0$ とすると $\dfrac{1}{p}=(3p^2+1)\dfrac{dp}{dy}$

$$dy=(3p^3+p)\,dp \qquad y=\int(3p^3+p)\,dp$$

よって，求める一般解は $p$ を媒介変数として

$$x=p^3+p,\ y=\frac{3}{4}p^4+\frac{1}{2}p^2+C \qquad \cdots\cdots(答)$$

㋐　微分方程式が $y=f\left(\dfrac{dy}{dx}\right)$ の形をなすので，$\dfrac{dy}{dx}=p$ とおく．

㋑　$p=0$ のときの解 $y=0$ は $C$ にどのような値を代入しても得られない．すなわち特殊解ではなく，特異解である．$C=0$ のときの特殊解の曲線を図示すると，下図のように原点で $x$ 軸に接している．一般解の表す曲線群はこの特殊解の曲線を $x$ 軸方向に平行移動したものである．よって，$x$ 軸 ($y=0$) が曲線群の包絡線である．

㋒　$\dfrac{dy}{dx}=p$ とおく．

**POINT**　$y=f\left(\dfrac{dy}{dx}\right)$ のタイプの微分方程式は，クレローの微分方程式と同様に $\dfrac{dy}{dx}=p$ とおいて考えるのがコツである．

## 問題 19　ラグランジュの微分方程式

次の微分方程式を解け.

$$y=2x\frac{dy}{dx}+\left(\frac{dy}{dx}\right)^2$$

### 解説

微分方程式　$y=xf\left(\frac{dy}{dx}\right)+g\left(\frac{dy}{dx}\right)$ ……①

すなわち，$\frac{dy}{dx}=p$ とおくとき　$y=xf(p)+g(p)$ ……②

を**ラグランジュの微分方程式**という．$f(p)=p$ のときはクレローの微分方程式となるので，ここでは $f(p)\neq p$ とする．

②の両辺を $x$ で微分すると

$$\frac{dy}{dx}=\frac{d}{dx}xf(p)+\frac{d}{dx}g(p)=f(p)+xf'(p)\frac{dp}{dx}+g'(p)\frac{dp}{dx}$$

したがって　$p=f(p)+\{xf'(p)+g'(p)\}\frac{dp}{dx}$

$p$ を独立変数，$x$ を関数と考えると，$f(p)\neq p$ のとき

$$\frac{dx}{dp}=-\frac{xf'(p)+g'(p)}{f(p)-p}\qquad\therefore\quad\frac{dx}{dp}+\frac{f'(p)}{f(p)-p}x=-\frac{g'(p)}{f(p)-p}$$

これは1階線形微分方程式であるから，問題8の方法によって解くことができる．この一般解を $x=h(p,C)$ とすると，これと②を連立させて次式を得る．

$$\begin{cases}x=h(p,C)\\ y=xf(p)+g(p)\end{cases}\quad(p\text{ は媒介定数})$$ ……③

この2式から $p$ を消去したものが①の一般解である．

また，$\alpha=f(\alpha)$ をみたす実数 $\alpha$ があれば，$y=xf(\alpha)+g(\alpha)$ も解となるので，特殊解か特異解かの吟味が必要である．

〈参考〉　$p=\frac{dy}{dx}$ とするとき，ルジャンドルの変換 $\begin{cases}X=p\\ Y=px-y\end{cases}$ において，

$P=\frac{dY}{dX}$ とおくと，ラグランジュの微分方程式 $y=xf(p)+g(p)$ は，

$P=\frac{dY}{dp}\frac{dp}{dX}=x$ から　　$PX-Y=Pf(X)+g(X)$

すなわち，$\{X-f(X)\}P-Y=g(X)$ となり線形微分方程式に変換される．

## 解答

$\dfrac{dy}{dx}=p$ とおくと　(ア) $y=2px+p^2$　……①

両辺を $x$ について微分して

$$\frac{dy}{dx}=2\left(\frac{dp}{dx}x+p\right)+2p\frac{dp}{dx}$$

$$p=2p+(2x+2p)\frac{dp}{dx}$$

$p\neq 0$ のとき　(イ) $\dfrac{dx}{dp}+\dfrac{2}{p}x=-2$

これを解くと

$$x=\underset{(ウ)}{e^{-\int\frac{2}{p}dp}}\left\{\int e^{\int\frac{2}{p}dp}(-2)\,dp+C_1\right\}$$

$$=p^{-2}\left\{\int(-2p^2)\,dp+C_1\right\}=p^{-2}\left(-\frac{2}{3}p^3+C_1\right)$$

$\therefore\quad 3xp^2+2p^3=C\quad(C=3C_1)$　……②

(エ) ①，②が一般解の媒介変数表示である．

②から　$2p(2px+p^2)-p^2x=C$

①を代入して　$2py-p^2x=C$　……③

①，③から　$xy+C=2p(x^2+y)$

(オ) $y^2-Cx=p^2(x^2+y)$

よって，(カ) 求める一般解は

$4(x^2+y)(y^2-Cx)=(xy+C)^2$　……(答)

$p=0$ のとき，①から $y=0$ となるが，これは一般解で $C=0$ とおけば得られるので特殊解である．

次に，特異解を求めるために一般解を $C$ で偏微分して

$$-4(x^2+y)x=2(xy+C)$$

$$\therefore\quad C=-(2x^2+3y)x$$

一般解の方程式に代入して

$$4(x^2+y)\{y^2+(2x^2+3y)x^2\}=\{2x(x^2+y)\}^2$$

整理して　$(x^2+y)^3=0$　　$\therefore\quad y=-x^2$

ところがこれは (キ) ①をみたさないので，特異解は存在しない．　……(答)

(ア)　ラグランジュの方程式
$y=xf(p)+g(p)$
で，$f(p)=2p$，$g(p)=p^2$ のとき．

(イ)　1 階線形微分方程式．

(ウ)　$e^{-\int\frac{2}{p}dp}=e^{-2\log|p|}$
$=e^{\log p^{-2}}=p^{-2}$

(エ)　一般解として，①と②を答としてもよいが，ここでは媒介変数 $p$ を消去してみる．

(オ)　$y^2-Cx=y(2px+p^2)$
$-(2py-p^2x)x$

(カ)　$(xy+C)^2$
$=4p^2(x^2+y)^2$
$=4(x^2+y)\cdot p^2(x^2+y)$
$=4(x^2+y)(y^2-Cx)$

(キ)　$y=-x^2$ のとき，$p$ は $p=-2x$ より①は $y=0$ となる．

**POINT**　ラグランジュの微分方程式は，クレローの微分方程式と形が似ている．しかし，クレローと比べると解法は面倒である．

## 問題 20　リカティの微分方程式

次の微分方程式を解け．

$$\frac{dy}{dx}+a^2y^2=x^{-4}\quad(a>0)$$

**解説**　$a, b, n$ が定数である微分方程式　$\dfrac{dy}{dx}+ay^2=bx^n$　……①

をリカティの微分方程式という．$n=0$ のときは $\dfrac{dy}{dx}+ay^2=b$（変数分離形），$n=-2$ のときは $\dfrac{dy}{dx}+ay^2=bx^{-2}$ となり，$\dfrac{1}{y}=z$ とおくと $-\dfrac{1}{y^2}\dfrac{dy}{dx}=\dfrac{dz}{dx}$ であることから，①は $\dfrac{dz}{dx}=-\dfrac{1}{y^2}(-ay^2+bx^{-2})=a-b\left(\dfrac{1}{xy}\right)^2=a-b\left(\dfrac{z}{x}\right)^2$（同次形）となって解くことができる．このように $n=0, -2$ のときは解くことはできるが，これ以外に解ける場合を考えてみよう．$a\neq 0$ として $y=uz+v$ とおくと，①は

$$\left(u\frac{dz}{dx}+\frac{du}{dx}z\right)+\frac{dv}{dx}+a(uz+v)^2=bx^n$$

ゆえに　$u\dfrac{dz}{dx}+z\left(\dfrac{du}{dx}+2auv\right)+\left(\dfrac{dv}{dx}+av^2\right)+au^2z^2=bx^n$　……②

となる．ここで関数 $u, v$ が次式を満たすようにとる．

$$\frac{du}{dx}+2auv=0\quad\cdots\cdots③\quad かつ\quad \frac{dv}{dx}+av^2=0\quad\cdots\cdots④$$

④から $v=\dfrac{1}{ax}$，③に代入して $\dfrac{du}{dx}+\dfrac{2u}{x}=0$ から $u=\dfrac{1}{x^2}$

したがって，$v=\dfrac{1}{ax}$，$u=\dfrac{1}{x^2}$ とすると，②は $\dfrac{dz}{dx}+a\left(\dfrac{z}{x}\right)^2=bx^{n+2}$　……⑤

さらに，$n\neq -3$ として $x=X^{\frac{1}{n+3}}$，$z=\dfrac{1}{Z}$ とおくと

$$\frac{dZ}{dX}=\frac{dZ}{dz}\frac{dz}{dx}\frac{dx}{dX}=\left(-\frac{1}{z^2}\right)\cdot\frac{dz}{dx}\cdot\frac{1}{n+3}X^{\frac{1}{n+3}-1}=-\frac{1}{z^2}\frac{1}{n+3}X^{-\frac{n+2}{n+3}}\frac{dz}{dx}$$

したがって，$\dfrac{dz}{dx}=\dfrac{dZ}{dX}\cdot(-z^2)(n+3)X^{\frac{n+2}{n+3}}$ となり，⑤は

$$\frac{dZ}{dX}\left(-\frac{1}{Z^2}\right)(n+3)X^{\frac{n+2}{n+3}}+\frac{a}{Z^2}X^{-\frac{2}{n+3}}=bX^{\frac{n+2}{n+3}}$$

すなわち，$\dfrac{dZ}{dX}+\dfrac{b}{n+3}Z^2=\dfrac{a}{n+3}X^{-\frac{n+4}{n+3}}$　（①のタイプに帰着）　……⑥

これより，$n=n_k$ のとき①が解けるとき，⑥は $n_0=0$ の下で $n_k=-\dfrac{n_{k+1}+4}{n_{k+1}+3}$ または $n_{k+1}=-\dfrac{n_k+4}{n_k+3}$ を満たす $n=n_{k+1}$ のとき解ける．2 つの漸化式をそれぞれ解くことにより，リカティの微分方程式①は次のとき解けることが分かる．

$$n=-2\quad および\quad n_k=\frac{4k}{1-2k}\quad(k=0, \pm 1, \pm 2, \cdots)$$

## 解答

$$\underset{㋐}{\frac{dy}{dx}+a^2y^2=x^{-4}} \quad \cdots\cdots①$$

㋑ $y=uz+v$ とおくと，①は

$$u\frac{dz}{dx}+\frac{du}{dx}z+\frac{dv}{dx}+a^2(uz+v)^2=x^{-4}$$

$$u\frac{dz}{dx}+z\left(\frac{du}{dx}+2a^2uv\right)+\left(\frac{dv}{dx}+a^2v^2\right)+a^2u^2z^2=x^{-4} \quad \cdots\cdots②$$

ここで，関数 $u, v$ が

㋒ $\frac{du}{dx}+2a^2uv=0$ かつ $\frac{dv}{dx}+a^2v^2=0$

を満たすようにとると

$$v=\frac{1}{a^2x} \quad \text{かつ} \quad u=\frac{1}{x^2}$$

したがって，②は　$\frac{dz}{dx}+a^2\left(\frac{z}{x}\right)^2=x^{-2}$　$\cdots\cdots③$

さらに ㋓ $x=X^{\frac{1}{-4+3}}=X^{-1}$，$z=\frac{1}{Z}$ とすると

$$\frac{dZ}{dX}=\frac{dZ}{dz}\frac{dz}{dx}\frac{dx}{dX}=-\frac{1}{z^2}\cdot\frac{dz}{dx}\cdot(-X^{-2})$$

$$=\left(\frac{Z}{X}\right)^2\frac{dz}{dx}$$

すなわち　$\frac{dz}{dx}=\left(\frac{X}{Z}\right)^2\frac{dZ}{dX}$

③は　$\left(\frac{X}{Z}\right)^2\frac{dZ}{dX}+a^2\left(\frac{X}{Z}\right)^2=X^2$

ゆえに　$\frac{dZ}{dX}=Z^2-a^2$　　㋔ $\int\frac{dZ}{Z^2-a^2}=\int dX$

$$\log\left|\frac{Z-a}{Z+a}\right|=2aX+C_1 \qquad \frac{Z-a}{Z+a}=Ce^{2aX}$$

$$Z(1-Ce^{2aX})=a(1+Ce^{2aX})$$

$$z=\frac{1}{Z}=\frac{1-Ce^{2aX}}{a(1+Ce^{2aX})}=\frac{1-Ce^{\frac{2a}{x}}}{a(1+Ce^{\frac{2a}{x}})}$$

よって，求める一般解は

$$y=uz+v=\frac{z}{x^2}+\frac{1}{a^2x}$$

$$=\frac{1-Ce^{\frac{2a}{x}}}{ax^2(1+Ce^{\frac{2a}{x}})}+\frac{1}{a^2x} \quad \cdots\cdots(\text{答})$$

㋐　リカティの微分方程式 $\frac{dy}{dx}+ay^2=bx^n$ において，$a$ が $a^2$，$b=1$，$n=-4$ のときである．解説 の結果から，$n_k=\frac{4k}{1-2k}$ で $k=1$ のとき，$n_1=-4$ となるので本問は解くことができる．

㋑　この置き方を覚えておくこと．

㋒　特殊解を求めればよい．

後者から　$-\frac{dv}{v^2}=a^2dx$

$$-\int\frac{dv}{v^2}=\int a^2dx$$

$\frac{1}{v}=a^2x$ から　$v=\frac{1}{a^2x}$

前者に代入して

$$\frac{du}{dx}+\frac{2u}{x}=0$$

$$\frac{du}{u}=-\frac{2}{x}dx$$

$$\int\frac{du}{u}=-\int\frac{2}{x}dx$$

$$\log|u|=-2\log|x|=\log x^{-2}$$

ゆえに　$u=x^{-2}=\frac{1}{x^2}$

㋓　一般的には，$x=X^{\frac{1}{n+3}}$ とおく．

㋔　$a\neq 0$ のとき

$$\int\frac{dZ}{Z^2-a^2}$$

$$=\frac{1}{2a}\int\left(\frac{1}{Z-a}-\frac{1}{Z+a}\right)dZ$$

$$=\frac{1}{2a}\log\left|\frac{Z-a}{Z+a}\right|$$

**POINT**　リカティの微分方程式 $y'+ay^2=bx^n$ においては $y=uz+v$ とおくのが定石．

## 問題 21　一般のリカティの微分方程式

次の微分方程式を解け．

(1)　$\dfrac{dy}{dx}+y^2+3y-4=0$

(2)　$\dfrac{dy}{dx}+xy^2-(2x^2+1)y+x^3+x-1=0$

**解 説**　微分方程式　$\dfrac{dy}{dx}+P(x)y^2+Q(x)y+R(x)=0$　……①

を**一般のリカティの微分方程式**という．この微分方程式は一般には解くことはできないが，特殊解 $y_1(x)$ がわかっているときは次のようにして一般解を求めることができる．一般解を $y(x)$ として　$y(x)=y_1(x)+u(x)$　$(=y_1+u)$　……②

とおくと，$y'(x)=y_1{}'(x)+u'(x)$ $(=y_1{}'+u')$ だから，①は

$$y_1{}'+u'+P(x)(y_1+u)^2+Q(x)(y_1+u)+R(x)=0$$

整理して　$y_1{}'+P(x)y_1{}^2+Q(x)y_1+R(x)$

$$+u'+\{2P(x)y_1+Q(x)\}u+P(x)u^2=0$$

$y_1$ は①をみたすので，$y_1{}'+P(x)y_1{}^2+Q(x)y_1+R(x)=0$ であり

$$u'+\{2P(x)y_1+Q(x)\}u+P(x)u^2=0 \quad \cdots\cdots ③$$

これはベルヌーイの微分方程式（問題 10）で $k=2$ のときである．

$v=u^{1-2}=u^{-1}$ とおくと　$v'=-u^{-2}u'$

③の両辺に $-u^{-2}$ を掛けて

$$-u^{-2}u'-\{2P(x)y_1+Q(x)\}u^{-1}-P(x)=0$$

$$\therefore\quad v'-\{2P(x)y_1+Q(x)\}v=P(x)$$

これは線形微分方程式であるから

$\displaystyle\int\{2P(x)y_1+Q(x)\}dx=S(x)$　とおくと　$v=e^{S(x)}\left\{\int P(x)e^{-S(x)}dx+C\right\}$

となり　$u=\dfrac{1}{v}=\dfrac{e^{-S(x)}}{\int P(x)e^{-S(x)}dx+C}$

これにより，①の一般解は $y(x)=y_1(x)+u(x)$ として得られる．

特別なリカティの微分方程式 $y'+ay^2=bx^m$（$a, b, m$ は定数）は，$m=-2$ および $m=\dfrac{4k}{1-2k}$　$(k=0, \pm1, \pm2, \cdots)$ のときは解くことができたが，一般のリカティの微分方程式①は特殊なときのみ解くことができる．

## 解答

(1)　$y_1(x)=1$ は解だから，㋐一般解を $y=1+u$ とおくと　$y'=u'$

与えられた微分方程式に代入して

$$u'+(1+u)^2+3(1+u)-4=0$$

$$\therefore\ u'+5u=-u^2 \quad \cdots\cdots①$$ ㋑

さらに，$v=u^{-1}$ とおくと　$v'=-u^{-2}u'$

①の両辺に $-u^{-2}$ を掛けて

$$-u^{-2}u'-5u^{-1}=1 \qquad v'=5v+1$$ ㋒

$$\therefore\ v=C_1e^{5x}-\frac{1}{5}$$

よって，求める一般解は

$$y=1+\frac{1}{v}=1+\frac{5}{Ce^{5x}-1} \quad (C=5C_1) \quad \cdots\cdots(答)$$

(2)　㋓$y_1(x)=x$ は解だから，一般解を $y=x+u$ とおくと　$y'=1+u'$

与えられた微分方程式に代入して

$$1+u'+x(x+u)^2-(2x^2+1)(x+u)+x^3+x-1=0$$

整理して　$u'-u=-xu^2 \quad \cdots\cdots②$

さらに，$v=u^{-1}$ とおくと　$v'=-u^{-2}u'$

②の両辺に $-u^{-2}$ を掛けて

$$-u^{-2}u'+u^{-1}=x \qquad v'+v=x$$ ㋔

$$\therefore\ v=e^{-\int dx}\left(\int e^{\int dx}x\,dx+C\right)$$
$$=e^{-x}\left(\int xe^x dx+C\right)$$
$$=e^{-x}\{(x-1)e^x+C\}$$
$$=Ce^{-x}+x-1$$

よって，求める一般解は

$$y=x+\frac{1}{v}=x+\frac{1}{Ce^{-x}+x-1} \quad \cdots\cdots(答)$$

㋐　一般解は
$y(x)=y_1(x)+u(x)$

㋑　ベルヌーイの微分方程式（問題 10）．
$v=u^{1-2}=u^{-1}$ とおく．

㋒　変数分離形．
$$\left(v+\frac{1}{5}\right)'=5\left(v+\frac{1}{5}\right)$$
$$v+\frac{1}{5}=Ce^{5x}$$

㋓　微分方程式の $x$ と $y$ の 3 次の項に着目すると
$$xy^2-2x^2y+x^3$$
$$=x(y^2-2xy+x^2)$$
$$=x(y-x)^2$$
より，これを 0 とする $y=x$ が解ではないかと考える．

㋔　この両辺に $e^x$ を掛けて
$$e^xv'+e^xv=xe^x$$
$$(e^xv)'=xe^x$$
これより
$$e^xv=\int xe^x dx+C$$
としてもよい．

**POINT**　リカティの微分方程式は解けるタイプが限られている．特殊解を用いてベルヌーイの微分方程式に帰着するのがコツである．

## 問題 22　微分方程式の応用（1）

(1)　法線影の長さが一定 $a$（$>0$）であるような曲線の方程式を求めよ．

(2)　次の曲線群の直交截線（せっせん）（直交曲線）の方程式を求めよ．ただし，$\alpha$ は任意定数とする．

（i）　$xy=\alpha$　　　　（ii）　$y=\alpha x^n$

**解説**　ここでは，微分方程式の応用として図形的な問題を考えてみよう．

### (1)　接線影，法線影

曲線上の点 $\mathrm{P}(x, y)$ から $x$ 軸への垂線の足を M とし，P における接線，法線が $x$ 軸と交わる点をそれぞれ T，N とするとき

**接線影**＝TM，**法線影**＝MN

という．また，接線と $x$ 軸とのなす角を $\theta$ とすると，$\tan\theta=y'$ となるので

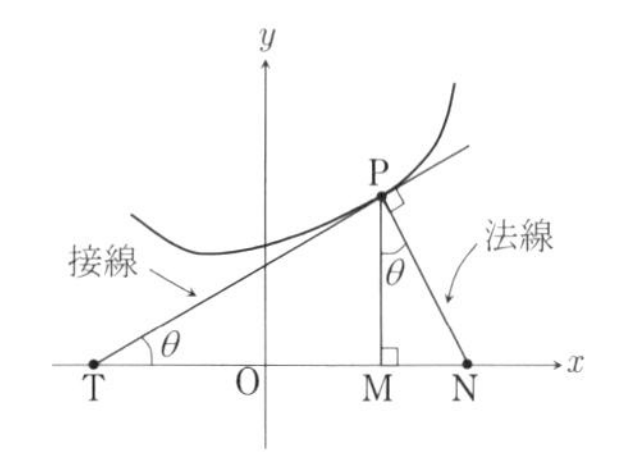


$$\frac{\mathrm{PM}}{\mathrm{TM}}=|\tan\theta|=|y'| \text{ から}\qquad \mathrm{TM}=\frac{\mathrm{PM}}{|y'|}=\left|\frac{y}{y'}\right|$$

$$\frac{\mathrm{MN}}{\mathrm{PM}}=|\tan\theta|=|y'| \text{ から}\qquad \mathrm{MN}=\mathrm{PM}\cdot|y'|=|yy'|$$

**(例)**　接線影の長さが一定 1 であるような曲線の方程式を求めてみよう．

**(解)**　$\left|\dfrac{y}{y'}\right|=1$ から　$\dfrac{y}{y'}=\pm 1$　　$\therefore\ \displaystyle\int\frac{y'}{y}dx=\pm\int dx$

$\log|y|=\pm x+C$　　　よって　$y=Ae^{\pm x}$　$(A=\pm e^{C})$

### (2)　曲線群の直交截線（直交曲線）

曲線群 $\Gamma$ : $f(x, y, \alpha)=0$　（$\alpha$ は任意定数）のおのおのと直交する曲線を曲線群 $\Gamma$ の**直交截線**（**直交曲線**）という．求め方は次のようである．

（i）　$\Gamma$ のみたす微分方程式を作る．$F(x, y, y')=0$ とする．

（ii）　直交截線のみたす微分方程式は，直交条件（接線の傾きと法線の傾きの積＝$-1$）から，　$F\left(x, y, -\dfrac{1}{y'}\right)=0$　である．

**(例)**　円群 $x^2+y^2=a^2$（$a>0$）の直交截線を求めてみよう．

**(解)**　$x^2+y^2=a^2$ を $x$ で微分して　$2x+2yy'=0$　　$\therefore\ x+yy'=0$

よって，求める微分方程式は　$x-\dfrac{y}{y'}=0$　　　$\therefore\ \dfrac{y'}{y}=\dfrac{1}{x}$

これを解いて　$y=Ax$

## 解答

(1) 曲線上の点を $\mathrm{P}(x, y)$ とすると

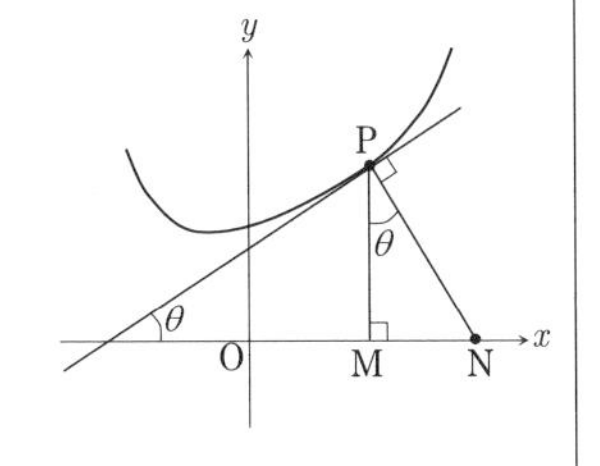


$$\frac{\mathrm{MN}}{\mathrm{PM}}=|\tan\theta|=|y'|$$

から，法線影の長さ MN は

$$\mathrm{MN}=\mathrm{PM}\cdot|y'|=|yy'|$$

これが $a$ に等しいとき

$$|yy'|=a \qquad \therefore\ ㋐\ yy'=\pm a$$

$$ydy=\pm adx \qquad \int 2ydy=\pm 2a\int dx$$

よって，求める曲線の方程式は

$$y^2=\pm 2ax+C \quad \cdots\cdots（答）$$

㋐ $2yy'=\pm 2a$ として $\dfrac{d}{dy}(y^2)=\pm 2a$ から $y^2=\pm 2ax+C$ としてもよい．

(2) (i) $xy=\alpha$ の両辺を $x$ で微分して

$$㋑\ y+xy'=0$$

したがって，㋒ 求める曲線の微分方程式は

$$y+x\cdot\left(-\frac{1}{y'}\right)=0 \qquad \therefore\ x-yy'=0$$

$$xdx-ydy=0 \qquad \int 2xdx-\int 2ydy=C$$

よって，求める直交截線は

$$x^2-y^2=C \quad \cdots\cdots（答）$$

㋑ 曲線群 $xy=\alpha$ のみたす微分方程式．

㋒ ㋑の方程式で，$y'$ の代りに $-\dfrac{1}{y'}$ とおく．

(ii) $y=\alpha x^n$ の両辺を $x$ で微分して

$$y'=n\alpha x^{n-1}$$

$$\therefore\ ㋓\ xy'=n\alpha x^n=ny$$

したがって，求める曲線の微分方程式は

$$x\cdot\left(-\frac{1}{y'}\right)=ny \qquad \therefore\ x+nyy'=0$$

$$xdx+nydy=0 \qquad \int 2xdx+\int 2nydy=C$$

よって，求める直交截線は

$$x^2+ny^2=C \quad \cdots\cdots（答）$$

㋓ $\begin{cases} y=\alpha x^n \\ y'=n\alpha x^{n-1} \end{cases}$ の 2 式から媒介変数 $\alpha$ を消去した．曲線 $y=\alpha x^n$ のみたす微分方程式．

**POINT** 接線影，法線影，直交截線などの用語を確実に押えておくこと．とくに，直交截線は 2 次曲線のもつ性質を学ぶのには大切である．

## 問題 23　微分方程式の応用 (2)

$x \geqq 0$ で定義された連続関数 $f(x)$ があり，$x>0$ のとき $f'(x)>0$ および $f''(x)<0$，$f(0)=0$，$f'(1)=\frac{1}{2}$ である．曲線 C：$y=f(x)$ 上の任意の点 P $(x, y)$ $(x>0)$ から $y$ 軸に下ろした垂線の足を Q とし，P における曲線 C の接線と $y$ 軸との交点を R とする．曲線 C, 線分 PR および線分 RO (O は原点) で囲まれた図形を $y$ 軸のまわりに回転してできる立体と，△PQR を $y$ 軸のまわりに回転してできる円すいの体積の比が 1：5 となるような $f(x)$ を求めよ．

**解 説**　前問に続き微分方程式の応用について学ぶ．さらに，曲線の線分，面積，体積および速度に関するものなどがあるが，いずれの場合も条件を満たす微分方程式あるいは積分方程式を作成して，初期条件に注意して解くことになる．なお，曲線 $y=f(x)$ 上の点 P$(x, y)$ における接線の方程式は，流通座標 $(X, Y)$ を用いて $Y-y=f'(x)(X-x)$ として表される．

**(例 1)**　曲線 $y=f(x)$ 上の点 P における接線が $x$ 軸および $y$ 軸と交わる点をそれぞれ Q，R とするとき，点 P がつねに線分 QR を 2：1 に内分するものとする．このうち，点 $(1, \sqrt{2})$ を通る曲線の方程式を求めよ．

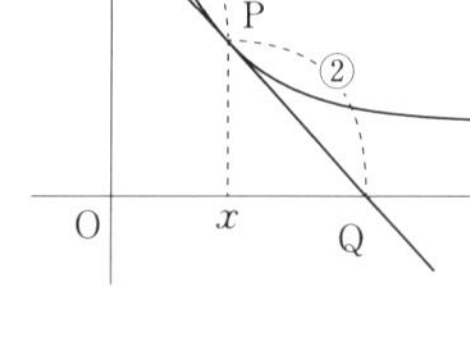


**(解)**　曲線 $y=f(x)$ 上の点 P$(x, y)$ における接線の方程式は　$Y-f(x)=f'(x)(X-x)$

ゆえに $\mathrm{Q}\left(x-\dfrac{f(x)}{f'(x)}, 0\right)$, $\mathrm{R}(0, f(x)-xf'(x))$ だから，

条件から　$x=\dfrac{1}{3}\left\{x-\dfrac{f(x)}{f'(x)}\right\}$　　$2\cdot\dfrac{f'(x)}{f(x)}=-\dfrac{1}{x}$

これを解いて　$xy^2=C$

これが点 $(1, \sqrt{2})$ を通るから　$C=2$　　　よって　$xy^2=2$

**(例 2)**　1 杯のコーヒーが 90℃に温められている．室温 10℃の部屋に 3 分間放置したら 70℃になった．コーヒーの温度が 55℃に下がるのは最初から何分後か．ただし，室温は一定とし，コーヒーの温度の降下速度は周囲の温度との温度差に比例するものとする．

**(解)**　$t$ 分後のコーヒーの温度を $x$ ℃とすると，条件から $a>0$ として

$$\frac{dx}{dt}=-a(x-10)\qquad \text{これを解いて}\quad x=10+Ae^{-at}\quad (A \neq 0)$$

$t=0$ のとき $x=90$，$t=3$ のとき $x=70$ から　　$80=A$，$60=Ae^{-3a}$

求める時間を $T$ 分後とすると　$45=Ae^{-aT}$

$$e^{-3a}=\frac{60}{80}=\frac{3}{4},\quad e^{-aT}=\frac{45}{80}=\frac{9}{16}=\left(\frac{3}{4}\right)^2=e^{-6a}\qquad \text{よって}\quad \mathrm{T}=6\ (\text{分後})$$

## 解答

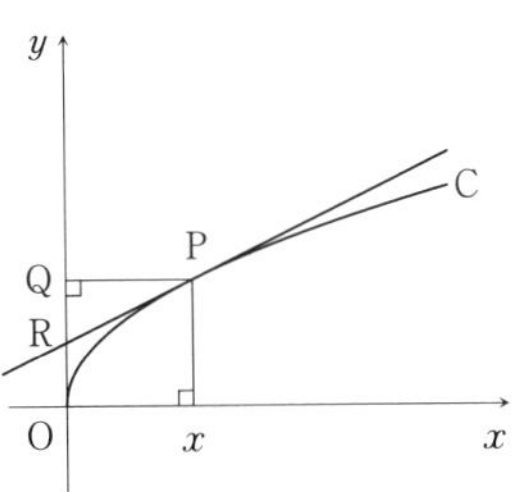


条件から $x>0$ において関数 $f(x)$ は増加で上に凸であり，R は O と Q の間にある．

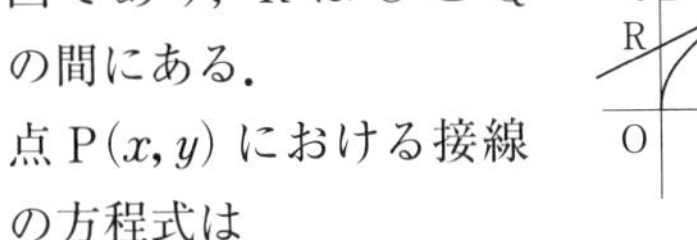

点 $\mathrm{P}(x, y)$ における接線の方程式は

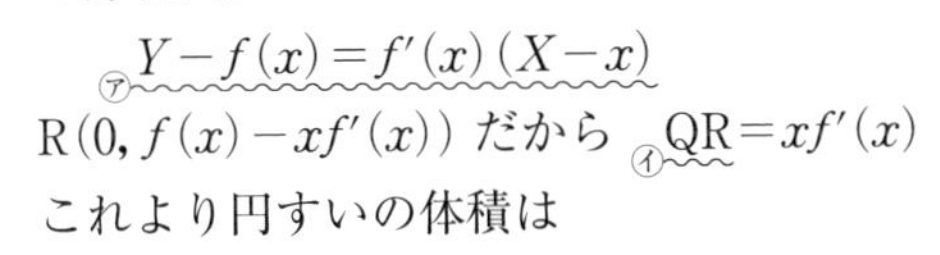

㋐ $Y-f(x)=f'(x)(X-x)$

$\mathrm{R}(0, f(x)-xf'(x))$ だから ㋑ $\mathrm{QR}=xf'(x)$

これより円すいの体積は

$$\frac{\pi}{3}x^2\cdot xf'(x)=\frac{\pi}{3}x^3f'(x)$$

また，$y=f(x)$ を ㋒ $x=g(y)$ として，図形 OPQ を $y$ 軸のまわりに回転してできる立体の体積は

$$\pi\int_0^{f(x)}\{g(y)\}^2dy=\pi\int_0^x x^2f'(x)\,dx$$

条件から ㋓ $\dfrac{\pi}{3}x^3f'(x)=\dfrac{5}{6}\cdot\pi\displaystyle\int_0^x x^2f'(x)\,dx$

ゆえに　$2x^3f'(x)=5\displaystyle\int_0^x x^2f'(x)\,dx$

両辺を $x$ で微分して

$$6x^2f'(x)+2x^3f''(x)=5x^2f'(x)$$

$x^2>0$ だから　$f'(x)+2xf''(x)=0$

$\dfrac{f''(x)}{f'(x)}=-\dfrac{1}{2x}$ から　$\displaystyle\int\frac{f''(x)}{f'(x)}dx=-\frac{1}{2}\int\frac{dx}{x}$

$$\log f'(x)=-\frac{1}{2}\cdot\log x+C_1=\log\frac{C_1}{\sqrt{x}}$$

したがって　$f'(x)=\dfrac{C_1}{\sqrt{x}}$

$f'(1)=\dfrac{1}{2}$ だから　$C_1=\dfrac{1}{2}$　　∴　$f'(x)=\dfrac{1}{2\sqrt{x}}$

よって　$f(x)=\displaystyle\int\frac{dx}{2\sqrt{x}}=\sqrt{x}+C_2$

$f(0)=0$ だから　$C_2=0$

以上から，求める $f(x)$ は　$f(x)=\sqrt{x}$　……（答）

㋐　流通座標 $(X, Y)$

㋑　QR
$=\mathrm{OQ}-\mathrm{OR}$
$=f(x)-\{f(x)-xf'(x)\}$
$=xf'(x)$

㋒　$x=g(y)=f^{-1}(y)$

㋓　条件から，円すいの体積は，図形 OPQ を $y$ 軸のまわりに回転してできる立体の体積の $\dfrac{5}{6}$ 倍に等しい．

**POINT**　微分方程式の応用として，いわゆる文章題においては，条件を満たす微分方程式あるいは積分方程式を作成して解くことになるが，初期条件には注意しよう．

## 練習問題 解答は 190 ページから 01

1 次の微分方程式を解け．(4) では，$a$，$g$ は正の定数とする．

(1) $x\dfrac{dy}{dx}=y(y+1)$　　(2) $\dfrac{dy}{dx}=\dfrac{x^2(y+1)}{y^2(x-1)}$

(3) $y'\tan x\tan y=1$　　(4) $\dfrac{dv}{dt}=-g+av^2$

2 次の微分方程式を解け．

$$x\sqrt{1+y^2}\,dx+y\sqrt{1+x^2}\,dy=0$$

3 次の微分方程式を与えられた初期条件のもとで解け．

(1) $\dfrac{dy}{dx}=xy\cos x$　　($x=0$ のとき $y=2e$)

(2) $(2+x^2)\dfrac{dy}{dx}+y=0$　　($x=0$ のとき $y=1$)

4 次の微分方程式を解け．

(1) $xy\dfrac{dy}{dx}=x^2+y^2$　　(2) $\dfrac{dy}{dx}=36\left(\dfrac{x+y}{11x+y}\right)^2$

(3) $\dfrac{dy}{dx}=\dfrac{\sqrt{x^2+y^2}+y}{x}$ $(x>0)$　　(4) $\dfrac{dy}{dx}=\dfrac{y}{x}+\sqrt{1-\dfrac{y^2}{x^2}}$ $(x>0)$

5　次の微分方程式を解け．

(1)　$3x-y=(x+y)\dfrac{dy}{dx}$

(2)　$6x-2y-3+(-2x-2y+1)\dfrac{dy}{dx}=0$

6　次の微分方程式を解け．

(1)　$\dfrac{dy}{dx}+y=\cos x$

(2)　$x\dfrac{dy}{dx}=2x+y$

7　次の微分方程式を解け．

(1)　$x\dfrac{dy}{dx}+y=0$

(2)　$x\dfrac{dy}{dx}+y=\log x \quad (x>0)$

8　次の方程式をみたす $x$ の連続関数 $f(x)$ を求めよ．

(1)　$xf(x)=\displaystyle\int_{\frac{\pi}{2}}^{x}\{2f(t)+t^2\cos t\}\,dt$

(2)　$f(x)=-1+\displaystyle\int_{1}^{x}\{t-f(t)\}\,dt$

9 次の微分方程式を解け．

(1) $e^y dx+(xe^y-3y^2)dy=0$

(2) $(3xy-2y^2)dx+(x^2-2xy)dy=0$

10 次の微分方程式を解け．(2) では，$x=\dfrac{1}{t}$ とおいて考えよ．

(1) $y=x\dfrac{dy}{dx}+\dfrac{4}{\dfrac{dy}{dx}}$

(2) $y+x\dfrac{dy}{dx}+2x^4\left(\dfrac{dy}{dx}\right)^2=0$

11 ルジャンドル変換 $\begin{cases} X=p \\ Y=px-y \end{cases}$，$p=\dfrac{dy}{dx}$ において，$P=\dfrac{dY}{dX}$ とおく．

このとき，微分方程式 $y=f(x)p$ は同次形微分方程式に変換されることを示せ．また，次の微分方程式を解け．

$$(y-px)x=y$$

12 リカティの微分方程式 $y'+P(x)y^2+Q(x)y+R(x)=0$ について，次の問いに答えよ．

(1) 一般解は $\qquad y=\dfrac{Cf_1(x)+f_2(x)}{Cf_3(x)+f_4(x)}$ $\qquad$ ($C$ は任意定数)

で与えられることを示せ．

(2) 4つの特殊解を $y_1$，$y_2$，$y_3$，$y_4$ とするとき，次が成り立つことを示せ．

$$\frac{y_4-y_1}{y_4-y_2} : \frac{y_3-y_1}{y_3-y_2} \text{ は一定比}$$

13　次の条件をみたす曲線を求めよ．

(1)　法線の長さが法線の $x$ 軸上の切片に等しい．

(2)　曲線と $xy$ 座標軸および $y$ 軸に平行な直線 $x=x$ とで囲まれた図形の面積が，それに対応する曲線の弧の長さに比例する．

14　長軸の長さが短軸の長さの2倍に等しい楕円群の直交截線を求めよ．ただし，楕円群の中心は原点で，その長軸は $x$ 軸上にあるものとする．

## ◆◇◆　物理への応用　◇◆◇ ―――――――――――――――――― コラム

次の問題を考えてみよう．

> 質量 $m$ の物体 A を初速度 $v_0$ で真上に投げるとき，最高点に達するまでの時間 T を，次の各場合について求めよ．
> (1)　空気の抵抗が速度に比例する場合
> (2)　空気の抵抗が速度の平方に比例する場合

(働く力)＝(質量)×(加速度) が成り立つので，働く力を 2 通りで表し等置する．力の向きおよび初期条件に注意する．また，最高点では速度は 0 である．

**解答**　(1)　時刻 $t$ における速度を $v$ とすると，重力と抵抗は速度と逆向きだから $m\dfrac{dv}{dt}=-mg-kv$　($g$ は重力加速度，$k$ は正の比例定数) が成り立つ．

$\dfrac{k}{mg}=a$ $(>0)$ とおくと　$\dfrac{dv}{dt}=\dfrac{-mg-amgv}{m}=-g(1+av)$

$$\frac{dv}{av+1}=-gdt\quad\text{両辺を積分して}\quad \frac{1}{a}\log(av+1)=-gt+C \qquad \cdots\cdots①$$

$t=0$ のとき $v=v_0$ だから　$C=\dfrac{1}{a}\log(av_0+1)$

①に代入して，整理すると　$gt=\dfrac{1}{a}\{\log(av_0+1)-\log(av+1)\}$

最高点では $v=0$ だから，最高点に達するまでの時間 T は

$$\mathrm{T}=\frac{1}{ag}\log(av_0+1)=\frac{m}{k}\log\left(\frac{kv_0}{mg}+1\right) \qquad \cdots\cdots(\text{答})$$

(2)　(1)と同様にして，$m\dfrac{dv}{dt}=-mg-kv^2$ が成り立つ．

$l=\sqrt{\dfrac{k}{mg}}$ とおくと　$\dfrac{dv}{dt}=-g(1+l^2v^2)$

$$\frac{dv}{1+(lv)^2}=-gdt\quad\text{両辺を積分して}\quad \frac{1}{l}\tan^{-1}lv=-gt+C$$

$t=0$ のとき $v=v_0$ だから　$C=\dfrac{1}{l}\tan^{-1}lv_0$

$$\therefore\quad gt=\frac{1}{l}(\tan^{-1}lv_0-\tan^{-1}lv)$$

最高点では $v=0$ だから，求める時間 T は

$$\mathrm{T}=\frac{1}{lg}\tan^{-1}lv_0=\sqrt{\frac{m}{kg}}\tan^{-1}\left(\sqrt{\frac{k}{mg}}\,v_0\right) \qquad \cdots\cdots(\text{答})$$

# *Chapter* 2

# 高階常微分方程式

## 問題 24　2階同次線形微分方程式

(1)　微分方程式 $y''-7y'+10y=0$ について，$y_1=e^{2x}$，$y_2=e^{5x}$ が線形独立な解であることを示し，一般解を求めよ．

(2)　微分方程式 $y''-6y'+9y=0$ について，$y_1=e^{3x}$，$y_2=xe^{3x}$ が線形独立な解であることを示し，一般解を求めよ．

### 解説

微分方程式　$\dfrac{d^2y}{dx^2}+P(x)\dfrac{dy}{dx}+Q(x)y=R(x)$　……①

を **2階線形微分方程式**という．線形とは，$y$，$y'$，$y''$ について1次ということである．ここで，①で $R(x)=0$ すなわち

$$\frac{d^2y}{dx^2}+P(x)\frac{dy}{dx}+Q(x)y=0 \quad \cdots\cdots②$$

のとき**同次線形微分方程式**といい，$R(x)\neq 0$ のとき**非同次線形微分方程式**という．同次線形微分方程式②の解については，次の性質がある（証明は省略）．

（i）　$y(x)$ が②の解ならば，$Cy(x)$（$C$ は定数）もまた②の解である．
（ii）　$y_1(x)$，$y_2(x)$ が②の解ならば，和 $y_1(x)+y_2(x)$ もまた②の解である．

これら2つをまとめると

（iii）　$y_1(x)$，$y_2(x)$ が②の解ならば，線形結合 $C_1y_1(x)+C_2y_2(x)$（$C_1, C_2$ は定数）もまた②の解である．

これらはベクトル空間の定義とそっくりだが，②の解 $y_1(x)$，$y_2(x)$ に対し

$$C_1y_1(x)+C_2y_2(x)=0 \quad \text{（恒等的に 0）} \quad \cdots\cdots③$$

が成り立つのが $C_1=C_2=0$ に限るとき，$y_1(x)$，$y_2(x)$ は**線形独立**であるといい，そうでないときは**線形従属**という．$y_1(x)$，$y_2(x)$ が線形従属であるときは，$C_1$，$C_2$ の少なくとも一方は0ではないので，③を $x$ で微分して

$$C_1y_1'(x)+C_2y_2'(x)=0 \quad \text{（恒等的に 0）} \quad \cdots\cdots④$$

③, ④から，$\begin{bmatrix} y_1 & y_2 \\ y_1' & y_2' \end{bmatrix}\begin{bmatrix} C_1 \\ C_2 \end{bmatrix}=\begin{bmatrix} 0 \\ 0 \end{bmatrix}$，$\begin{bmatrix} C_1 \\ C_2 \end{bmatrix}\neq\begin{bmatrix} 0 \\ 0 \end{bmatrix}$ だから，$\begin{vmatrix} y_1 & y_2 \\ y_1' & y_2' \end{vmatrix}=0$　となる．

この行列式を**ロンスキー行列式（ロンスキヤン）**といい，$W(y_1, y_2)$ で表す．

②の解 $y_1(x)$，$y_2(x)$ に対しては，次のようになる．

$$W\neq 0 \iff y_1,\ y_2 \text{ は線形独立}, \quad W=0 \iff y_1,\ y_2 \text{ は線形従属}$$

2階同次線形微分方程式②の解は，線形独立な解 $y_1(x)$，$y_2(x)$（**基本解**という）を用いて，　$y(x)=C_1y_1(x)+C_2y_2(x)$（$C_1$，$C_2$ は任意定数）　となる．

## 解答

(1)　$y_1=e^{2x}$ のとき　$y_1'=2e^{2x}$，$y_1''=4e^{2x}$

$y_2=e^{5x}$ のとき　$y_2'=5e^{5x}$，$y_2''=25e^{5x}$

したがって

㋐ $y_1''-7y_1'+10y_1=4e^{2x}-7\cdot 2e^{2x}+10e^{2x}=0$

$y_2''-7y_2'+10y_2=25e^{5x}-7\cdot 5e^{5x}+10e^{5x}=0$

となるので，$y_1$，$y_2$ は微分方程式の解である．

㋑ ロンスキー行列式 $W(y_1, y_2)$ は

$$W(y_1, y_2)=\begin{vmatrix} y_1 & y_2 \\ y_1' & y_2' \end{vmatrix}=\begin{vmatrix} e^{2x} & e^{5x} \\ 2e^{2x} & 5e^{5x} \end{vmatrix}$$
$$=e^{2x}\cdot 5e^{5x}-e^{5x}\cdot 2e^{2x}$$
$$=3e^{7x}\neq 0$$

よって，$y_1$，$y_2$ は線形独立である．

以上から，$y_1$，$y_2$ は微分方程式の ㋒ 基本解であるから，㋓ 求める一般解は

$$y=C_1e^{2x}+C_2e^{5x}\quad ㋔(C_1,\ C_2 \text{ は任意定数})$$

……(答)

(2)　$y_1=e^{3x}$ のとき　$y_1'=3e^{3x}$，$y_1''=9e^{3x}$

$y_2=xe^{3x}$ のとき

$y_2'=(3x+1)e^{3x}$，$y_2''=(9x+6)e^{3x}$

したがって

$y_1''-6y_1'+9y_1=9e^{3x}-6\cdot 3e^{3x}+9e^{3x}=0$

$y_2''-6y_2'+9y_2$

$=(9x+6)e^{3x}-6\cdot(3x+1)e^{3x}+9xe^{3x}=0$

となるので，$y_1$，$y_2$ は微分方程式の解である．

ロンスキー行列式 $W(y_1, y_2)$ は

$$W(y_1, y_2)=\begin{vmatrix} e^{3x} & xe^{3x} \\ 3e^{3x} & (3x+1)e^{3x} \end{vmatrix}$$
$$=e^{6x}\neq 0$$

よって，$y_1$，$y_2$ は線形独立である．

以上から，$y_1$，$y_2$ は微分方程式の基本解であるから，求める一般解は

$$y=C_1e^{3x}+C_2xe^{3x}=(C_1+C_2x)e^{3x}$$

……(答)

㋐　$y_1$ が与えられた微分方程式の解であることを示すには　$y_1''-7y_1'+10y=0$ を導けばよい．

㋑　2 つの関数 $y_1$，$y_2$ が線形独立であるための必要十分条件は，ロンスキー行列式 $W(y_1, y_2)$ が

$W(y_1, y_2)\neq 0$

㋒　2 階同次線形微分方程式の場合は，2 個の線形独立な解からなる解の組．

㋓　一般解は，基本解の線形結合として表される．

㋔　これ以降，この表記は省略．

**POINT**　線形微分方程式を解くことは，ベクトル空間と密接な関係にある．この機会に，ベクトル空間に関する定義・定理を復習しておこう．

## 問題 25　定数係数の2階同次線形微分方程式

次の微分方程式を与えられた初期条件のもとで解け．

(1)　$y''-5y'+6y=0$　($x=0$ のとき $y=3$，$y'=4$)

(2)　$y''+4y'+4y=0$　($x=0$ のとき $y=1$，$y'=1$)

(3)　$y''-4y'+13y=0$　($x=0$ のとき $y=2$，$y'=7$)

**解説**　2階同次線形微分方程式で，$P(x)$，$Q(x)$ が定数である微分方程式

$$\frac{d^2y}{dx^2}+a\frac{dy}{dx}+by=0 \quad (a,\ b \text{ は実定数}) \qquad \cdots\cdots①$$

の一般解を考えてみよう．基本解は，1階同次線形微分方程式の場合から $y=e^{\lambda x}$（$\lambda$ は定数）が予想される．$y=e^{\lambda x}$ のとき，$y'=\lambda e^{\lambda x}$，$y''=\lambda^2 e^{\lambda x}$ だから，

①は　$\lambda^2 e^{\lambda x}+a\lambda e^{\lambda x}+be^{\lambda x}=(\lambda^2+a\lambda+b)e^{\lambda x}=0$

$$\therefore \quad \lambda^2+a\lambda+b=0 \qquad \cdots\cdots②$$

2次方程式②を①の**特性方程式**という．②の判別式 $D=a^2-4b$ の符号により，①の一般解は次のようになる．

(1)　$D>0$ のとき；②の解 $\lambda_1$，$\lambda_2$ ($\lambda_1 \neq \lambda_2$) で，$y_1=e^{\lambda_1 x}$，$y_2=e^{\lambda_2 x}$ は1次独立だから，①の一般解は　$y(x)=C_1e^{\lambda_1 x}+C_2e^{\lambda_2 x}$　($C_1$，$C_2$ は任意定数)

(2)　$D=0$ のとき；②の解は重解 $\lambda=-\dfrac{a}{2}$ となるが，解 $y_1=e^{\lambda x}$ に対して，

$y_2=xe^{\lambda x}$ は $y_2'=(\lambda x+1)e^{\lambda x}$，$y_2''=(\lambda^2 x+2\lambda)e^{\lambda x}$ となり

$$\begin{aligned} y_2''+ay_2'+by_2 &= (\lambda^2 x+2\lambda)e^{\lambda x}+a(\lambda x+1)e^{\lambda x}+bxe^{\lambda x} \\ &= \{(\lambda^2+a\lambda+b)x+2\lambda+a\}e^{\lambda x}=(0\cdot x+0)e^{\lambda x}=0 \end{aligned}$$

よって，$y_2=xe^{\lambda x}$ も①の解であり，$W(y_1, y_2) \neq 0$ であることから，①の一般解は

$$y(x)=(C_1+C_2x)e^{\lambda x} \quad (C_1,\ C_2 \text{ は任意定数})$$

(3)　$D<0$ のとき；②の解は $\lambda=\dfrac{-a\pm\sqrt{D}}{2}=\dfrac{-a\pm\sqrt{-D}\,i}{2}$　$(=p\pm qi)$ となり，

一般解は

$$\begin{aligned} y(x) &= C_1e^{\lambda_1 x}+C_2e^{\lambda_2 x}=C_1e^{(p+qi)x}+C_2e^{(p-qi)x} \\ &= C_1e^{px}(\cos qx+i\sin qx)+C_2e^{px}(\cos qx-i\sin qx) \\ &= (C_1+C_2)e^{px}\cos qx+i(C_1-C_2)e^{px}\sin qx \end{aligned}$$

$C_1+C_2$，$i(C_1-C_2)$ を改めて $C_1$，$C_2$ で表すと

$$y(x)=e^{px}(C_1\cos qx+C_2\sin qx) \quad (C_1,\ C_2 \text{ は任意定数})$$

## 解答

(1)　特性方程式は　$\lambda^2-5\lambda+6=0$

$$(\lambda-2)(\lambda-3)=0 \qquad \therefore \ \text{㋐}\lambda=2,\ 3$$

したがって，一般解は

$$y=C_1e^{2x}+C_2e^{3x}$$

このとき　$y'=2C_1e^{2x}+3C_2e^{3x}$

初期条件から　　$C_1+C_2=3,\ 2C_1+3C_2=4$

$$\therefore \ C_1=5,\ C_2=-2$$

よって，㋑求める解は

$$y=5e^{2x}-2e^{3x}$$ ……(答)

(2)　特性方程式は　$\lambda^2+4\lambda+4=0$

$$(\lambda+2)^2=0 \qquad \therefore \ \text{㋒}\lambda=-2\ (2\text{ 重解})$$

したがって，一般解は

$$y=(C_1+C_2x)e^{-2x}$$

このとき，$y'=(-2C_1+C_2-2C_2x)e^{-2x}$

初期条件から　　$C_1=1,\ -2C_1+C_2=1$

$$\therefore \ C_1=1,\ C_2=3$$

よって，求める解は

$$y=(1+3x)e^{-2x}$$ ……(答)

(3)　特性方程式は　$\lambda^2-4\lambda+13=0$

$$\therefore \ \text{㋓}\lambda=2\pm\sqrt{2^2-1\cdot 13}=2\pm 3i$$

したがって，一般解は

$$y=e^{2x}(C_1\cos 3x+C_2\sin 3x)$$

このとき

$$y'=2e^{2x}(C_1\cos 3x+C_2\sin 3x)+e^{2x}(-3C_1\sin 3x+3C_2\cos 3x)$$

初期条件から　　$C_1=2,\ 2C_1+3C_2=7$

$$\therefore \ C_1=2,\ C_2=1$$

よって，求める解は

$$y=e^{2x}(2\cos 3x+\sin 3x)$$ ……(答)

㋐　特性方程式が異なる 2 つの実数解 $\lambda_1$，$\lambda_2$ をもつとき，一般解は

$$y=C_1e^{\lambda_1 x}+C_2e^{\lambda_2 x}$$

㋑　特殊解.

㋒　特性方程式が重解 $\lambda_1$ をもつとき，一般解は

$$y=(C_1+C_2x)e^{\lambda_1 x}$$

㋓　特性方程式が共役な虚数解 $p\pm qi$ をもつとき，一般解は

$$y=e^{px}(C_1\cos qx+C_2\sin qx)$$

**POINT**　定数係数の 2 階同次線形微分方程式は，特性方程式の解の状態でその一般解が決定する．$D<0$ のときはオイラーの公式を用いている．

## 問題 26 非同次線形微分方程式・未定係数法 (1)

次の微分方程式を解け.

(1) $y''+3y'-4y=x^2+x$

(2) $y''+2y'+2y=\cos x$

### 解説

非同次線形微分方程式 $\dfrac{d^2y}{dx^2}+P(x)\dfrac{dy}{dx}+Q(x)y=R(x)$ ……①

を考える. ①の1つの特殊解を $Y(x)$ とする. ①の任意の解を $y(x)$ とし, $y(x)=z(x)+Y(x)$ とおくと, $y'=z'+Y'$, $y''=z''+Y''$ となり, ①は

$$z''+Y''+P(x)(z'+Y')+Q(x)(z+Y)=R(x)$$

$$\{z''+P(x)z'+Q(x)z\}+\{Y''+P(x)Y'+Q(x)Y\}=R(x)$$

$$\therefore\quad z''+P(x)z'+Q(x)z=0$$

したがって, $z$ は非同次①に対応する同次線形微分方程式

$$\frac{d^2y}{dx^2}+P(x)\frac{dy}{dx}+Q(x)y=0 \qquad \cdots\cdots②$$

の一般解である. よって, 非同次①の一般解 $y(x)$ は

$y(x)=$同次②の一般解 $y_C(x)+$非同次①の特殊解 $Y(x)$

で与えられる. なお, この $y_C(x)$ を非同次①の**余関数**という.

とくに, ①で $P(x)$, $Q(x)$ が定数であるときは, 余関数 $y_C(x)$ は問題25により求めることができるので, 特殊解 $Y(x)$ を求めることができればよい.

$R(x)$ が簡単な関数であるときは, 未定係数法によって $Y(x)$ を求めることができる場合がある. その代表的なタイプには以下のものがある.

$R(x)$ が $m$ 次の多項式 $\Longrightarrow$ $Y(x)$ は $m$ 次の多項式

$R(x)$ が指数関数 $e^{\alpha x}$ $\Longrightarrow$ $Y(x)$ は指数関数 $Ae^{\alpha x}$

$R(x)$ が三角関数 $\cos\beta x$, $\sin\beta x$ $\Longrightarrow$ $Y(x)$ は $A\cos\beta x+B\sin\beta x$

(例) 微分方程式 $y''-4y'+3y=e^{2x}$ を解いてみよう.

(解) 同次線形微分方程式の特性方程式は $\lambda^2-4\lambda+3=0$

$\lambda=1,\ 3$ $\qquad\therefore\ y_C(x)=C_1e^x+C_2e^{3x}$

特殊解を $Y(x)=Ae^{2x}$ とおくと $Y'=2Ae^{2x}$, $Y''=4Ae^{2x}$

与式に代入して $-Ae^{2x}=e^{2x}$ $\qquad\therefore\ A=-1$ より $Y(x)=-e^{2x}$

よって, 一般解は $y=y_C(x)+Y(x)=C_1e^x+C_2e^{3x}-e^{2x}$

## 解答

(1)　対応する同次方程式の特性方程式は

$$\lambda^2+3\lambda-4=0 \qquad (\lambda+4)(\lambda-1)=0$$

$$\therefore \quad \lambda=-4,\ 1$$

したがって，余関数は　$y_C(x)=C_1e^{-4x}+C_2e^x$

特殊解を ㋐ $Y(x)=Ax^2+Bx+C$ とおくと

$$Y'=2Ax+B,\ Y''=2A$$

与えられた微分方程式に代入して

$$2A+3(2Ax+B)-4(Ax^2+Bx+C)=x^2+x$$

㋑ $-4Ax^2+(6A-4B)x+2A+3B-4C=x^2+x$

$$\therefore \quad -4A=1,\ 6A-4B=1,\ 2A+3B-4C=0$$

これを解いて　$A=-\dfrac{1}{4},\ B=-\dfrac{5}{8},\ C=-\dfrac{19}{32}$

$$Y(x)=-\frac{1}{4}x^2-\frac{5}{8}x-\frac{19}{32}$$

よって，㋒ 求める一般解は

$$y=C_1e^{-4x}+C_2e^x-\frac{1}{4}x^2-\frac{5}{8}x-\frac{19}{32}$$

(2)　対応する同次方程式の特性方程式は

$$\lambda^2+2\lambda+2=0 \qquad \therefore \quad \lambda=-1\pm i$$

したがって　$y_C(x)=e^{-x}(C_1\cos x+C_2\sin x)$

特殊解を ㋓ $Y(x)=A\cos x+B\sin x$ とおくと

$$Y'=-A\sin x+B\cos x,$$

$$Y''=-A\cos x-B\sin x$$

与えられた微分方程式に代入して

$$(-A\cos x-B\sin x)+2(-A\sin x+B\cos x)+2(A\cos x+B\sin x)=\cos x$$

㋔ $(A+2B)\cos x+(-2A+B)\sin x=\cos x$

$$\therefore \quad A+2B=1,\ -2A+B=0$$

$A=\dfrac{1}{5},\ B=\dfrac{2}{5} \qquad \therefore \quad Y(x)=\dfrac{1}{5}(\cos x+2\sin x)$

よって，求める一般解は

$$y=e^{-x}(C_1\cos x+C_2\sin x)+\frac{1}{5}(\cos x+2\sin x)$$

……(答)

㋐　$R(x)=x^2+x$ は $x$ の 2 次関数であるから，特殊解も 2 次関数で考える．

㋑　すべての $x$ で成り立つ恒等式だから，両辺の対応する係数を等置する．

㋒　一般解は
$y=y_C(x)+Y(x)$

㋓　$R(x)=\cos x$ は余弦関数であるから，特殊解は $\cos x$ と $\sin x$ の線形結合で考える．

㋔　$\cos x$ と $\sin x$ についての恒等式．

**POINT**　非同次線形微分方程式における特殊解の求め方の 1 つに未定係数法がある．右辺の形に合わせてその特殊解を準備するのがコツである．

## 問題 27 非同次線形微分方程式・未定係数法 (2)

次の微分方程式を解け.

(1) $y''-2y'=x^2$ (2) $y''-4y'+4y=xe^{2x}$

(3) $y''-2y'+5y=e^x\cos 2x$

**解説** 2階非同次線形微分方程式 $y''+2y'-8y=e^{2x}$ ……①

の特殊解 $Y(x)$ を求めてみよう. 問題 26 と同様に考えて, $Y(x)=Ae^{2x}$ とすると, $Y'=2Ae^{2x}$, $Y''=4Ae^{2x}$ となり①は

$$4Ae^{2x}+2\cdot 2Ae^{2x}-8Ae^{2x}=e^{2x} \qquad \therefore \quad 0=e^{2x}$$

したがって, $Y(x)=Ae^{2x}$ の形ではうまくいかない. これは, ①の余関数が $y_C(x)=C_1e^{2x}+C_2e^{-4x}$ となるが, $C_1=1$, $C_2=0$ とすると $y_C(x)=R(x)=e^{2x}$ となることにその原因がある. このようなときは, $\lambda=2$ が単解であることに着目して, $Y(x)=Axe^{2x}$ とおくとうまくいく. 実際に

$Y'=A(2x+1)e^{2x}$, $Y''=A(4x+4)e^{2x}$ から, ①は

$$A(4x+4)e^{2x}+2A(2x+1)e^{2x}-8Axe^{2x}=e^{2x}$$

$$6Ae^{2x}=e^{2x} \qquad \therefore \quad A=\frac{1}{6} \qquad \text{よって} \quad Y(x)=\frac{1}{6}xe^{2x}$$

次に, 微分方程式 $y''-4y'+4y=e^{2x}$ ……②

の特殊解 $Y(x)$ を求めてみよう. ②の余関数は $y_C(x)=(C_1+C_2x)e^{2x}$ となるが, $\lambda=2$ が2重解であることに着目して, $Y(x)=Ax^2e^{2x}$ とおくとうまくいく. 実際に $Y'=A(2x^2+2x)e^{2x}$, $Y''=A(4x^2+8x+2)e^{2x}$ から, ②は

$$A(4x^2+8x+2)e^{2x}-4A(2x^2+2x)e^{2x}+4Ax^2e^{2x}=e^{2x}$$

$$2Ae^{2x}=e^{2x} \qquad \therefore \quad A=\frac{1}{2} \qquad \text{よって} \quad Y(x)=\frac{1}{2}x^2e^{2x}$$

このように, 定数係数の2階非同次線形微分方程式 $y''+ay'+by=R(x)$ の特殊解 $Y(x)$ を未定係数法で求める場合は次のことに注意を要する.

余関数 $y_C(x)$ の任意定数 $C_1$, $C_2$ に適当な値を代入して $R(x)$ と一致するときは, $Y(x)$ の多項式の次数を $\lambda$ の重複度に応じて高くする必要がある.

とくに, 次の2つはしっかり覚えておこう.

$R(x)=xe^{\alpha x}$ のとき, 特性方程式が $\alpha$ を重解にもつ

$\Longrightarrow$ $Y(x)=x^2(Ax+B)e^{\alpha x}$ とおく

$R(x)=p\cos\beta x+q\sin\beta x$ のとき, 特性方程式が虚数解 $\beta i$ をもつ

$\Longrightarrow$ $Y(x)=x(A\cos\beta x+B\sin\beta x)$ とおく

## 解答

(1) ㋐ $\lambda^2-2\lambda=0$ から　$\lambda=0,\ 2$

したがって　㋑ $y_C(x)=C_1+C_2e^{2x}$

$R(x)=x^2$ であるが，単解 $\lambda=0$ をもつので，特殊解を ㋒ $Y(x)=x(Ax^2+Bx+C)$ とおくと

$Y'=3Ax^2+2Bx+C,\ \ Y''=6Ax+2B$

与式に代入して整理して

㋓ $-6Ax^2+(6A-4B)x+2B-2C=x^2$

$\therefore\ \ A=-\dfrac{1}{6},\ B=C=-\dfrac{1}{4}$

よって　$y=C_1+C_2e^{2x}-\dfrac{x^3}{6}-\dfrac{x^2}{4}-\dfrac{x}{4}$　……(答)

(2) $\lambda^2-4\lambda+4=(\lambda-2)^2=0$ から　$\lambda=2$ (2 重解)

したがって　$y_C(x)=(C_1+C_2x)e^{2x}$

特殊解を ㋔ $Y(x)=x^2(Ax+B)e^{2x}$ とおくと

$Y'=\{2Ax^3+(3A+2B)x^2+2Bx\}e^{2x}$

$Y''=\{4Ax^3+(12A+4B)x^2+(6A+8B)x+2B\}e^{2x}$

これらを与式に代入して整理して

㋕ $(6Ax+2B)e^{2x}=xe^{2x}$　　$\therefore\ \ A=\dfrac{1}{6},\ B=0$

よって　$y=(C_1+C_2x)e^{2x}+\dfrac{1}{6}x^3e^{2x}$　……(答)

(3) $\lambda^2-2\lambda+5=0$ から　$\lambda=1\pm 2i$

したがって　$y_C(x)=e^x(C_1\cos 2x+C_2\sin 2x)$

特殊解を ㋖ $Y(x)=xe^x(A\cos 2x+B\sin 2x)$ とおくと

$Y'=e^x[\{(A+2B)x+A\}\cos 2x$
$\qquad+\{(-2A+B)x+B\}\sin 2x]$

$Y''=e^x[\{(-3A+4B)x+2A+4B\}\cos 2x$
$\qquad+\{(-4A-3B)x-4A+2B\}\sin 2x]$

これらを ㋗ 与式に代入して　$A=0,\ B=\dfrac{1}{4}$

よって　$y=e^x\left\{C_1\cos 2x+\left(C_2+\dfrac{x}{4}\right)\sin 2x\right\}$

……(答)

㋐ 誌面のスペースの関係で文章は省略したが，対応する同次方程式の特性方程式．(2)，(3) も同様．

㋑ 基本解は
$e^{0x}=1$ と $e^{2x}$

㋒ $Y(x)=Ax^2+Bx+C$ ではダメ．$\lambda=0$ を単解としてもつので解答のようにする．

㋓ $-6A=1,\ \ 6A-4B=0,$
$2B-2C=0$ から求める．

㋔ 2 重解 $\lambda=2$ が，$R(x)=xe^{2x}$ の指数の係数 2 と一致したので，$(Ax+B)e^{2x}$ に $x^2$ を掛けた式を考える．

㋕ $6Ax+2B=x$ から求める．

㋖ $\lambda=p\pm qi$ が
$R(x)=e^{px}\cos qx$ と一致したので解答のようにする．

㋗ $e^x(4B\cos 2x$
$\quad-4A\sin 2x)$
$=e^x\cos 2x$ から求める．

**POINT** 未定係数法によって特殊解を求めるとき，余関数の一般解と微分方程式の右辺の形によってはひと工夫が必要な場合がある．ここは，慣れが必要だ．

## 問題 28　非同次線形微分方程式・定数変化法

次の微分方程式を定数変化法で解け.

$$y''+2y'-8y=e^{2x}$$

**解説**　1階線形微分方程式 $\dfrac{dy}{dx}+P(x)y=Q(x)$ を**定数変化法**で解くことは問題9で学んだが，ここでは**定数係数の2階非同次線形微分方程式**

$$y''+ay'+by=R(x) \qquad \cdots\cdots①$$

において適用してみよう．これは，①の**余関数** $y_C(x)=C_1y_1(x)+C_2y_2(x)$ において，$C_1, C_2$ の代わりに関数 $u_1(x), u_2(x)$ とおきかえて解くものである.

すなわち

$$y(x)=u_1(x)y_1(x)+u_2(x)y_2(x) \qquad \cdots\cdots②$$

とおいて，これが①の解になるような関数 $u_1(x)$，$u_2(x)$ を定めることになる.

このとき

$$\begin{aligned} y' &= \{u_1(x)y_1+u_2(x)y_2\}' \\ &= \{u_1'(x)y_1+u_1(x)y_1'\}+\{u_2'(x)y_2+u_2(x)y_2'\} \\ &= \{u_1(x)y_1'+u_2(x)y_2'\}+\{u_1'(x)y_1+u_2'(x)y_2\} \end{aligned}$$

となるので

$$u_1'(x)y_1+u_2'(x)y_2=0 \qquad \cdots\cdots③$$

となる $u_1'(x)$，$u_2'(x)$ を仮定すると

$$y'=u_1(x)y_1'+u_2(x)y_2' \qquad \cdots\cdots④$$

さらに

$$\begin{aligned} y'' &= \{u_1(x)y_1'+u_2(x)y_2'\}' \\ &= \{u_1'(x)y_1'+u_1(x)y_1''\}+\{u_2'(x)y_2'+u_2(x)y_2''\} \\ &= \{u_1(x)y_1''+u_2(x)y_2''\}+\{u_1'(x)y_1'+u_2'(x)y_2'\} \end{aligned} \qquad \cdots\cdots⑤$$

②，④，⑤を①に代入して整理すると

$$u_1(x)(y_1''+ay_1'+by_1)+u_2(x)(y_2''+ay_2'+by_2) +\{u_1'(x)y_1'+u_2'(x)y_2'\}=Q(x)$$

ここで，$y_1$ と $y_2$ は①の同次方程式の基本解であるから

$y_1''+ay_1'+by_1=0$ かつ $y_2''+ay_2'+by_2=0$ であり

$$u_1'(x)y_1'+u_2'(x)y_2'=Q(x) \qquad \cdots\cdots⑥$$

③，⑥から

$$\begin{bmatrix} y_1 & y_2 \\ y_1' & y_2' \end{bmatrix}\begin{bmatrix} u_1'(x) \\ u_2'(x) \end{bmatrix}=\begin{bmatrix} 0 \\ Q(x) \end{bmatrix}$$

$y_1$，$y_2$ は独立だから，ロンスキー行列式 $W(y_1, y_2)\fallingdotseq 0$ であり

$$\begin{bmatrix} u_1'(x) \\ u_2'(x) \end{bmatrix}=\begin{bmatrix} y_1 & y_2 \\ y_1' & y_2' \end{bmatrix}^{-1}\begin{bmatrix} 0 \\ Q(x) \end{bmatrix}=\frac{1}{W(y_1, y_2)}\begin{bmatrix} y_2' & -y_2 \\ -y_1' & y_1 \end{bmatrix}\begin{bmatrix} 0 \\ Q(x) \end{bmatrix}$$

により，$u_1'(x)$，$u_2'(x)$ は求めることができる.

## 解答

$$y''+2y'-8y=e^{2x} \quad \cdots\cdots ①$$

①に対応する同次方程式の特性方程式は

$\lambda^2+2\lambda-8=0$　　　$(\lambda-2)(\lambda+4)=0$

$\therefore\ \lambda=2,\ -4$

したがって，余関数は　$y_C(x)=C_1e^{2x}+C_2e^{-4x}$

㋐$C_1$，$C_2$の代わりに関数$u_1(x)$，$u_2(x)$とおくと，①の一般解は

$$y=u_1(x)e^{2x}+u_2(x)e^{-4x}$$

とおける．ここで

$$㋑\ u_1'(x)e^{2x}+u_2'(x)e^{-4x}=0 \quad \cdots\cdots ②$$

となるように$u_1'(x)$，$u_2'(x)$を仮定すると

$$y'=2u_1(x)e^{2x}-4u_2(x)e^{-4x}$$

さらに　$y''=\{2u_1(x)e^{2x}-4u_2(x)e^{-4x}\}'$

$=2u_1'(x)e^{2x}+4u_1(x)e^{2x}$

$\quad -4u_2'(x)e^{-4x}+16u_2(x)e^{-4x}$

これらを①に代入すると

$2u_1'(x)e^{2x}+4u_1(x)e^{2x}-4u_2'(x)e^{-4x}$

$+16u_2(x)e^{-4x}+2\{2u_1(x)e^{2x}-4u_2(x)e^{-4x}\}$

$-8\{u_1(x)e^{2x}+u_2(x)e^{-4x}\}=e^{2x}$

㋒整理して

$$2u_1'(x)e^{2x}-4u_2'(x)e^{-4x}=e^{2x} \quad \cdots\cdots ③$$

㋓②，③から

$$6u_1'(x)e^{2x}=e^{2x},\ 6u_2'(x)e^{-4x}=-e^{2x}$$

$$\therefore\ u_1'(x)=\frac{1}{6},\ u_2'(x)=-\frac{1}{6}e^{6x}$$

これより　$u_1(x)=\displaystyle\int\frac{1}{6}dx=\frac{x}{6}+C_0$

$$u_2(x)=\int\left(-\frac{1}{6}e^{6x}\right)dx=-\frac{1}{36}e^{6x}+C_2$$

よって，㋔求める一般解は

$$y=\left(\frac{x}{6}+C_1\right)e^{2x}+C_2e^{-4x} \quad \cdots\cdots(答)$$

㋐　定数変化法における解法の定石．

㋑　束縛条件．

㋒　$u_1(x)$ および $u_2(x)$ の項はうまく消える．$u_1'(x)$ および $u_2'(x)$ の項はそのまま残る．

㋓　行列を用いて

$$\begin{bmatrix} e^{2x} & e^{-4x} \\ 2e^{2x} & -4e^{-4x} \end{bmatrix}\begin{bmatrix} u_1'(x) \\ u_2'(x) \end{bmatrix}=\begin{bmatrix} 0 \\ e^{2x} \end{bmatrix}$$

にしてもよい．

㋔　$C_0-\dfrac{1}{36}=C_1$ とおいた．

**POINT**　2階非同次線形微分方程式でも定数変化法が使える．計算は面倒だが，確実に一般解を求めることはできる．

## 問題 29　重ね合わせの原理

次の微分方程式を解け.

$$y''-2y'+y=x^3-10x+1+x^2e^x+e^{2x}\sin x$$

**解説**　2階非同次線形微分方程式 $\dfrac{d^2y}{dx^2}+P(x)\dfrac{dy}{dx}+Q(x)y=R(x)$ ……①

の右辺 $R(x)$ が2つの関数の和として　$R(x)=R_1(x)+R_2(x)$

で表されるとき，①の一般解 $y(x)$ は①の余関数 $y_C(x)$ と2つの非同次方程式

$$\begin{cases} \dfrac{d^2y}{dx^2}+P(x)\dfrac{dy}{dx}+Q(x)y=R_1(x) & \cdots\cdots② \\ \dfrac{d^2y}{dx^2}+P(x)\dfrac{dy}{dx}+Q(x)y=R_2(x) & \cdots\cdots③ \end{cases}$$

の特殊解 $Y_1(x)$，$Y_2(x)$ の和として次のように表される.

$$y(x)=y_C(x)+Y_1(x)+Y_2(x)$$

このような考え方を**重ね合わせの原理**と呼ぶ.

これは $R(x)$ が3つ以上の関数の和として表されるときも，同様に成り立つ.

(例)　微分方程式 $y''+2y'-8y=e^{2x}+\sin x$ の一般解を求めてみよう.

(解)　余関数は　$y_C(x)=C_1e^{2x}+C_2e^{-4x}$

ここで
$$\begin{cases} y''+2y'-8y=e^{2x} & \cdots\cdots④ \\ y''+2y'-8y=\sin x & \cdots\cdots⑤ \end{cases}$$

とおくと，④の特殊解は　$Y_1(x)=\dfrac{1}{6}xe^{2x}$　(問題26の解説参照)

⑤の特殊解を $Y_2(x)=A\cos x+B\sin x$ とおくと

$$Y_2'=-A\sin x+B\cos x,\quad Y_2''=-A\cos x-B\sin x$$

⑤に代入して

$$(-A\cos x-B\sin x)+2(-A\sin x+B\cos x)-8(A\cos x+B\sin x)=\sin x$$
$$(-9A+2B)\cos x+(-2A-9B)\sin x=\sin x$$

したがって
$$\begin{cases} -9A+2B=0 \\ -2A-9B=1 \end{cases}\qquad \therefore\ A=-\frac{2}{85},\ B=-\frac{9}{85}$$

よって　$Y_2(x)=-\dfrac{2}{85}\cos x-\dfrac{9}{85}\sin x=-\dfrac{1}{85}(2\cos x+9\sin x)$

求める一般解は　$y=\left(\dfrac{1}{6}x+C_1\right)e^{2x}+C_2e^{-4x}-\dfrac{1}{85}(2\cos x+9\sin x)$

## 解答

$$y''-2y'+y=x^3-10x+1+x^2e^x+e^{2x}\sin x$$

対応する同次方程式の特性方程式は

$\lambda^2-2\lambda+1=0$　　　$\lambda=1$（2 重解）

$\therefore$　余関数 $y_C(x)=(c_1+c_2x)e^x$

ここで $\begin{cases} y''-2y'+y=x^3-10x+1 & \cdots\cdots① \\ y''-2y'+y=x^2e^x & \cdots\cdots② \\ y''-2y'+y=e^{2x}\sin x & \cdots\cdots③ \end{cases}$

として，それぞれの特殊解 $Y_1(x)$，$Y_2(x)$，$Y_3(x)$ を求める．

㋐$Y_1(x)=A_1x^3+B_1x^2+C_1x+D_1$ とおくと

$Y_1'=3A_1x^2+2B_1x+C_1$，$Y''=6A_1x+2B_1$

㋑与式に代入して整理して，$A_1\sim D_1$ を求めると

$A_1=1$，$B_1=6$，$C_1=8$，$D_1=5$

$\therefore$　$Y_1(x)=x^3+6x^2+8x+5$

㋒$Y_2(x)=x^2(A_2x^2+B_2x+C_2)e^x$ とおくと

$$Y_2'=\{A_2x^4+(4A_2+B_2)x^3+(3B_2+C_2)x^2+2C_2x\}e^x$$

$$Y_2''=\{A_2x^4+(8A_2+B_2)x^3+(12A_2+6B_2+C_2)x^2+(6B_2+4C_2)x+2C_2\}$$

㋓与式に代入して整理して，$A_2\sim C_2$を求めると

$A_2=\dfrac{1}{12}$，$B_2=C_2=0$　　$\therefore$　$Y_2(x)=\dfrac{1}{12}x^4e^x$

さらに，$Y_3(x)=e^{2x}(A_3\cos x+B_3\sin x)$ として

$Y_3'=e^{2x}\{(2A_3+B_3)\cos x+(-A_3+2B_3)\sin x\}$

$Y_3''=e^{2x}\{(3A_3+4B_3)\cos x+(-4A_3+3B_3)\sin x\}$

㋔与式に代入して整理して，$A_3$，$B_3$ を求めると

$A_3=-\dfrac{1}{2}$，$B_3=0$　　$\therefore$　$Y_3(x)=-\dfrac{1}{2}e^{2x}\cos x$

以上から，求める一般解は

$$y=(c_1+c_2x)e^x+x^3+6x^2+8x+5+\frac{1}{12}x^4e^x-\frac{1}{2}e^{2x}\cos x \quad\cdots\cdots(答)$$

㋐　$\lambda\neq 0$ より，①の右辺と同じ 3 次式でよい．

㋑　$A_1x^3+(-6A_1+B_1)x^2+(6A_1-4B_1+C_1)x+(2B_1-2C_1+D_1)=x^3-10x+1$

㋒　$\lambda=1$（2 重解）より，（$x$ の 2 次式）$\cdot e^x$ に $x^2$ を掛ける．

㋓　$(12A_2x^2+6B_2x+2C_2)e^x=x^2e^x$

㋔　$e^{2x}(2B_3\cos x-2A_3\sin x)=e^{2x}\sin x$

**POINT**　この問題は，非同次線形微分方程式の特殊解を未定係数法によって求めるときのまとめである．確実に理解しておこう．

## 問題 30 オイラーの微分方程式

次の微分方程式を解け．ただし，$x>0$ とする．

(1) $x^2y''-2xy'-4y=x^2$

(2) $x^2y''-3xy'+4y=x^2\log x$

**解説** 係数が関数であるような2階線形微分方程式を学ぶ．

$a$，$b$ が定数であるとき，2階線形微分方程式

$$x^2\frac{d^2y}{dx^2}+ax\frac{dy}{dx}+by=R(x) \quad \cdots\cdots①$$

を**オイラーの微分方程式**という．

$x>0$ のときは $t=\log x$ すなわち $x=e^t$，$x<0$ のときは $t=\log(-x)$ すなわち $x=-e^t$ とおくことにより，①は定数係数の線形微分方程式に帰着する．

ここでは $x>0$ として $t=\log x$ とおくと $\dfrac{dt}{dx}=\dfrac{1}{x}=e^{-t}$ となるので

$$\frac{dy}{dx}=\frac{dy}{dt}\frac{dt}{dx}=\frac{dy}{dt}e^{-t}$$

$$\frac{d^2y}{dx^2}=\frac{d}{dx}\left(\frac{dy}{dx}\right)=\frac{d}{dx}\left(\frac{dy}{dt}e^{-t}\right)=\frac{d}{dt}\left(\frac{dy}{dt}e^{-t}\right)\frac{dt}{dx}$$

$$=\left(\frac{d^2y}{dt^2}e^{-t}-\frac{dy}{dt}e^{-t}\right)\cdot e^{-t}=\left(\frac{d^2y}{dt^2}-\frac{dy}{dt}\right)e^{-2t}$$

したがって，これらを①に代入すると

$$e^{2t}\left(\frac{d^2y}{dt^2}-\frac{dy}{dt}\right)e^{-2t}+ae^t\frac{dy}{dt}e^{-t}+by=R(e^t)$$

整理して $$\frac{d^2y}{dt^2}+(a-1)\frac{dy}{dt}+by=R(e^t)$$

これは定数係数の2階線形微分方程式であるから，解くことができる．

(例) 微分方程式 $x^2y''-4xy'+6y=0$ を $x>0$ のもとで解いてみよう．

(解) オイラーの微分方程式で $a=-4$，$b=6$，$R(x)=0$ の場合だから，$t=\log x$，すなわち $x=e^t$ とおくと

$$y''-5y'+6y=0$$

$\lambda^2-5\lambda+6=0$ を解いて $\lambda=2,\ 3$

したがって，一般解は $y=C_1e^{2t}+C_2e^{3t}=C_1(e^t)^2+C_2(e^t)^3$

よって $y=C_1x^2+C_2x^3$

## 解答

(1)　$x^2y''-2xy'-4y=x^2 \quad (x>0)$　……①

㋐$t=\log x$ すなわち $x=e^t$ とおくと

$$\frac{dy}{dx}=\frac{dy}{dt}\frac{dt}{dx}=\frac{dy}{dt}\cdot\frac{1}{x}=\frac{dy}{dt}e^{-t} \quad \cdots\cdots②$$

$$\frac{d^2y}{dx^2}=\frac{d}{dx}\left(\frac{dy}{dx}\right)=\frac{d}{dt}\left(\frac{dy}{dt}e^{-t}\right)\frac{dt}{dx}$$

$$=\left(\frac{d^2y}{dt^2}e^{-t}-\frac{dy}{dt}e^{-t}\right)e^{-t}$$

$$=\left(\frac{d^2y}{dt^2}-\frac{dy}{dt}\right)e^{-2t} \quad \cdots\cdots③$$

②，③を①に代入して整理すると

$$\frac{d^2y}{dt^2}-3\frac{dy}{dt}-4y=e^{2t} \quad \cdots\cdots④$$

∴　㋑余関数は　$y_C(x)=C_1e^{-t}+C_2e^{4t}$

特殊解を $Y(x)=Ae^{2t}$ とおくと

$$Y'=2Ae^{2t},\ Y''=4Ae^{2t}$$

㋒④に代入して $A$ を求めると

$$A=-\frac{1}{6} \qquad \therefore\ Y(x)=-\frac{1}{6}e^{2t}$$

よって　㋓$y=C_1e^{-t}+C_2e^{4t}-\dfrac{1}{6}e^{2t}$

$$=\frac{C_1}{x}+C_2x^4-\frac{1}{6}x^2 \quad \cdots\cdots(答)$$

(2)　$x^2y''-3xy'+4y=x^2\log x$

②および③を代入して整理すると

$$\frac{d^2y}{dt^2}-4\frac{dy}{dt}+4y=te^{2t}$$

㋔これを解くと　$y=(C_1+C_2t)e^{2t}+\dfrac{1}{6}t^3e^{2t}$

よって　$y=(C_1+C_2\log x)x^2+\dfrac{1}{6}x^2(\log x)^3$

……(答)

㋐　オイラーの微分方程式だからこのようにおく．
結果を暗記していれば，いきなり④を導いてもよい．

㋑　$\lambda^2-3\lambda-4=0$ より
$\lambda=-1,\ 4$

㋒　$-6Ae^{2t}=e^{2t}$ より．

㋓　$e^t=x$ より
$e^{-t}=\dfrac{1}{e^t}=\dfrac{1}{x}$，$e^{4t}=x^4$，
$e^{2t}=x^2$

㋔　問題 27 の (2) 参照．

**POINT**　オイラー微分方程式は定数係数の線形微分方程式に帰着できるが，その元の方程式をしっかり理解しておこう．

## 問題 31　一般の2階線形微分方程式・定数変化法

次の微分方程式を定数変化法で解け．

$$x^2y''-3xy'+4y=x^2\log x$$

**解説**　係数が関数であるような一般の非同次線形微分方程式

$$\frac{d^2y}{dx^2}+P(x)\frac{dy}{dx}+Q(x)y=R(x) \quad \cdots\cdots①$$

は，問題28で学んだ定数変化法を用いて一般解を求めることができる．
すなわち，余関数を $y_C(x)=C_1y_1(x)+C_2y_2(x)$ とするとき，$C_1$，$C_2$の代わりに $u_1(x)$，$u_2(x)$ とおきかえて一般解を

$$y(x)=u_1(x)y_1(x)+u_2(x)y_2(x)$$

とし，これを**束縛条件** $u_1'(x)y_1(x)+u_2'(x)y_2(x)=0$　のもとで解けばよい．
**(例)**　微分方程式 $x^2y''-4xy'+6y=-x^2$（ただし $x>0$）を定数変化法を用いて解いてみよう．
**(解)**　余関数は，$x^2y''-4xy'+6y=0$（ただし $x>0$）を解いて

$$y_C(x)=C_1x^2+C_2x^3 \quad \text{（問題30の例を参照）}$$

ここで，一般解を　$y=u_1(x)x^2+u_2(x)x^3$　……②
とおいて，条件　$u_1'(x)x^2+u_2'(x)x^3=0$　……③
のもとで解く．このとき，②から

$$y'=2u_1(x)x+3u_2(x)x^2$$
$$y''=2u_1(x)+2u_1'(x)x+6u_2(x)x+3u_2'(x)x^2$$

これらを与えられた微分方程式に代入して，整理すると

$$\{2u_1'(x)+3u_2'(x)x\}x^3=-x^2$$
$$\therefore\quad 2u_1'(x)+3u_2'(x)x=-\frac{1}{x}$$

これと③すなわち，$u_1'(x)+u_2'(x)x=0$ を連立させて

$$u_1'(x)=\frac{1}{x},\quad u_2'(x)=-\frac{1}{x^2}$$
$$\therefore\quad u_1(x)=\log x+C_1,\ u_2(x)=\frac{1}{x}+C_2$$

よって，求める一般解は

$$y=(\log x+C_1)x^2+\left(\frac{1}{x}+C_2\right)x^3=C_1x^2+C_2x^3+(\log x+1)x^2$$

## 解答

$$x^2y''-3xy'+4y=x^2\log x \qquad \cdots\cdots①$$

余関数は，㋐$x^2y''-3xy'+4y=0$ を解いて

$$y_C(x)=(C_1+C_2\log x)x^2$$

ここで，一般解を

$$y=\{u_1(x)+u_2(x)\log x\}x^2$$
$$=u_1(x)x^2+u_2(x)(x^2\log x) \qquad \cdots\cdots②$$

とおいて，㋑条件

$$u_1'(x)x^2+u_2'(x)(x^2\log x)=0$$

すなわち　$u_1'(x)+u_2'(x)\log x=0 \qquad \cdots\cdots③$

のもとで解く．このとき，②から

$$y'=2u_1(x)x+u_2(x)(2x\log x+x)$$
$$y''=2u_1'(x)x+2u_1(x)+u_2'(x)(2x\log x+x)+u_2(x)(2\log x+3)$$

これらを㋒①に代入して整理すると

$$\{2u_1'(x)+(2\log x+1)u_2'(x)\}x^3=x^2\log x$$
$$\therefore\quad 2u_1'(x)+(2\log x+1)u_2'(x)=\frac{\log x}{x} \qquad \cdots\cdots④$$

③，④を連立させて

$$u_2'(x)=\frac{\log x}{x},\quad u_1'(x)=-\frac{(\log x)^2}{x}$$
$$\therefore\quad u_2(x)=㋓\int\frac{\log x}{x}dx=\frac{1}{2}(\log x)^2+C_2$$
$$u_1(x)=-\int\frac{(\log x)^2}{x}dx=-\frac{1}{3}(\log x)^3+C_1$$

よって，求める一般解は

$$y=u_1(x)x^2+u_2(x)x^2\log x$$
$$=\left\{-\frac{1}{3}(\log x)^3+C_1\right\}x^2+\left\{\frac{1}{2}(\log x)^2+C_2\right\}x^2\log x$$
$$=(C_1+C_2\log x)x^2+\frac{1}{6}x^2(\log x)^3 \qquad \cdots\cdots(答)$$

㋐　問題 30 の (2) 参照．

㋑　定数変化法における束縛条件．

㋒　$u_1(x)$ および $u_2(x)$ の項はすべて消える．$u_1'(x)$ および $u_2'(x)$ の項はすべて残る．

㋓　$\displaystyle\int\frac{\log x}{x}dx=\int\log x\cdot(\log x)'dx$

**POINT**　オイラーの微分方程式に定数変化法をからめたものである．問題に指示がない限りは，前問の解法に従って解けばよい．

## 問題 32　同次方程式の解の利用（1）

次の微分方程式に対応する同次方程式の1つの特殊解を求めて，それを利用して一般解を求めよ．

$$x^2y''-3xy'+4y=x^2\log x$$

### 解説

係数が関数であるような一般の非同次線形微分方程式

$$\frac{d^2y}{dx^2}+P(x)\frac{dy}{dx}+Q(x)y=R(x) \qquad \cdots\cdots①$$

のもう1つの解法を学ぶ．①に対応する同次方程式の1つの特殊解 $y_1(x)$ がわかっているとき，①の一般解は $y(x)=u(x)y_1(x)$ とおくことにより解ける．

$y(x)=u(x)y_1(x)$ とおくとき

$$\frac{dy}{dx}=\frac{du}{dx}y_1+u\frac{dy_1}{dx}$$

$$\frac{d^2y}{dx^2}=\frac{d}{dx}\left(\frac{dy}{dx}\right)=\frac{d}{dx}\left(\frac{du}{dx}y_1+u\frac{dy_1}{dx}\right)=\frac{d^2u}{dx^2}y_1+2\frac{du}{dx}\frac{dy_1}{dx}+u\frac{d^2y_1}{dx^2}$$

これらを①に代入すると

$$\frac{d^2u}{dx^2}y_1+2\frac{du}{dx}\frac{dy_1}{dx}+u\frac{d^2y_1}{dx^2}+P(x)\left(\frac{du}{dx}y_1+u\frac{dy_1}{dx}\right)+Q(x)uy_1=R(x)$$

$$\therefore\quad \frac{d^2u}{dx^2}y_1+2\frac{du}{dx}\frac{dy_1}{dx}+P(x)\frac{du}{dx}y_1$$

$$+u\left\{\frac{d^2y_1}{dx^2}+P(x)\frac{dy_1}{dx}+Q(x)y_1\right\}=R(x)$$

$y_1$ は①に対応する同次方程式の解だから，$\{\quad\}=0$ であり

$$\frac{d^2u}{dx^2}y_1+\left\{2\frac{dy_1}{dx}+P(x)y_1\right\}\frac{du}{dx}=R(x)$$

これは $\dfrac{du}{dx}=v$ とおくと，$\dfrac{d^2u}{dx^2}=\dfrac{d}{dx}\left(\dfrac{du}{dx}\right)=\dfrac{dv}{dx}$ だから

$$\frac{dv}{dx}+\left\{\frac{2}{y_1}\frac{dy_1}{dx}+P(x)\right\}v=\frac{R(x)}{y_1}$$

となり，$v$ についての1階の線形微分方程式に帰着する．

よって，$v$ を求め，$u=\int v\,dx$ から $u(x)$ を求めることにより，①の一般解 $y(x)=u(x)y_1(x)$ が得られる．

## 解 答

$$x^2y''-3xy'+4y=x^2\log x \quad \cdots\cdots ①$$

①に対応する同次方程式 $x^2y''-3xy'+4y=0$

㋐の解の1つは　$y_1(x)=x^2$

したがって，①の一般解を

㋑ $y=u(x)y_1(x)=u(x)\cdot x^2$

とおくと

$$\frac{dy}{dx}=\frac{du}{dx}x^2+2ux$$

$$\frac{d^2y}{dx^2}=\frac{d}{dx}\left(\frac{du}{dx}x^2+2ux\right)$$

$$=\frac{d^2u}{dx^2}x^2+4x\frac{du}{dx}+2u$$

これらを①に代入すると

$$x^2\left(\frac{d^2u}{dx^2}x^2+4x\frac{du}{dx}+2u\right)$$

$$-3x\left(\frac{du}{dx}x^2+2ux\right)+4ux^2=x^2\log x$$

$$x^4\frac{d^2u}{dx^2}+x^3\frac{du}{dx}=x^2\log x$$

㋒ $$\therefore \quad \frac{d^2u}{dx^2}+\frac{1}{x}\frac{du}{dx}=\frac{\log x}{x^2}$$

これより

$$\frac{du}{dx}=e^{-\int\frac{1}{x}dx}\left\{\int e^{\int\frac{1}{x}dx}\cdot\frac{\log x}{x^2}dx+C_1\right\}$$

$$=\frac{1}{x}\left(\int\frac{\log x}{x}dx+C_1\right)$$

$$=\frac{1}{x}\left\{\frac{1}{2}(\log x)^2+C_1\right\}$$

となり　$u=\displaystyle\int\left\{\frac{1}{2}\frac{(\log x)^2}{x}+\frac{C_1}{x}\right\}dx$

$$=\frac{1}{6}(\log x)^3+C_1\log x+C_2$$

$$\therefore \quad y=(C_1\log x+C_2)x^2+\frac{1}{6}x^2(\log x)^3 \quad \cdots\cdots(答)$$

㋐　$y=ax^2$ とおいてみると $y'=2ax$，$y''=2a$ より
$x^2y''-3xy'+4y$
$=x^2\cdot 2a-3x\cdot 2ax+4ax^2$
$=0$
をみたす.

㋑　同次方程式の解を利用する1つの解法の定石.

㋒　$\dfrac{du}{dx}$ についてまとめると
$$\frac{d}{dx}\left(\frac{du}{dx}\right)+\frac{1}{x}\left(\frac{du}{dx}\right)=\frac{\log x}{x^2}$$
となり，1階の線形微分方程式である.

**POINT**　一般の非同次線形微分方程式において，その同次方程式の解が視察でわかるときの解法である．1階の線形微分方程式に帰着するのがポイントだ.

## 問題 33 標準形への変換

次の線形微分方程式を標準形に変換して一般解を求めよ．

(1) $\dfrac{d^2y}{dx^2}-4x\dfrac{dy}{dx}+(4x^2-3)y=e^{x^2}$

(2) $\dfrac{d^2y}{dx^2}+2x\dfrac{dy}{dx}+(x^2-8)y=x^2e^{-\frac{x^2}{2}}$

**解説** 前問と同じ $\dfrac{d^2y}{dx^2}+P(x)\dfrac{dy}{dx}+Q(x)y=R(x)$ ……①

について，さらに学ぶ．$y_0(x)$ を後で定める関数として

$$y=u(x)y_0(x) \quad \cdots\cdots ②$$

とおくと，前問と同様にして①に代入すると

$$\frac{d^2u}{dx^2}y_0+\left\{2\frac{dy_0}{dx}+P(x)y_0\right\}\frac{du}{dx} +u\left\{\frac{d^2y_0}{dx^2}+P(x)\frac{dy_0}{dx}+Q(x)y_0\right\}=R(x) \quad \cdots\cdots ③$$

ここで，関数 $y_0$ を $2\dfrac{dy_0}{dx}+P(x)y_0=0$

となるように定める．すなわち $\dfrac{dy_0}{y_0}=-\dfrac{1}{2}P(x)dx$ から $y_0=e^{-\frac{1}{2}\int P(x)dx}$

と定めると，$\dfrac{d^2y_0}{dx^2}=-\dfrac{1}{2}\{P'(x)y_0+P(x)y_0'\}=-\dfrac{1}{2}P'(x)y_0+\dfrac{1}{4}\{P(x)\}^2y_0$ だから，

③は $\dfrac{d^2u}{dx^2}y_0+u\left\{Q(x)-\dfrac{1}{2}P'(x)-\dfrac{1}{4}(P(x))^2\right\}y_0=R(x)$ ……④

となる．ここで，$I(x)=Q(x)-\dfrac{1}{2}P'(x)-\dfrac{1}{4}\{P(x)\}^2$ とおくと，④は

$$\frac{d^2u}{dx^2}+I(x)u=R(x)\cdot\frac{1}{y_0}=R(x)e^{\frac{1}{2}\int P(x)dx} \quad \cdots\cdots ⑤$$

となる．⑤のように $\dfrac{dy}{dx}$ の項がない方程式を微分方程式①の**標準形**という．

⑤に対応する同次形 $\dfrac{d^2u}{dx^2}+I(x)u=0$ ……⑥

の特殊解が分ると，問題 31 の「定数変化法」あるいは問題 32 の「同次方程式の解の利用」の方法によって，⑤の一般解を求めることができる．したがって，②によって①の一般解を求めることができる．

または，⑥は①の同次形の標準形であるから，⑥の特殊解が分ると②によって①の同次形の特殊解が分るので，これにより問題 31 あるいは問題 32 の方法によって①の一般解を求めることができる．

## 解 答

(1)　$P(x)=-4x$, $Q(x)=4x^2-3$ であるから

㋐ $y=u(x)e^{-\frac{1}{2}\int P(x)dx}=u(x)e^{\int 2xdx}=u(x)e^{x^2}$

とおくと

$$I(x)=Q(x)-\frac{1}{2}P'(x)-\frac{1}{4}\{P(x)\}^2$$

$$=4x^2-3-\frac{1}{2}\cdot(-4)-\frac{1}{4}(-4x)^2=-1$$

したがって，与えられた微分方程式の㋑標準形は

$$\frac{d^2u}{dx^2}-u=e^{x^2}\cdot e^{\frac{1}{2}\int P(x)dx}=1 \quad \cdots\cdots①$$

対応する同次方程式の特性方程式は

$\lambda^2-1=0$　　　$\lambda=\pm 1$

ゆえに，①の余関数は　$u_C(x)=C_1e^x+C_2e^{-x}$

また，①の特殊解は　$U(x)=-1$

これより①の一般解は

$$u(x)=u_C(x)+U(x)=C_1e^x+C_2e^{-x}-1$$

よって，求める一般解は

$$y=e^{x^2}(C_1e^x+C_2e^{-x}-1) \quad \cdots\cdots(答)$$

(2)　$P(x)=2x$, $Q(x)=x^2-8$ であるから

$y=u(x)e^{-\frac{1}{2}\int P(x)dx}=u(x)e^{-\frac{x^2}{2}}$ とおくと

$$I(x)=Q(x)-\frac{1}{2}P'(x)-\frac{1}{4}\{P(x)\}^2$$

$$=x^2-8-\frac{1}{2}\cdot 2-\frac{1}{4}(2x)^2=-9$$

したがって，与えられた微分方程式の標準形は

$$\frac{d^2u}{dx^2}-9u=x^2e^{-\frac{x^2}{2}}\cdot e^{\frac{1}{2}\int P(x)dx}=x^2 \quad \cdots\cdots②$$

$\lambda^2-9=0$ から　$\lambda=\pm 3$

ゆえに　$u_C(x)=C_1e^{3x}+C_2e^{-3x}$

㋒①の特殊解は　$U(x)=-\dfrac{1}{9}x^2-\dfrac{2}{81}$

②の一般解は　$u(x)=C_1e^{3x}+C_2e^{-3x}-\dfrac{1}{9}x^2-\dfrac{2}{81}$

よって，求める一般解は

$$y=e^{-\frac{x^2}{2}}\left(C_1e^{3x}+C_2e^{-3x}-\frac{1}{9}x^2-\frac{2}{81}\right) \quad \cdots\cdots(答)$$

㋐　$y=u(x)y_0(x)$ とおいて，与えられた微分方程式に代入して $\dfrac{du}{dx}$ の項を消去すると，$2\dfrac{dy_0}{dx}+P(x)y_0=0$ から $y_0(x)=e^{-\frac{1}{2}\int P(x)dx}$

㋑　$I(x)=Q(x)-\dfrac{1}{2}P'(x)-\dfrac{1}{4}\{P(x)\}^2$

とおくとき，標準形は

$$\frac{d^2u}{dx^2}+I(x)u=R(x)\cdot\frac{1}{y_0}=R(x)e^{\frac{1}{2}\int P(x)dx}$$

㋒　$U(x)=Ax^2+Bx+C$ とおける．

**POINT**　一般の非同次線形微分方程式において，標準形に帰着する解法である．$y=u(x)y_0(x)$ とおくところをしっかり覚えておこう．

## 問題 34　定数係数の $n$ 階同次線形微分方程式

次の微分方程式を解け．

(1)　$y''' - 4y'' + y' + 6y = 0$　　(2)　$y''' + 8y = 0$

(3)　$y^{(4)} - 2y''' + 2y' - y = 0$　　(4)　$y^{(4)} + 4y''' + 8y'' + 8y' + 4y = 0$

**解説**　微分方程式 $y^{(n)} + P_1(x)y^{(n-1)} + \cdots + P_{n-1}(x)y' + P_n(x)y = Q(x)$　……①

を **$n$ 階線形微分方程式**という．$Q(x)=0$ のとき**同次線形微分方程式**といい，$Q(x) \neq 0$ のとき**非同次線形微分方程式**という．2 階線形微分方程式で学んだ性質は $n$ 階線形微分方程式でも成り立つので，解法も適用できる．

①に対応する同次方程式（$Q(x)=0$）の $n$ 個の解 $y_1(x), y_2(x), \cdots, y_n(x)$ の組が線形独立であるとき，ロンスキー行列式

$$W(y_1, y_2, \cdots, y_n) = \begin{vmatrix} y_1 & y_2 & \cdots & y_n \\ y_1' & y_2' & \cdots & y_n' \\ & \cdots\cdots & & \\ y_1^{(n-1)} & y_2^{(n-1)} & & y_n^{(n-1)} \end{vmatrix} \neq 0$$

であり，このとき①に対応する同次方程式の一般解は次のようになる．

$$y(x) = C_1 y_1(x) + C_2 y_2(x) + \cdots + C_n y_n(x) \quad (C_i \text{ は任意定数})$$

定数係数の $n$ 階同次線形微分方程式

$$y^{(n)} + a_1 y^{(n-1)} + \cdots + a_{n-1} y' + a_n y = 0 \quad \cdots\cdots ②$$

の一般解は，特性方程式 $\lambda^n + a_1\lambda^{n-1} + \cdots + a_{n-1}\lambda + a_n = 0$ の解により，

(1)　解 $\lambda_i (i=1, 2, \cdots, n)$ がすべて異なる実数のとき；②の解は

$$y(x) = C_1 e^{\lambda_1 x} + C_2 e^{\lambda_2 x} + \cdots + C_n e^{\lambda_n x}$$

(2)　解 $\lambda_i$ が実数の $m$ 重解のとき；$\lambda_i$ に対応する $m$ 個の線形独立な解は

$$e^{\lambda_i x},\ xe^{\lambda_i x},\ \cdots,\ x^{m-1} e^{\lambda_i x}$$

(3)　複素数解 $p+qi$，$p-qi$ が単解のとき；これらに対応する線形独立な解は

$$e^{px}\cos qx,\ e^{px}\sin qx$$

(4)　複素数解 $p+qi$，$p-qi$ が $m$ 重解のとき；これらに対応する $2m$ 個の線形独立な解は

$$e^{px}\cos qx,\ xe^{px}\cos qx,\ \cdots,\ x^{m-1}e^{px}\cos qx$$
$$e^{px}\sin qx,\ xe^{px}\sin qx,\ \cdots,\ x^{m-1}e^{px}\sin qx$$

## 解答

(1)　特性方程式は　ⓐ$\lambda^3-4\lambda^2+\lambda+6=0$

$$(\lambda+1)(\lambda^2-5\lambda+6)=0$$

$$(\lambda+1)(\lambda-2)(\lambda-3)=0$$

$$\therefore\quad \lambda=-1,2,3$$

よって，求める一般解は

$$y=C_1e^{-x}+C_2e^{2x}+C_3e^{3x}\qquad\cdots\cdots(\text{答})$$

(2)　特性方程式は　ⓘ$\lambda^3+8=0$

$$(\lambda+2)(\lambda^2-2\lambda+4)=0$$

$$\therefore\quad \lambda=-2,\ 1\pm\sqrt{3}i$$

よって，求める一般解は

$$y=C_1e^{-2x}+e^x(C_2\cos\sqrt{3}x+C_3\sin\sqrt{3}x)\qquad\cdots\cdots(\text{答})$$

(3)　特性方程式は

ⓤ$\lambda^4-2\lambda^3+2\lambda-1=0$

$$(\lambda-1)(\lambda^3-\lambda^2-\lambda+1)=0$$

$$(\lambda-1)(\lambda-1)(\lambda^2-1)=0$$

$$(\lambda-1)^3(\lambda+1)=0$$

$$\therefore\quad \lambda=1\ (3\text{ 重解}),\ -1$$

よって，求める一般解は

$$y=(C_1+C_2x+C_3x^2)e^x+C_4e^{-x}\qquad\cdots\cdots(\text{答})$$

(4)　特性方程式は

ⓔ$\lambda^4+4\lambda^3+8\lambda^2+8\lambda+4=0$

$$(\lambda^2+2\lambda+2)^2=0$$

$$\lambda^2+2\lambda+2=0\quad(2\text{ 重解})$$

$$\therefore\quad \lambda=-1\pm i\quad(\text{ともに }2\text{ 重解})$$

よって，求める一般解は

$$y=e^{-x}\{(C_1+C_2x)\cos x+(C_3+C_4x)\sin x\}\qquad\cdots\cdots(\text{答})$$

（ⓞ は $(C_1+C_2x)$ の部分に付く）

ⓐ　因数定理から，1 つの解は　$\lambda=-1$

| -1 | 1 | -4 | 1 | 6 |
|---|---|---|---|---|
| | | -1 | 5 | -6 |
| | 1 | -5 | 6 | 0 |

ⓘ　$\lambda^3+2^3=0$ として，左辺を因数分解．

ⓤ　1 つの解は　$\lambda=1$

| 1 | 1 | -2 | 0 | 2 | -1 |
|---|---|---|---|---|---|
| | | 1 | -1 | -1 | 1 |
| | 1 | -1 | -1 | 1 | 0 |
| | | 1 | 0 | -1 | |
| | 1 | 0 | -1 | 0 | |
| | | 1 | 1 | | |
| | 1 | 1 | 0 | | |

ⓔ　$(\lambda^2+a\lambda+b)^2$
$=\lambda^4+2a\lambda^3+(a^2+2b)\lambda^2+2ab\lambda+b^2$

ⓞ　2 重解だから．

**POINT**　定数係数の $n$ 階同次線形微分方程式は，その特性方程式の解の状態で一般解が決定する．高次方程式は高校数学であるが，因数分解が確実にできることが大切だ．

## 問題35　定数係数の $n$ 階非同次線形微分方程式

次の微分方程式を解け．

(1)　$y^{(4)}+8y''+16y=-\sin x$

(2)　$y'''+y=xe^{-x}$

**解説**　$n$ 階非同次線形微分方程式の場合も，2 階の場合と同様に対応する同次方程式の基本解を求め，さらに未定係数法により特殊解を求めることにより，

一般解は　$y(x)=$余関数 $y_C(x)+$特殊解 $Y(x)$

で与えられる．定数係数の $n$ 階非同次線形微分方程式

$$y^{(n)}+a_1y^{(n-1)}+\cdots+a_{n-1}y'+a_ny=R(x)\ (\neq 0) \qquad \cdots\cdots①$$

の場合，余関数 $y_C(x)$ の求め方は問題 34 で学んだ．また，①の特殊解は 2 階非同次線形微分方程式の考え方と同じで，問題 26，27 を参照すればよい．

(例)　次の微分方程式を解いてみよう．

(1)　$y'''-4y''+y'+6y=6x^2+8x-19$

(2)　$y^{(4)}-2y'''+2y'-y=e^x$

(解)　同次方程式はそれぞれ問題 34 の (1)，(3) と一致する．

(1)　余関数は　$y_C(x)=C_1e^{-x}+C_2e^{2x}+C_3e^{3x}$

特殊解を $Y(x)=Ax^2+Bx+C$ とおくと

$$Y'=2Ax+B,\quad Y''=2A,\quad Y'''=0$$

与式に代入して整理すると

$$6Ax^2+(2A+6B)x-8A+B+6C=6x^2+8x-19$$

$$\therefore\quad 6A=6,\ 2A+6B=8,\quad -8A+B+6C=-19$$

これより　$A=1,\ B=1,\ C=-2$　　　$Y(x)=x^2+x-2$

よって，一般解は　$y=C_1e^{-x}+C_2e^{2x}+C_3e^{3x}+x^2+x-2$

(2)　余関数は　$y_C(x)=(C_1+C_2x+C_3x^2)e^x+C_4e^{-x}$　($\lambda=1$ は 3 重解)

特殊解を $Y(x)=x^3\cdot Ae^x=Ax^3e^x$ とおくと

$$Y'=A(x^3+3x^2)e^x,\quad Y''=A(x^3+6x^2+6x)e^x$$

$$Y'''=A(x^3+9x^2+18x+6)e^x,\quad Y^{(4)}=A(x^3+12x^2+36x+24)e^x$$

与式に代入して整理すると　$12Ae^x=e^x$　　$\therefore\quad A=\dfrac{1}{12}$　　$Y(x)=\dfrac{1}{12}x^3e^x$

よって，一般解は　$y=\left(C_1+C_2x+C_3x^2+\dfrac{1}{12}x^3\right)e^x+C_4e^{-x}$

## 解 答

(1)　対応する同次方程式の特性方程式は

$\lambda^4+8\lambda^2+16=0$　　㋐$(\lambda^2+4)^2=0$

$\therefore\ \lambda=\pm 2i$　(2 重解)

㋑$y_C(x)=(C_1+C_2x)\cos 2x+(C_3+C_4x)\sin 2x$

特殊解を㋒$Y(x)=A\cos x+B\sin x$ とおくと

$Y'=-A\sin x+B\cos x$，$Y''=-A\cos x-B\sin x$

$Y'''=A\sin x-B\cos x$，$Y^{(4)}=A\cos x+B\sin x$

これらを与式に代入して整理して

㋓$9A\cos x+9B\sin x=-\sin x$

$\therefore\ A=0$，$B=-\dfrac{1}{9}$　　$Y(x)=-\dfrac{1}{9}\sin x$

よって，求める一般解は

$$y=(C_1+C_2x)\cos 2x+(C_3+C_4x)\sin 2x-\frac{1}{9}\sin x\quad\cdots\cdots(答)$$

(2)　対応する同次方程式の特性方程式は

$\lambda^3+1=0$　　$(\lambda+1)(\lambda^2-\lambda+1)=0$

$\therefore\ \lambda=-1,\ \dfrac{1\pm\sqrt{3}i}{2}$

$$y_C(x)=C_1e^{-x}+e^{\frac{x}{2}}\left(C_2\cos\frac{\sqrt{3}}{2}x+C_3\sin\frac{\sqrt{3}}{2}x\right)$$

特殊解を㋔$Y(x)=x(Ax+B)e^{-x}$ とおくと

$Y'=\{-Ax^2+(2A-B)x+B\}e^{-x}$

$Y''=\{Ax^2+(-4A+B)x+2A-2B\}e^{-x}$

$Y'''=\{-Ax^2+(6A-B)x-6A+3B\}e^{-x}$

これらを与式に代入して整理して

㋕$(6Ax-6A+3B)e^{-x}=xe^{-x}$

$\therefore\ A=\dfrac{1}{6}$，$B=\dfrac{1}{3}$　　$Y(x)=\left(\dfrac{x^2}{6}+\dfrac{x}{3}\right)e^{-x}$

よって，求める一般解は

$$y=\left(C_1+\frac{x}{3}+\frac{x^2}{6}\right)e^{-x}+e^{\frac{x}{2}}\left(C_2\cos\frac{\sqrt{3}}{2}x+C_3\sin\frac{\sqrt{3}}{2}x\right)\quad\cdots\cdots(答)$$

㋐　$\lambda^2=-4$ を解いて $\lambda=\pm\sqrt{-4}=\pm 2i$

㋑　$y_C(x)$ $=e^{0x}(C_1\cos 2x+C_2\sin 2x)$ $=C_1\cos 2x+C_2\sin 2x$ の $C_1$，$C_2$ を重複度 2 に応じて 1 次式にする．

㋒　余関数は $\cos x$，$\sin x$ を含まないので，このようにおく．

㋓　$9A=0$ かつ $9B=-1$．

㋔　余関数は $e^{-x}$ を含むので特殊解としては $(Ax+B)e^{-x}$ に $x$ を掛ける．

㋕　$6A=1$ かつ $-6A+3B=0$

**POINT**　定数係数の $n$ 階同次線形微分方程式において，未定係数法の考え方は本質的には 2 階の場合と変わらない．

## 問題 36　同時方程式の解の利用（2）

次の非同次線形微分方程式の対応する同次形の2つの解 $y_1(x)$，$y_2(x)$ を利用して，非同次形の一般解を求めよ．

$$x^3\frac{d^3y}{dx^3}+x\frac{dy}{dx}-y=\frac{1}{x} \qquad [y_1(x)=x,\ y_2(x)=x\log x]$$

**解説**　$n$ 階非同次線形微分方程式

$$y^{(n)}+P_1(x)y^{(n-1)}+\cdots+P_{n-1}(x)y'+P_n(x)y=Q(x) \qquad \cdots\cdots①$$

に対して，同次形 $y^{(n)}+P_1(x)y^{(n-1)}+\cdots+P_{n-1}(x)y'+P_n(x)y=0$ 　$\cdots\cdots②$

の1つの解 $y_1(x)$ がわかっているとき，①の任意の解 $y(x)$ に対して

$$y(x)=u(x)y_1(x)$$

とおくと，問題32の2階非同次線形微分方程式の場合と同様に，$u'(x)$ に関する $(n-1)$ 階の線形微分方程式に帰着する．さらに，$y_1(x)$ とは独立な同次形②の解 $y_2(x)$ がわかっているとき，$u_1'(x)=\dfrac{d}{dx}\left(\dfrac{y_2(x)}{y_1(x)}\right)$ は $u'(x)$ に関する $(n-1)$ 階非同次線形微分方程式の対応する同次形の1つの解である．さらに

$$u'(x)=v(x)u_1'(x)$$

とおくと，$v'(x)$ に関する $(n-2)$ 階線形微分方程式が得られる．このように，同次形の解を利用して微分方程式の階数を下げることができる．一般には，同次形②の $k$ 個の線形独立な解の組 $\{y_1(x), y_2(x), \cdots, y_k(x)\}$ がわかっているときは，①は $(n-k)$ 階の線形微分方程式に帰着する．

（例）　$\cos x\dfrac{d^3y}{dx^3}-\sin x\dfrac{d^2y}{dx^2}+\cos x\dfrac{dy}{dx}-(\sin x)y=0$ の一般解を求めてみよう．

（解）　$\cos x\left(\dfrac{d^3y}{dx^3}+\dfrac{dy}{dx}\right)-\sin x\left(\dfrac{d^2y}{dx^2}+y\right)=0$ より，2つの線形独立な解 $y_1(x)=\cos x$，$y_2(x)=\sin x$ がわかる．$y(x)=u(x)y_1(x)=u(x)\cos x$ とおいて，$y'(x)$，$y''(x)$，$y'''(x)$ を計算して与式に代入して整理すると

$$u'''(x)-4u''(x)\tan x+2u'(x)(\tan^2 x-1)=0 \qquad \cdots\cdots③$$

さらに，$u_1(x)=\dfrac{y_2(x)}{y_1(x)}=\tan x$ とおくと，$u_1'(x)=\dfrac{1}{\cos^2 x}$ は③の解だから

$u_1'(x)=v(x)u_1'(x)=v(x)\dfrac{1}{\cos^2 x}$ とおいて，$u''(x)$，$u'''(x)$ を計算して③に代入すると　$v''(x)\dfrac{1}{\cos^2 x}=0$　　ゆえに　$v(x)=C_1x+C_2$

$$u(x)=\int\frac{C_1x+C_2}{\cos^2 x}dx=(C_1x+C_2)\tan x+C_1\log|\cos x|+C_3$$

よって　$y(x)=C_1\{x\sin x+\cos x\log|\cos x|\}+C_2\sin x+C_3\cos x$

## 解答

同次形の 1 の解 $y_1(x)=x$ を用いて，$y(x)$ を

$y(x)=u(x)y_1(x)=xu(x)$ とおくと

$y'(x)=xu'(x)+u(x)$，$y''(x)=xu''(x)+2u'(x)$

$y'''(x)=xu'''(x)+3u''(x)$

これらを与えられた微分方程式に代入すると

$$x^3\{xu'''(x)+3u''(x)\}+x\{xu'(x)+u(x)\}-xu(x)=\frac{1}{x}$$

ゆえに　$u'''(x)+\dfrac{3}{x}u''(x)+\dfrac{1}{x^2}u'(x)=\dfrac{1}{x^5}$　……①

同次形のもう 1 つの解 $y_2(x)=x\log x$ を用いて，

$u_1(x)=\dfrac{y_2(x)}{y_1(x)}=\log x$ とおくと，㋐$u_1'(x)=\dfrac{1}{x}$ は①の同次形の解である．

㋑$u'(x)=v(x)u_1'(x)=\dfrac{v(x)}{x}$ とおくと

$$u_1''(x)=\frac{xv'(x)-v(x)}{x^2}$$

$$u_1'''(x)=\frac{x^2v''(x)-2xv'(x)+2v(x)}{x^3}$$

これらを㋒①に代入して整理すると

$$xv''(x)+v'(x)=\frac{1}{x^3}\qquad \frac{d}{dx}\{xv'(x)\}=\frac{1}{x^3}$$

$$xv'(x)=\int\frac{1}{x^3}dx+C_1=-\frac{1}{2x^2}+C_1$$

$$v(x)=\int\left(-\frac{1}{2x^3}+\frac{C_1}{x}\right)dx+C_2=\frac{1}{4x^2}+C_1\log x+C_2$$

したがって

$$㋓\ u(x)=\int\left(\frac{1}{4x^3}+\frac{C_1\log x}{x}+\frac{C_2}{x}\right)dx+C_3=-\frac{1}{8x^2}+\frac{C_1}{2}(\log x)^2+C_2\log x+C_3$$

よって，求める一般解は

$$y=x\{C_1'(\log x)^2+C_2\log x+C_3\}-\frac{1}{8x}\qquad\cdots\cdots(答)$$

㋐　$u_1(x)=\log x$ は $u_1'(x)=\dfrac{1}{x}$，$u_1''(x)=-\dfrac{1}{x^2}$，$u_1'''(x)=\dfrac{2}{x^3}$ であるから，（①の左辺）$=0$ となる．$u_1(x)=\log x$ は①の同次形の解であるが，①には $u(x)$ の項がないので $u_1'(x)$ を同次形の解とした．

㋑　$u(x)=v(x)u_1(x)=v(x)\log x$ とおいてもよいが，解答のようにおくと計算の省略化が図れる．

㋒　（①の左辺）$=\dfrac{xv''(x)+v'(x)}{x^2}$

㋓　$u(x)=\displaystyle\int\frac{v(x)}{x}dx+C_3$

**POINT**　問題 32 の高階の場合である．本問は同次形の 2 つの特殊解がヒントとして与えられたが，視察で求めなければいけない場合もある．

## 問題 37 特別な形の $n$ 階微分方程式 (1)

次の微分方程式を解け．

(1) $\dfrac{d^2y}{dx^2}=e^{-2y}$　　(2) $\dfrac{d^2y}{dx^2}=2+\dfrac{1}{2}\left(\dfrac{dy}{dx}\right)^2$

**解説** 特別な形の $n$ 階微分方程式（$n\geqq 2$）について学ぶ．

(1) $\dfrac{d^ny}{dx^n}=f(x)$ のタイプ ；積分を $n$ 回くり返して求めることができる．

(例) $y^{(3)}=\sin x$ ならば，$y''=-\cos x+C_1$，$y'=-\sin x+C_1x+C_2$

$$\therefore \quad y=\cos x+\frac{C_1}{2}x^2+C_2x+C_3=\cos x+C_1'x^2+C_2x+C_3$$

(2) $\dfrac{d^2y}{dx^2}=f(y)$ のタイプ ；両辺に $2\dfrac{dy}{dx}$ を掛けて $x$ に関して積分すると

$$2\frac{dy}{dx}\frac{d^2y}{dx^2}=2f(y)\frac{dy}{dx} \qquad \int 2\frac{dy}{dx}\frac{d^2y}{dx^2}dx=\int 2f(y)\,dy$$

$$\left(\frac{dy}{dx}\right)^2=2\int f(y)\,dy+C_1 \qquad \therefore \quad \frac{dy}{dx}=\pm\sqrt{2\int f(y)\,dy+C_1}$$

これは変数分離形であるから，これより一般解 $y$ を求めることができる．

(3) $\dfrac{d^2y}{dx^2}=f\left(\dfrac{dy}{dx}\right)$ のタイプ ；$\dfrac{dy}{dx}=p$ とおくと $\dfrac{d^2y}{dx^2}=\dfrac{d}{dx}\left(\dfrac{dy}{dx}\right)=\dfrac{dp}{dx}$

与えられた微分方程式は $\dfrac{dp}{dx}=f(p)$ 　　$\displaystyle\int\frac{dp}{f(p)}=\int dx=x+C_1$

これが $p=g(x+C_1)$ の形で解けるならば，一般解 $y$ は次のようになる．

$$y=\int p\,dx+C_2=\int g(x+C_1)\,dx+C_2$$

(例) $\dfrac{d^2y}{dx^2}=2\dfrac{dy}{dx}$ ならば，$\dfrac{dy}{dx}=p$ とおくと $\dfrac{dp}{dx}=2p$

$p\neq 0$ のとき $\dfrac{dp}{p}=2dx$ 　　$\displaystyle\int\frac{dp}{p}=\int 2dx=2x+C_0$ 　　$\log|p|=2x+C_0$

$\therefore \quad p=\pm e^{C_0}e^{2x}=C_0'e^{2x}$ 　　よって，一般解 $y$ は

$$y=\int p\,dx+C_2=\int C_0'e^{2x}dx+C_2=\frac{C_0'}{2}e^{2x}+C_2=C_1e^{2x}+C_2$$

$p=0$ のときの解 $y=C$ は $C_1=0$ の場合である．

## 解答

(1)　$\dfrac{d^2y}{dx^2}=e^{-2y}$ の 両辺に $2\dfrac{dy}{dx}$ を掛けて ㋐

$$2\frac{dy}{dx}\frac{d^2y}{dx^2}=2e^{-2y}\frac{dy}{dx}$$

$$\int 2\frac{dy}{dx}\frac{d^2y}{dx^2}dx=\int 2e^{-2y}dy$$

$$\left(\frac{dy}{dx}\right)^2=C_1-e^{-2y}\qquad \therefore\quad \frac{dy}{dx}=\pm\sqrt{C_1-e^{-2y}}$$ ㋑

$$\frac{e^y}{\sqrt{C_1e^{2y}-1}}dy=\pm dx\qquad (C_1>0)$$

$$\int\frac{e^y}{\sqrt{C_1e^{2y}-1}}dy=\pm\int dx$$ ㋒

$$\therefore\quad \frac{1}{\sqrt{C_1}}\log\left(\sqrt{C_1e^{2y}-1}+\sqrt{C_1}e^y\right)=\pm x+C_2$$

$$\sqrt{C_1e^{2y}-1}+\sqrt{C_1}e^y=e^{\sqrt{C_1}(\pm x+C_2)}$$

$C_1>0$ より $\sqrt{C_1}=C_1'$ とおくと，$C_1'>0$ で

$$\sqrt{C_1'^2e^{2y}-1}+C_1'e^y=C_2'e^{\pm C_1'x}\qquad \cdots\cdots(答)$$

$$(e^{C_1'C_2}=C_2')$$

(2)　$\dfrac{dy}{dx}=p$ とおくと，与えられた微分方程式は

$$\frac{dp}{dx}=2+\frac{1}{2}p^2=\frac{4+p^2}{2}$$

$$\int\frac{2}{4+p^2}dp=\int dx=x+C_1$$ ㋓

$$\therefore\quad \tan^{-1}\frac{p}{2}=x+C_1$$ ㋔

すなわち　$p=2\tan(x+C_1)$

よって，求める一般解は

$$y=\int p\,dx=\int 2\tan(x+C_1)\,dx$$

$$=-2\log|\cos(x+C_1)|+C_2\qquad \cdots\cdots(答)$$

㋐　微分方程式は左の解説で (2) のタイプである．

㋑　これは変数分離形である．

$$\frac{dy}{\sqrt{C_1-e^{-2y}}}=\pm dx$$

$$左辺=\frac{e^y}{e^y\sqrt{C_1-e^{-2y}}}dy=\frac{e^y}{\sqrt{C_1e^{2y}-1}}dy$$

また，$C_1-e^{-2y}\geqq 0$ から

$C_1\geqq e^{-2y}>0$

すなわち　$C_1>0$

㋒　$\sqrt{C_1}e^y=t$ とおくと

左辺

$$=\int\frac{1}{\sqrt{C_1}}\frac{dt}{\sqrt{t^2-1}}=\frac{1}{\sqrt{C_1}}\log\left(\sqrt{t^2-1}+t\right)$$

㋓　$\displaystyle\int\frac{dp}{a^2+p^2}=\frac{1}{a}\tan^{-1}\frac{p}{a}$

㋔　$\tan^{-1}\alpha=\theta$ のとき

$\alpha=\tan\theta$

**POINT**　特別な形の微分方程式だから，自力で解けなくてもかまわない．とりあえずは解答を見てその流れが理解できればよいだろう．

## 問題 38　特別な形の $n$ 階微分方程式（2）

次の微分方程式を解け．ただし，$x>0$ とする．

(1)　$xy''+2y'=8x^2$

(2)　$xyy''+x(y')^2-3yy'=0$　　（ただし，$y'>0$）

**解説**　前問に引き続き，特別な形の $n$ 階微分方程式について学ぶ．

(4)　$F(y, y', y'', \cdots, y^{(n)})=0$ のタイプ　；$\dfrac{dy}{dx}=p$ とおくと

$$\frac{d^2y}{dx^2}=\frac{d}{dx}\left(\frac{dy}{dx}\right)=\frac{d}{dx}p=\frac{dp}{dy}\frac{dy}{dx}=p\frac{dp}{dy}$$

$$\frac{d^3y}{dx^3}=\frac{d}{dx}\left(\frac{d^2y}{dx^2}\right)=\frac{d}{dy}\left(p\frac{dp}{dy}\right)\frac{dy}{dx}=\left\{p\frac{d^2p}{dy^2}+\left(\frac{dp}{dy}\right)^2\right\}p$$

……

により，**階数を 1 つ下げて $n-1$ 階微分方程式に直す**ことができる．

(5)　$F(x, y', y'', \cdots, y^{(n)})=0$ のタイプ　；$\dfrac{dy}{dx}=p$ とおくと

$F(x, p, p', \cdots, p^{(n-1)})=0$ となり，**$n-1$ 階微分方程式に帰着**する．

(6)　$F(y, xy', x^2y'', \cdots, x^ny^{(n)})=0$ のタイプ　；$x=e^t$ とおくと

$$\frac{dy}{dx}=\frac{dy}{dt}\frac{dt}{dx}=e^{-t}\frac{dy}{dt}=\frac{1}{x}\frac{dy}{dt}\qquad\left(\because\quad \frac{dx}{dt}=e^t\right)$$

$$\frac{d^2y}{dx^2}=\frac{d}{dx}\left(\frac{dy}{dx}\right)=\frac{d}{dt}\left(e^{-t}\frac{dy}{dt}\right)\frac{dt}{dx}=\left(e^{-t}\frac{d^2y}{dt^2}-e^{-t}\frac{dy}{dt}\right)e^{-t}$$

$$=e^{-2t}\left(\frac{d^2y}{dt^2}-\frac{dy}{dt}\right)=\frac{1}{x^2}\left(\frac{d^2y}{dt^2}-\frac{dy}{dt}\right)$$

……

により，$F_1\left(y, \dfrac{dy}{dt}, \dfrac{d^2y}{dt^2}, \cdots, \dfrac{d^ny}{dt^n}\right)=0$　すなわち **(4) のタイプに戻る．**

(7)　$F\left(x, \dfrac{y'}{y}, \dfrac{y''}{y}, \cdots, \dfrac{y^{(n)}}{y}\right)=0$ のタイプ　；$y=e^t$ とおくと

$$\frac{dy}{dx}=e^t\frac{dt}{dx},\quad \frac{d^2y}{dx^2}=\frac{d}{dx}\left(e^t\frac{dt}{dx}\right)=e^t\left\{\frac{d^2t}{dx^2}+\left(\frac{dt}{dx}\right)^2\right\},\quad ……$$

により，$\dfrac{y'}{y}=\dfrac{dt}{dx}$，$\dfrac{y''}{y}=\dfrac{d^2t}{dx^2}+\left(\dfrac{dt}{dx}\right)^2$，……となるので，

$F_2\left(x, \dfrac{dt}{dx}, \dfrac{d^2t}{dx^2}, \cdots, \dfrac{d^nt}{dx^n}\right)=0$　すなわち **(5) のタイプに戻る．**

## 解答

(1) ㋐与式で $\dfrac{dy}{dx}=p$ とおくと ㋑$\dfrac{dp}{dx}+\dfrac{2}{x}p=8x$

$$\therefore\quad p=e^{-\int\frac{2}{x}dx}\left\{\int e^{\int\frac{2}{x}dx}\cdot 8x\,dx+C_1\right\}$$

(㋒ は $e^{-\int\frac{2}{x}dx}$ の部分)

$$=\frac{1}{x^2}\left(\int x^2\cdot 8x dx+C_1\right)=2x^2+\frac{C_1}{x^2}$$

よって，求める一般解は

$$y=\int p\,dx+C_2=\int\left(2x^2+\frac{C_1}{x^2}\right)dx+C_2$$

$$=\frac{2}{3}x^3-\frac{C_1}{x}+C_2=\frac{2}{3}x^3+\frac{C_1'}{x}+C_2 \qquad \cdots\cdots(答)$$

(2) 与式の両辺に $x$ を掛けて

㋓ $yx^2y''+(xy')^2-3yxy'=0 \qquad \cdots\cdots①$

$x=e^t$ とおくと

㋔ $\dfrac{dy}{dx}=\dfrac{1}{x}\dfrac{dy}{dt}$，$\dfrac{d^2y}{dx^2}=\dfrac{1}{x^2}\left(\dfrac{d^2y}{dt^2}-\dfrac{dy}{dt}\right)$ だから

$$xy'=\frac{dy}{dt},\quad x^2y''=\frac{d^2y}{dt^2}-\frac{dy}{dt}$$

①に代入して整理すると

$$y\frac{d^2y}{dt^2}+\left(\frac{dy}{dt}\right)^2-4y\frac{dy}{dt}=0$$

$\dfrac{dy}{dt}=p$ とおくと，$\dfrac{d^2y}{dt^2}=\dfrac{dp}{dy}p$ だから

㋕ $y\dfrac{dp}{dy}p+p^2-4yp=0 \qquad \therefore\quad y\dfrac{dp}{dy}+p=4y$

$$\frac{d}{dy}(py)=4y \qquad \therefore\quad py=2y^2+2C_1$$

$$\frac{dy}{dt}y=2(y^2+C_1) \qquad \int\frac{2y}{y^2+C_1}dy=\int 4dt$$

$$\log|y^2+C_1|=4t+C_2$$

$$y^2+C_1=\pm e^{4t+C_2}=\pm e^{C_2}e^{4t}=C_2'e^{4t}$$

よって　$y^2=C_1'+C_2'x^4 \qquad \cdots\cdots(答)$

㋐ 与式の両辺に $x$ を掛けると
$x^2y''+2xy'=8x^3$
これはオイラーの微分方程式（問題 30 の解説を参照）で，$a=2$，$b=0$，$R(x)=8x^3$ のときである．

㋑ 1 階線形微分方程式．

㋒ $e^{\int-\frac{2}{x}dx}=e^{\log x^{-2}}$
$=x^{-2}=\dfrac{1}{x^2}$

㋓ 左の解説で (6) のタイプである．

㋔ これは導き出せるようにしておくこと．

㋕ $\dfrac{dy}{dx}=\dfrac{1}{x}\dfrac{dy}{dt}$ で，条件から $x>0$ かつ $\dfrac{dy}{dx}>0$ であるから　$\dfrac{dy}{dt}>0$
すなわち　$p>0$

**POINT** 前問と同様である．解答を見てその流れを理解しておけば十分である．

## 問題 39　完全微分式

次の微分方程式の左辺が完全微分式であるかどうかを調べて解け．

(1)　$(1+x^2)\dfrac{d^2y}{dx^2}+4x\dfrac{dy}{dx}+2y=\sin x$

(2)　$(x^2+x+1)\dfrac{d^3y}{dx^3}+(6x+3)\dfrac{d^2y}{dx^2}+6\dfrac{dy}{dx}=0$

**解説**　$n$ 階微分方程式 $F(x, y, y', \cdots, y^{(n)})=0$　……①

の左辺が $x, y, y', \cdots\cdots, y^{(n-1)}$ のある関数 $G(x, y, y', \cdots\cdots, y^{(n-1)})$ の導関数に等しいとき，すなわち

$$F(x, y, y', \cdots, y^{(n)})=\frac{d}{dx}G(x, y, y', \cdots, y^{(n-1)})$$

であるとき，方程式①の左辺は**完全微分式**であるという．このとき，

$$G(x, y, y', \cdots, y^{(n-1)})=C \quad (C\text{ は定数}) \qquad \cdots\cdots②$$

は①を満たす．②を微分方程式①の**第 1 積分**という．

$x, y, y', \cdots, y^{(n)}$ のある関数　　$\lambda(x, y, y', \cdots, y^{(n)})$　……③

に対して　$\lambda(x, y, y', \cdots, y^{(n)})F(x, y, y', \cdots, y^{(n)})$

が完全微分式になるとき，関数③を方程式①の**積分因数**という．

2 階線形微分方程式　$p_0(x)\dfrac{d^2y}{dx^2}+p_1(x)\dfrac{dy}{dx}+p_2(x)y=q(x)$　……④

の左辺が完全微分式であるための条件を考えてみよう．④を $x$ で積分すると

$$\int p_0(x)\frac{d^2y}{dx^2}dx+\int p_1(x)\frac{dy}{dx}dx+\int p_2(x)ydx=\int q(x)dx+C \qquad \cdots\cdots⑤$$

部分積分法により　$\displaystyle\int p_1(x)\frac{dy}{dx}dx=p_1(x)y-\int p_1'(x)ydx$

$$\int p_0(x)\frac{d^2y}{dx^2}dx=p_0(x)\frac{dy}{dx}-p_0'(x)y+\int p_0''(x)ydx$$

⑤は $\displaystyle\int q(x)dx+C=\{p_1(x)-p_0'(x)\}y+p_0(x)\frac{dy}{dx}+\int\{p_2(x)-p_1'(x)+p_0''(x)\}ydx$

ここで，$p_2(x)-p_1'(x)+p_0''=0$ であるとき，④の左辺は完全微分式になり，第 1 積分は　$\displaystyle p_0(x)\frac{dy}{dx}+\{p_1(x)-p_0'(x)\}y=\int q(x)dx+C$　である．

同様にして，$n$ 階線形微分方程式

$$p_0(x)y^{(n)}+p_1(x)y^{(n-1)}+\cdots\cdots+p_{n-1}(x)y'+p_n(x)y=q(x)$$

の左辺は　$p_n(x)-p_{n-1}'(x)+p_{n-2}''(x)+\cdots\cdots+(-1)^n p_0{}^{(n)}(x)=0$

であるとき，完全微分式で第 1 積分は

$$\begin{aligned}&p_0(x)y^{(n-1)}+\{p_1(x)-p_0'(x)\}y^{(n-2)}+\cdots\cdots\\&\qquad+\{p_{n-1}(x)-p_{n-2}'(x)+\cdots\cdots+(-1)^{n-1}p_0{}^{(n-1)}(x)\}y\\&=\int q(x)dx+C\end{aligned}$$

である．

## 解答

(1)　$p_0(x)=1+x^2$，$p_1(x)=4x$，$p_2(x)=2$

$$\underset{㋐}{p_2(x)-p_1{}'(x)+p_0{}''(x)}=2-4+2=0$$

したがって，与えられた微分方程式の左辺は完全微分式である．㋑第 1 積分は

$$(1+x^2)\frac{dy}{dx}+(4x-2x)y=\int\sin x dx+C_1$$

すなわち　$(1+x^2)\dfrac{dy}{dx}+2xy=-\cos x+C_1$

$$\frac{d}{dx}\{(1+x^2)y\}=-\cos x+C_1$$

$$㋒\ (1+x^2)y=\int(-\cos x+C_1)dx+C_2$$

$$=-\sin x+C_1x+C_2$$

よって，求める一般解は

$$y=\frac{1}{1+x^2}(-\sin x+C_1x+C_2)$$ ……(答)

(2)　$p_0(x)=x^2+x+1$，　$p_1(x)=6x+3$，　$p_2(x)=6$，$p_3(x)=0$　であるから

$$p_3(x)-p_2{}'(x)+p_1{}''(x)-p_0{}'''(x)=0$$

したがって，完全微分式であり第 1 積分は

$$(x^2+x+1)\frac{d^2y}{dx^2}\underset{㋓}{+(4x+2)}\frac{dy}{dx}\underset{㋔}{+2y}=C_1$$

これも㋕完全微分式であるから

$$(x^2+x+1)\frac{dy}{dx}+(2x+1)y=\int C_1dx+C_2$$

$$=C_1x+C_2$$

$$\frac{d}{dx}\{(x^2+x+1)y\}=C_1x+C_2$$

$$(x^2+x+1)y=\int(C_1x+C_2)dx+C_3$$

$$=\frac{C_1}{2}x^2+C_2x+C_3$$

よって，求める一般解は $\dfrac{C_1}{2}$ を新たに $C_1$ として

$$y=\frac{C_1x^2+C_2x+C_3}{x^2+x+1}$$ ……(答)

㋐　与えられた微分方程式の左辺が完全微分式
$\Longleftrightarrow p_2(x)-p_1{}'(x)+p_0{}''(x)=0$

㋑
$$p_0(x)\frac{dy}{dx}+\{p_1(x)-p_0{}'(x)\}y=\int q(x)dx+C_1$$

㋒　$y$
$$=\frac{1}{1+x^2}\left\{\int(-\cos x+C_1)dx+C_2\right\}$$
を**第 2 積分**という．

㋓　$p_1(x)-p_0{}'(x)$
$=6x+3-(2x+1)$
$=4x+2$

㋔　$p_2(x)-p_1{}'(x)+p_0{}''(x)$
$=6-6+2=2$

㋕
$2-(4x+2)'+(x^2+x+1)''$
$=2-4+2$
$=0$

**POINT**　完全微分式の定義をしっかり理解して，そこからどのようにして一般解が求められるか，式変形の流れに慣れること．

## 練習問題 解答は 200 ページから 02

1 次の微分方程式を解け．

(1) $y''-y'-2y=0$　(2) $y''+6y'+9y=0$

(3) $y''+4y'+5y=0$

2 次の微分方程式を解け．

(1) $y''-y'+2y=x^2+x$　(2) $y''-2y'-8y=16e^{2x}$

(3) $y''+y'-2y=e^x$　(4) $y''-4y'+4y=e^{2x}$

3 $y$ を $x$ の関数，$a$，$b$ を定数とする．また，微分方程式 $y''+ay'+by=f(x)$ に対する特殊解を $y_1$ とし，$y''+ay'+by=g(x)$ に対する特殊解を $y_2$ とする．このとき，次の問いに答えよ．

(1) 微分方程式 $y''+ay'+by=f(x)+g(x)$ に対する 1 つの特殊解は $y_1+y_2$ となることを示せ．

(2) 微分方程式 $y''+y'-2y=\cos x+e^x$ に対する一般解を求めよ．

4 次の微分方程式を与えられた初期条件のもとで解け．

(1) $\dfrac{d^2y}{dx^2}-12\dfrac{dy}{dx}+36y=0$　$\left(y(0)=-1,\ \dfrac{dy(0)}{dx}=-8\right)$

(2) $\dfrac{d^2y}{dx^2}-3\dfrac{dy}{dx}+2y=12e^x$　$\left(y(0)=0,\ \dfrac{dy(0)}{dx}=1\right)$

5 次の問いに答えよ．

(1) 微分方程式 $\dfrac{d^2x}{dt^2}+2b\dfrac{dx}{dt}+\omega^2x=0$ の一般解を，$b^2-\omega^2\leqq 0$ の場合について求めよ．

(2) 上式を，初期条件 $t=0$ で $x=0$，$\dfrac{dx}{dt}=1$ のもとに解き，$b>0$ のときの解の特徴を表すグラフ（概略でよい）をかけ．

6 次の微分方程式に対して，下記の問いに答えよ．

$$\frac{d^2x(t)}{dt^2}-ax(t)=0 \qquad (a\text{ は }0\text{ でない実定数})$$

(1) 次に示す初期条件のもとで解 $x(t)$ を求めよ．また，$a>0$，$a<0$ に対する解 $x(t)$ の特徴を明らかにせよ．

$$x(0)=x_2,\quad \frac{dx(0)}{dt}=0 \qquad (\text{ただし，}x_0>0)$$

(2) $a>0$ とする．このとき，$\lim_{t\to\infty}x(t)=0$ をみたす 0 でない初期条件を求めよ．

7 2 階微分方程式 $\dfrac{d^2y}{dx^2}=\dfrac{2}{x}\dfrac{dy}{dx}$ は，$\dfrac{dy}{dx}=p$ とおくことにより，$x$ と $p$ の変数分離形の 1 階微分方程式となる．この性質を利用し，上記の 2 階微分方程式の一般解を求めよ．

8　次の問いに答えよ．

(1)　微分方程式 $y''+y=0$ の一般解を求めよ．

(2)　$w=w(x)$ を微分方程式

$$4xw''+2w'+w=0 \qquad \cdots\cdots①$$

の解とする．独立変数 $x$ を $x=t^2$ により $t$ に変換し，$u=w(t^2)$ とおくとき，$u$ のみたす微分方程式を求めよ．

(3)　微分方程式①の一般解を求めよ．

9　次のオイラーの微分方程式を解け．ただし，$x>0$ とする．

$$x^2y''-3xy'+4y=x^2$$

10　$x>0$ で微分方程式（＊）$x^2y''+xy'-y=0$ を考察する．

(1)　$y_1=x$ は方程式（＊）の解であることを示せ．

(2)　$y=y_1z$ とおく．$y$ が（＊）の解であるとき，$z$ のみたすべき方程式を求めよ．

(3)　$y_1$ と独立な微分方程式（＊）の解を求めよ．

11　次の問いに答えよ．

(1)　微分方程式 $y''+y=e^{3x}$ の解 $y$ は，$y'''+ay''+by'+cy=0$ の形の微分方程式をみたしている．このときの定数 $a$，$b$，$c$ を求めよ．

(2)　(1)で求めた $a$，$b$，$c$ について，微分方程式 $y'''+ay''+by'+cy=0$ の一般解を求めよ．

(3)　$x=0$ のとき $y=y'=0$ という初期条件をみたす微分方程式 $y''+y=e^{3x}$ の解 $y$ を求めよ．

12　次の微分方程式を解け．

(1)　$\dfrac{d^3y}{dx^3}-3\dfrac{dy}{dx}+2y=\sin x$

(2)　$y'''-y''+2y=2e^x\cos x+4e^x\sin x$

(3)　$y'''-7y''+15y'-9y=2e^{3x}$

13　初期条件「$t=0$ のとき $y=0$，$y'=1$」をみたす次の微分方程式の解を求めよ．

$$\frac{d^2y}{dt^2}+2\frac{dy}{dt}+2y=\begin{cases}\cos t & (0\leqq t\leqq \pi)\\ -1 & (\pi\leqq t)\end{cases}$$

## ◆◇◆ 曲率半径 ◇◆◇ コラム

次の問題を考えてみよう.

> 曲率半径が一定値 $a$（>0）であるような曲線を求めよ.

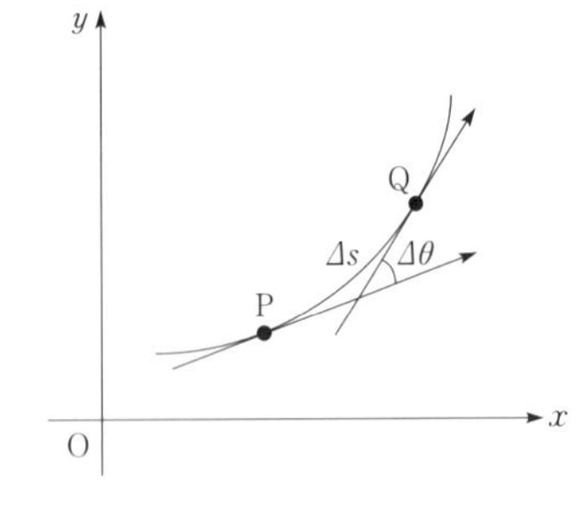


曲線上の1点PとPに近い点Qをとり，Pにおける接線からQにおける接線の方へまわる角を $\Delta\theta$，弧PQの長さを $\Delta s$ とするとき，

$$k=\lim_{\Delta s\to 0}\frac{\Delta\theta}{\Delta s},\quad R=\frac{1}{|k|}$$

をそれぞれ点Pにおける曲率，曲率半径という.

曲率とは，曲線の曲り方の状態を数値化したものである．曲線 $y=f(x)$ については，曲率 $k$，曲率半径 $R$ はそれぞれ次のようになる.

$$k=\frac{f''(x)}{[1+\{f'(x)\}^2]^{\frac{3}{2}}},\quad R=\frac{[1+\{f'(x)\}^2]^{\frac{3}{2}}}{|f''(x)|}$$

**解答** 求める曲線を $y=f(x)$ とおくと，条件から

$$\frac{[1+\{f'(x)\}^2]^{\frac{3}{2}}}{|f''(x)|}=a \qquad \therefore\quad f''(x)=\pm\frac{1}{a}[1+\{f'(x)\}^2]^{\frac{3}{2}}$$

$f'(x)=p$ とおくと $f''(x)=\dfrac{dp}{dx}$ だから $\quad \dfrac{dp}{dx}=\pm\dfrac{1}{a}(1+p^2)^{\frac{3}{2}}$

$$\frac{dp}{(1+p^2)^{\frac{3}{2}}}=\pm\frac{1}{a}dx \qquad \int\frac{dp}{(1+p^2)^{\frac{3}{2}}}=\pm\int\frac{1}{a}dx=\pm\frac{1}{a}(x+\mathrm{A})$$

左辺において，$p=\tan t\left(|t|<\dfrac{\pi}{2}\right)$ とおくと

$$(\text{左辺})=\int\frac{1}{(1+\tan^2 t)^{\frac{3}{2}}}\cdot\frac{dt}{\cos^2 t}=\int\frac{\cos^3 t}{\cos^2 t}dt=\int\cos t\,dt$$

$$=\sin t=\tan t\cos t=\frac{p}{\sqrt{1+p^2}}$$

したがって $\quad \dfrac{p}{\sqrt{1+p^2}}=\pm\dfrac{1}{a}(x+\mathrm{A}) \qquad \therefore\quad p^2=\dfrac{(x+\mathrm{A})^2}{a^2-(x+\mathrm{A})^2}$

$$\frac{dy}{dx}=f'(x)=p=\pm\frac{x+\mathrm{A}}{\sqrt{a^2-(x+\mathrm{A})^2}}$$

$$y=\pm\int\frac{x+\mathrm{A}}{\sqrt{a^2-(x+\mathrm{A})^2}}dx=\mp\sqrt{a^2-(x+\mathrm{A})^2}-\mathrm{B}$$

$$\therefore\quad (y+\mathrm{B})^2=a^2-(x+\mathrm{A})^2$$

よって，求める曲線は　円 $(x+\mathrm{A})^2+(y+\mathrm{B})^2=a^2$ ……(答)

# *Chapter* 3

# 微分演算子

## 問題 40 微分演算子とは

$(D-\lambda)^n f=e^{\lambda x}D^n(e^{-\lambda x}f)$ （$\lambda$ は定数）を用いて

(1) $(D-\lambda)^n f=0$ をみたす関数 $f(x)$ は，

$f(x)=e^{\lambda x}(c_0x^{n-1}+c_1x^{n-2}+\cdots+c_{n-2}x+c_{n-1})$ に限ることを示せ．

(2) $f(x)=c_1\cos x+c_2\sin x$ （$c_1$，$c_2$ は定数）のとき，定数 $a$，$b$ に対し $(D^2+b^2)f(bx)=0$，$\{(D-a)^2+b^2\}\{e^{ax}f(bx)\}=0$ を示せ．

**解説** 微分演算 $\dfrac{d^k}{dx^k}$ （$k=1, 2, \cdots$）を $D^k$ で表し，**微分演算子**と呼ぶ．

$n$ 回微分可能な関数 $f(x)$ に対しては $\dfrac{d^n}{dx^n}f(x)=D^nf(x)$ と定義する．また，$D^0=1$ は**恒等演算子**と呼び，$D^0f(x)=f(x)$ と約束する．

微分演算子に関しては次の法則が成り立つ．

$$\begin{cases} a \text{ が定数のとき} \quad D^m(af)=aD^mf & (m=0, 1, 2, \cdots) \\ D^m(f_1+f_2)=D^mf_1+D^mf_2 & (m=0, 1, 2, \cdots) \\ D^mD^nf=D^{m+n}f=D^nD^mf & (m, n=0, 1, 2, \cdots) \end{cases}$$

ここで，多項式 $P(\lambda)=a_0\lambda^n+a_1\lambda^{n-1}+\cdots+a_{n-1}\lambda+a_n$

に対して，演算子多項式 $P(D)=a_0D^n+a_1D^{n-1}+\cdots+a_{n-1}D+a_nD^0$ を

$$P(D)f(x)=(a_0D^n+a_1D^{n-1}+\cdots+a_{n-1}D+a_nD^0)f(x)$$
$$=a_0\frac{d^nf}{dx^n}+a_1\frac{d^{n-1}f}{dx^{n-1}}+\cdots+a_{n-1}\frac{df}{dx}+a_nf(x)$$

として定義する．とくに，$f(x)=e^{\lambda x}$ のときは

$$P(D)e^{\lambda x}=(a_0D^n+a_1D^{n-1}+\cdots+a_{n-1}D+a_nD^0)e^{\lambda x}$$
$$=(a_0\lambda^n+a_1\lambda^{n-1}+\cdots+a_{n-1}\lambda+a_n)e^{\lambda x}$$

となり，重要公式 $P(D)e^{\lambda x}=P(\lambda)e^{\lambda x}$ （$\lambda$ は定数） ……①

が成り立つ．また，演算子多項式 $P(D)$，$Q(D)$ に対して次の法則が成り立つ．

$$\begin{cases} P(D)(cf)=cP(D)f, \quad P(D)(f_1+f_2)=P(D)f_1+P(D)f_2 \\ \{P(D)\pm Q(D)\}f=P(D)f\pm Q(D)f, \quad P(D)\{Q(D)f\}=\{P(D)Q(D)\}f \\ P(D)+Q(D)=Q(D)+P(D), \quad P(D)Q(D)=Q(D)P(D) \end{cases}$$

さらに $D\{e^{-\lambda x}f(x)\}=\{e^{-\lambda x}f(x)\}'=e^{-\lambda x}f'(x)-\lambda e^{-\lambda x}f(x)=e^{-\lambda x}(D-\lambda)f(x)$

が成り立つので，両辺に $e^{\lambda x}$ を掛けて $(D-\lambda)f=e^{\lambda x}D(e^{-\lambda x}f)$ ……②

これをくり返すと，$(D-\lambda)^nf=e^{\lambda x}D^n(e^{-\lambda x}f)$ が成り立つ．

## 解答

$$(D-\lambda)^n f = e^{\lambda x} D^n (e^{-\lambda x} f) \quad \cdots\cdots ①$$

(1)　$(D-\lambda)^n f = 0$ のとき，①は

$$e^{\lambda x} D^n (e^{-\lambda x} f) = 0$$

$e^{\lambda x} \neq 0$ だから ㋐$D^n (e^{-\lambda x} f) = 0$

$$\therefore\quad e^{-\lambda x} f = c_0 x^{n-1} + c_1 x^{n-2} + \cdots + c_{n-2} x + c_{n-1}$$

よって，$f(x)$ は

$$f(x) = e^{\lambda x}(c_0 x^{n-1} + c_1 x^{n-2} + \cdots + c_{n-2} x + c_{n-1})$$

(2)　$f(x) = c_1 \cos x + c_2 \sin x$（$c_1$，$c_2$ は定数）のとき

$$f(bx) = c_1 \cos bx + c_2 \sin bx$$

したがって

$$f'(bx) = -bc_1 \sin bx + bc_2 \cos bx$$

$$f''(bx) = -b^2 c_1 \cos bx - b^2 c_2 \sin bx$$
$$= -b^2 (c_1 \cos bx + c_2 \sin bx)$$
$$= -b^2 f(bx)$$

$$\therefore\quad D^2 f(bx) = -b^2 f(bx) \quad \cdots\cdots ②$$

よって　$(D^2 + b^2) f(bx) = 0$

また，㋑①によって

$$(D-a)^2 \{e^{ax} f(bx)\}$$
$$= e^{ax} D^2 \{e^{-ax} e^{ax} f(bx)\}$$
$$= e^{ax} D^2 f(bx) \quad ㋒$$
$$= e^{ax} \{-b^2 f(bx)\} = -b^2 e^{ax} f(bx)$$

よって　$\{(D-a)^2 + b^2\} e^{ax} f(bx) = 0$

〈参考〉 ㋓等式①は数学的帰納法で証明することができる．ここで示してみよう．

（Ⅰ）　$n=1$ のとき　自明．

（Ⅱ）　$n$ のとき成り立つと仮定すると，

$$(D-\lambda)^{n+1} f = (D-\lambda)\{(D-\lambda)^n f\}$$
$$= (D-\lambda)\{e^{\lambda x} D^n (e^{-\lambda x} f)\}$$
$$= e^{\lambda x} D \{e^{-\lambda x} e^{\lambda x} D^n (e^{-\lambda x} f)\}$$
$$= e^{\lambda x} D^{n+1} (e^{-\lambda x} f)$$

よって，$n+1$ のときも成り立つ．

㋐　$e^{-\lambda x} f$ を $n$ 回微分して 0 になること．
したがって，$e^{-\lambda x} f$ はたかだか $n-1$ 次の多項式．

㋑　①で $n=2$，$\lambda = a$，$f = e^{ax} f(bx)$ として用いる．

㋒　②を代入．

㋓　$(D-\lambda) f = e^{\lambda x} D(e^{-\lambda x} f)$
をくり返し用いると，等式①が推定できる．

**POINT**　微分演算子は，微分法について式の単純化・合理化を図ろうというものである．公式も多く慣れるまでは時間がかかるが，しっかり学ぼう．

## 問題 41 微分演算子による同次線形微分方程式

次の微分方程式を解け.

(1) $(D^3-D^2-4D+4)y=0$ (2) $(D^4-2D^2+1)y=0$

(3) $(D^4+4D^2+4)y=0$ (4) $(D^6+8D^3)y=0$

(5) $(D^3-6D^2+12D-8)y=0$

**解説** 定数係数の**同次線形微分方程式**

$$y^{(n)}+a_1y^{(n-1)}+\cdots+a_{n-1}y'+a_ny=0 \qquad \cdots\cdots①$$

は多項式 $P(\lambda)$ を, $P(\lambda)=\lambda^n+a_1\lambda^{n-1}+\cdots+a_{n-1}\lambda+a_n$ ……②

とおくと, **微分演算子の方程式**

$$P(D)y=(D^n+a_1D^{n-1}+\cdots+a_{n-1}D+a_nD^0)y=0 \qquad \cdots\cdots③$$

として表される. 方程式 $P(\lambda)=0$ は $n$ 階微分方程式①の**特性方程式**に他ならない. したがって, 微分演算子の方程式③を解くときは, 対応する特性方程式 $P(\lambda)=0$ を解き, 問題 34 の解説で示した方法により一般解を求めればよい.

(1) 特性方程式 $P(\lambda)=0$ の解 $\lambda_i$ $(i=1,2,\cdots,n)$ がすべて異なる実数であるとき ; ③の一般解は $y=c_1e^{\lambda_1x}+c_2e^{\lambda_2x}+\cdots+c_ne^{\lambda_nx}$

(2) 特性方程式 $P(\lambda)=0$ の解 $\lambda_1$ が実数の $m$ 重解であるとき ;
多項式 $P(\lambda)$ は因数 $(\lambda-\lambda_1)^m$ をもち, 微分演算子の方程式 $(D-\lambda_1)^my=0$ の解は

$y=e^{\lambda_1x}(c_1+c_2x+\cdots+c_mx^{m-1})$ ($\lambda_1$ に対応する解)

(例) 微分方程式 $(D^3-2D^2+D)y=0$ を解いてみよう.
(解) 特性方程式は $\lambda^3-2\lambda^2+\lambda=0$ $\lambda(\lambda-1)^2=0$ $\therefore$ $\lambda=1$ (2 重解), 0
よって, 一般解は $y=e^x(c_1+c_2x)+c_3$

(3) 特性方程式 $P(\lambda)=0$ が共役複素数 $p+qi$, $p-qi$ を単解にもつとき ;
これらに対応する解は $e^{px}(c_1\cos qx+c_2\sin qx)$

(4) 特性方程式 $P(\lambda)=0$ が共役複素数 $p+qi$, $p-qi$ を $m$ 重解にもつとき ;
これらに対応する解は

$$e^{px}\{(c_1+c_2x+\cdots+c_mx^{m-1})\cos qx+(c_{m+1}+c_{m+2}x+\cdots+c_{2m}x^{m-1})\sin qx\}$$

(例) 微分方程式 $(D-1)^3(D^2+1)^2y=0$ を解いてみよう.
(解) 特性方程式を解くと, $\lambda=1$ (3 重解), $\pm i$ (2 重解) だから
一般解は $y=(c_1+c_2x+c_3x^2)e^x+(c_4+c_5x)\cos x+(c_6+c_7x)\sin x$

## 解答

(1)　特性方程式は，$\lambda^3-\lambda^2-4\lambda+4=0$

$$\lambda^2(\lambda-1)-4(\lambda-1)=0$$

$$_{㋐}(\lambda+2)(\lambda-2)(\lambda-1)=0$$

$$\therefore\quad \lambda=-2, 1, 2$$

よって，一般解は

$$y=c_1e^{-2x}+c_2e^x+c_3e^{2x} \qquad \cdots\cdots(答)$$

(2)　特性方程式は　$\lambda^4-2\lambda^2+1=0$

$$(\lambda^2-1)^2=0 \qquad (\lambda+1)^2(\lambda-1)^2=0$$

$\therefore\quad \lambda=-1$ (2 重解)，1 (2 重解)

よって，一般解は

$$y=(c_1+c_2x)e^{-x}+(c_3+c_4x)e^x \qquad \cdots\cdots(答)$$

(3)　特性方程式は　$\lambda^4+4\lambda^2+4=0$

$(\lambda^2+2)^2=0 \qquad \lambda^2+2=0$ (2 重解)

$\therefore\quad \lambda=\pm\sqrt{2}i$ (ともに 2 重解)

よって，㋑一般解は

$$y=(c_1+c_2x)\cos\sqrt{2}x+(c_3+c_4x)\sin\sqrt{2}x \qquad \cdots\cdots(答)$$

(4)　特性方程式は　$\lambda^6+8\lambda^3=0$

$$\lambda^3(\lambda^3+8)=0 \qquad \lambda^3(\lambda+2)(\lambda^2-2\lambda+4)=0$$

$\therefore\quad \lambda=0$ (3 重解)，$-2$，$1\pm\sqrt{3}i$

よって，一般解は

$$y=c_1+c_2x+c_3x^2+c_4e^{-2x}+e^x(c_5\cos\sqrt{3}x+c_6\sin\sqrt{3}x) \qquad \cdots\cdots(答)$$

(5)　特性方程式は　㋒$\lambda^3-6\lambda^2+12\lambda-8=0$

$$(\lambda-2)^3=0$$

$\therefore\quad \lambda=2$ (3 重解)

よって，一般解は

$$y=(c_1+c_2x+c_3x^2)e^{2x} \qquad \cdots\cdots(答)$$

㋐

| | | | | |
|---|---|---|---|---|
| 1 | 1 | −1 | −4 | 4 |
| | | 1 | 0 | −4 |
| 2 | 1 | 0 | −4 | 0 |
| | | 2 | 4 | |
| | 1 | 2 | 0 | |

として因数分解してもよい．

㋑　$c_1\cos\sqrt{2}x+c_2\sin\sqrt{2}x$ で $c_1$ と $c_2$ を 1 次式にする．

㋒　$\lambda^3-3\lambda^2\cdot 2+3\lambda\cdot 2^2-2^3=0$

気づかないときは，1 つの解 2 を見つけて，組立除法を用いる．

**POINT**　定数係数の $n$ 階同次線形微分方程式の微分演算子による解法は，問題 34 とまったく同じである．$n$ 次方程式を解くだけである．

## 問題 42　$P(D)y=e^{\alpha x}$

次の微分方程式を解け．

(1)　$(D^3-2D^2-D+2)y=e^{-2x}$　　(2)　$(D^2-3D-4)y=5e^{-x}$

(3)　$(D^4-8D^2+16)y=e^{2x}$

**解説**　定数係数の非同次微分方程式

$$P(D)y=(D^n+a_1D^{n-1}+\cdots+a_{n-1}D+a_nD^0)y=f(x) \qquad \cdots\cdots①$$

の特殊解 $y_0(x)$ を微分演算子を用いて求めてみよう．

$P(D)y=f(x)$ の特殊解を $y=P(D)^{-1}f(x)$ あるいは $y=\dfrac{1}{P(D)}f(x)$ で表す．

$P(D)^{-1}$，$\dfrac{1}{P(D)}$ を $P(D)$ の**逆演算子**という．

$P(D)=D$ のときは $Dy=f(x)$ は $y=D^{-1}f(x)$ となるが，$y'=f(x)$ から

$y=\int f(x)dx$ となるので，$D^{-1}$ は不定積分 $\int$ を表す．

次に，$P(D)=D-\lambda$ のとき，$(D-\lambda)y(x)=f(x)$ の特殊解を求めてみよう．問題 40 の解説の②を用いて　$e^{\lambda x}D(e^{-\lambda x}y(x))=(D-\lambda)y(x)=f(x)$

$$D(e^{-\lambda x}y(x))=e^{-\lambda x}f(x) \qquad \therefore\quad e^{-\lambda x}y(x)=D^{-1}(e^{-\lambda x}f(x))$$

したがって，特殊解は　$y_0(x)=(D-\lambda)^{-1}f(x)=e^{\lambda x}\int e^{-\lambda x}f(x)dx$

とくに，$f(x)=e^{\alpha x}$　($\alpha$ は定数) のときは次の公式が成り立つ．

$$(D-\lambda_0)^{-m}e^{\alpha x}=\begin{cases}\dfrac{1}{(\alpha-\lambda_0)^m}e^{\alpha x} & (\alpha\neq\lambda_0)\\[2ex] \dfrac{x^m}{m!}e^{\alpha x} & (\alpha=\lambda_0)\end{cases} \qquad \cdots\cdots②$$

さらに，$P(D)y=e^{\alpha x}$ ($\alpha$ は定数) については　$P(D)e^{\alpha x}=P(\alpha)e^{\alpha x}$

(1)　$\alpha$ が特性方程式 $P(\lambda)=0$ の解ではないとき；$P(\alpha)\neq 0$ より

$P(D)\left(\dfrac{e^{\alpha x}}{P(\alpha)}\right)=e^{\alpha x}$ となるので，特殊解は　$y_0(x)=\dfrac{e^{\alpha x}}{P(\alpha)}$　　$\cdots\cdots③$

(2)　$\alpha$ が特性方程式 $P(\lambda)=0$ の $m$ 重根であるとき；

$P(\lambda)=(\lambda-\alpha)^mP_1(\lambda)$，$P_1(\alpha)\neq 0$ から　$P(D)y=P_1(D)(D-\alpha)^my=e^{\alpha x}$

したがって，③により　$(D-\alpha)^my=P_1(D)^{-1}e^{\alpha x}=\dfrac{e^{\alpha x}}{P_1(\alpha)}$

よって，②により　$y_0(x)=(D-\alpha)^{-m}\dfrac{e^{\alpha x}}{P_1(\alpha)}=\dfrac{x^m}{m!}\dfrac{e^{\alpha x}}{P_1(\alpha)}$

## 解 答

(1)　特性方程式は，$P(\lambda)=\lambda^3-2\lambda^2-\lambda+2=0$ ㋐

$(\lambda-1)(\lambda+1)(\lambda-2)=0$

$\lambda=-1, 1, 2$

$\therefore\ y_c(x)=c_1e^{-x}+c_2e^x+c_3e^{2x}$

与方程式は，$P(D)y=e^{-2x}$

$P(-2)=(-1)\cdot(-3)\cdot(-4)=-12\neq 0$ だから，特殊解は，$y_0(x)=\dfrac{e^{-2x}}{P(-2)}$ ㋑ $=-\dfrac{e^{-2x}}{12}$

よって，一般解は

$$y=c_1e^{-x}+c_2e^x+c_3e^{2x}-\frac{e^{-2x}}{12}$$ ……(答)

(2)　特性方程式は，$P(\lambda)=\lambda^2-3\lambda-4=0$

$(\lambda+1)(\lambda-4)=0$　　$\lambda=-1, 4$

$\therefore\ y_c(x)=c_1e^{-x}+c_2e^{4x}$

与方程式は，$P(D)y=5e^{-x}$

㋒ $P(-1)=0$ だから，$(D-4)((D+1)y)=5e^{-x}$

$$(D+1)y=\frac{5e^{-x}}{-1-4}=-e^{-x}$$

$$\therefore\ y_0(x)=\frac{x}{1!}(-e^{-x})=-xe^{-x}$$ ㋓

よって，$y=(c_1-x)e^{-x}+c_2e^{4x}$ ……(答)

(3)　特性方程式は，$P(\lambda)=\lambda^4-8\lambda^2+16=0$

$(\lambda+2)^2(\lambda-2)^2=0$　　$\lambda=-2, 2$（2重解）㋔

$\therefore\ y_c(x)=(c_1+c_2x)e^{-2x}+(c_3+c_4x)e^{2x}$

与方程式は，$P(D)y=e^{2x}$

$P(2)=0$ だから　　$(D+2)^2((D-2)^2y)=e^{2x}$

$$(D-2)^2y=\frac{e^{2x}}{(2+2)^2}=\frac{e^{2x}}{16}$$

$$\therefore\ y_0(x)=\frac{x^2}{2!}\frac{e^{2x}}{16}=\frac{x^2}{32}e^{2x}$$ ㋕

よって，一般解は

$$y=(c_1+c_2x)e^{-2x}+\left(c_3+c_4x+\frac{x^2}{32}\right)e^{2x}$$ ……(答)

㋐　$\lambda=1$ は1つの解.

| 1 | 1 | −2 | −1 | 2 |
|---|---|---|---|---|
|  |  | 1 | −1 | −2 |
|  | 1 | −1 | −2 | 0 |

㋑　$P(\alpha)\neq 0$ のとき，$P(D)y=e^{\alpha x}$ の特殊解は

$$y_0(x)=\frac{e^{\alpha x}}{P(\alpha)}$$

㋒　$P(\alpha)=0$ で $\alpha$ が単解のとき $P(\lambda)=(\lambda-\alpha)P_1(\lambda)$ として，$P(D)y=e^{\alpha x}$ は

$P_1(D)((D-\alpha)y)=e^{\alpha x}$

これより

$$(D-\alpha)y=\frac{e^{\alpha x}}{P_1(\alpha)}$$

㋓　$\lambda=-1$ は単解だから

$$y_0(x)=\frac{x}{1!}\frac{e^{\alpha x}}{P_1(\alpha)}$$

㋔　ともに2重解.

㋕　$\lambda=2$ は2重解だから

$$y_0(x)=\frac{x^2}{2!}\frac{e^{\alpha x}}{P_1(\alpha)}$$

**POINT**　微分演算子は，特殊解の解法が未定係数法と比べて簡単明解，というところに一番の価値がある. 方程式のタイプにより，1つずつ覚えていこう.

## 問題 43　$P(D)y=Q_k(x)$ (1)

次の微分方程式を解け.

(1)　$(D^2-4D+3)y=x^2+x$

(2)　$(D^3+D^2-D-1)y=x^3$

**解説**　$P(D)y=Q_k(x)$　($Q_k(x)$ は $k$ 次の多項式)　……①

の特殊解を求めてみよう.

(1)　特性方程式 $P(\lambda)=0$ が $\lambda=0$ を解にもたないとき；

1 を $P(\lambda)$ で昇べきの順に割り算をして

$$\frac{1}{P(\lambda)}=b_0+b_1\lambda+b_2\lambda^2+\cdots+b_k\lambda^k+\frac{\lambda \text{ の } k+1 \text{ 以上の整式}}{P(\lambda)}$$

$$=b_0+b_1\lambda+b_2\lambda^2+\cdots+b_k\lambda^k+\lambda^{k+1}\frac{R(\lambda)}{P(\lambda)}\quad (R(\lambda)\text{は多項式})$$

の形に変形できたとすると

$$1=(b_0+b_1\lambda+b_2\lambda^2+\cdots+b_k\lambda^k)P(\lambda)+\lambda^{k+1}R(\lambda)$$

これより $k$ 次の多項式 $Q_k(x)$ に対して

$$P(D)y=Q_k(x)=1\cdot Q_k(x)$$
$$=(b_0+b_1D+b_2D^2+\cdots+b_kD^k)P(D)Q_k(x)+R(D)D^{k+1}Q_k(x)$$
$$=P(D)(b_0+b_1D+b_2D^2+\cdots+b_kD^k)Q_k(x)$$
$$(\because\quad D^{k+1}Q_k(x)=0)$$

$$\therefore\quad y_0(x)=P(D)^{-1}Q_k(x)=(b_0+b_1D+\cdots+b_kD^k)Q_k(x)$$

よって，特殊解は $k$ 次の多項式である.

(例)　微分方程式 $(D^2-3D+1)y=x^2-x+1$ の特殊解 $y_0(x)$ を求めてみよう.

(解)　特性方程式は　$P(\lambda)=\lambda^2-3\lambda+1$

$$\frac{1}{P(\lambda)}=\frac{1}{1-3\lambda+\lambda^2}$$
$$=1+3\lambda+8\lambda^2+\frac{\lambda^3R(\lambda)}{1-3\lambda+\lambda^2}$$

$$\begin{array}{r|l} & 1+3\lambda+8\lambda^2 \\ \hline 1-3\lambda+\lambda^2 & 1 \\ & 1-3\lambda+\lambda^2 \\ \hline & 3\lambda-\lambda^2 \\ & 3\lambda-9\lambda^2+3\lambda^3 \\ \hline & 8\lambda^2-3\lambda^3 \\ & 8\lambda^2-24\lambda^3+8\lambda^4 \\ \hline & 21\lambda^3-8\lambda^4 \end{array}$$

$$\therefore\quad y_0(x)=P(D)^{-1}(x^2-x+1)$$
$$=(1+3D+8D^2)(x^2-x+1)$$
$$=x^2-x+1+3(2x-1)+8\cdot 2$$
$$=x^2+5x+14$$

## 解答

(1)　特性方程式は，$P(\lambda)=\lambda^2-4\lambda+3=0$

$(\lambda-1)(\lambda-3)=0 \qquad \lambda=1,3$

$\therefore \quad y_c(x)=c_1e^x+c_2e^{3x}$

$$\underset{㋐}{\frac{1}{P(\lambda)}}=\frac{1}{3-4\lambda+\lambda^2}$$

$$=\frac{1}{3}+\frac{4}{9}\lambda+\frac{13}{27}\lambda^2+\frac{\lambda^3R(\lambda)}{3-4\lambda+\lambda^2}$$

$P(D)y=x^2+x$ だから

$$y_0(x)=P(D)^{-1}(x^2+x)$$

$$\underset{㋑}{=\left(\frac{1}{3}+\frac{4}{9}D+\frac{13}{27}D^2\right)(x^2+x)}$$

$$=\frac{x^2}{3}+\frac{11}{9}x+\frac{38}{27}$$

よって，一般解は

$$y=c_1e^x+c_2e^{3x}+\frac{x^2}{3}+\frac{11}{9}x+\frac{38}{27}$$ ……(答)

(2)　特性方程式は，$P(\lambda)=\lambda^3+\lambda^2-\lambda-1=0$

$(\lambda+1)^2(\lambda-1)=0 \Rightarrow \lambda=-1$ (2 重解)，1

$\therefore \quad y_c(x)=(c_1+c_2x)e^{-x}+c_3e^x$

$$\underset{㋒}{\frac{1}{P(\lambda)}}=\frac{1}{-1-\lambda+\lambda^2+\lambda^3}$$

$$=-1+\lambda-2\lambda^2+2\lambda^3+\frac{\lambda^4R(\lambda)}{-1-\lambda+\lambda^2+\lambda^3}$$

$P(D)y=x^3$ だから

$$y_0(x)=P(D)^{-1}x^3$$

$$=(-1+D-2D^2+2D^3)x^3$$

$$=-x^3+3x^2-12x+12$$

よって，一般解は

$$y=(c_1+c_2x)e^{-x}+c_3e^x-x^3+3x^2-12x+12$$ ……(答)

㋐　$P(\lambda)=0$ は 0 を解にもたないので，1 を $P(\lambda)$ で割る．$Q_2(x)=x^2+x$ は $x$ の 2 次式だから，商も $\lambda$ の 2 次式まで計算する．

㋑　$\frac{1}{3}(x^2+x)+\frac{4}{9}(2x+1)+\frac{13}{27}\cdot 2$

㋒　(1) と同様に $P(\lambda)=0$ は 0 を解にもたないので，1 を $P(\lambda)$ で割る．
$Q_3(x)=x^3$ は $x$ の 3 次式だから，商も $\lambda$ の 3 次式まで計算する．

**POINT**　本問のタイプは，$1\div P(\lambda)$ の計算をたて書きの割り算で実行することになる．最終的には微分計算によって特殊解を求めることになる．

## 問題 44　$P(D)y=Q_k(x)$ (2)

次の微分方程式を解け．

(1)　$(D^4-4D^3+3D^2)y=x^2+x$

(2)　$(D^5+D^2)y=x^3$

**解説**　前問に引き続き，$P(D)y=Q_k(x)$（$Q_k(x)$ は $k$ 次の多項式）　……①

の解法について学ぶ．

(2)　$\lambda=0$ が特性方程式 $P(\lambda)=0$ の $m$ 重解であるとき；

$$P(\lambda)=\lambda^m P_1(\lambda),\quad P_1(0)\neq 0$$

と表せるので，①は

$$P(D)y=D^m P_1(D)y=P_1(D)(D^m y)=Q_k(x)$$

$\dfrac{1}{P_1(\lambda)}$ を $\lambda$ の昇べきの順に直して，前問の解法にしたがって

$$D^m y=P_1(D)^{-1}Q_k(x)\quad (k\text{ 次の多項式})$$

これが $D^m y=q_0+q_1x+q_2x^2+\cdots+q_kx^k$ になったとすると，特殊解は

$$\boldsymbol{y_0(x)=D^{-m}(q_0+q_1x+q_2x^2+\cdots+q_kx^k)}$$

よって，積分を $m$ 回くり返すことによって，$y_0(x)$ を求めることができる．

(例)　微分方程式 $(D^4-3D^3+D^2)y=x^2-x+1$ の一般解を求めてみよう．

(解)　特性方程式は　$P(\lambda)=\lambda^4-3\lambda^3+\lambda^2=\lambda^2(\lambda^2-3\lambda+1)=0$

$$\therefore\quad \lambda=0\ (2\text{ 重解}),\ \frac{3\pm\sqrt{5}}{2}$$

したがって，余関数 $y_c(x)$ は　$y_c(x)=c_1+c_2x+c_3e^{\frac{3+\sqrt{5}}{2}x}+c_4e^{\frac{3-\sqrt{5}}{2}x}$

また　$(D^2-3D+1)(D^2y)=x^2-x+1$

問題 43 解説の（例）により

$$D^2y=(D^2-3D+1)^{-1}(x^2-x+1)=x^2+5x+14$$

$$\therefore\quad \text{特殊解}\quad y_0(x)=D^{-2}(x^2+5x+14)=D^{-1}\int(x^2+5x+14)\,dx$$

$$=\int\left(\frac{x^3}{3}+\frac{5}{2}x^2+14x\right)dx=\frac{x^4}{12}+\frac{5}{6}x^3+7x^2$$

よって，求める一般解 $y=y_c(x)+y_0(x)$ は

$$y=c_1+c_2x+c_3e^{\frac{3+\sqrt{5}}{2}x}+c_4e^{\frac{3-\sqrt{5}}{2}x}+\frac{x^4}{12}+\frac{5}{6}x^3+7x^2$$

## 解 答

(1)　特性方程式は，$P(\lambda)=\lambda^4-4\lambda^3+3\lambda^2=0$ ㋐

$\lambda=0$ (2 重解), 1, 3

$\therefore\quad y_c(x)=c_1+c_2x+c_3e^x+c_4e^{3x}$

また，$P(D)=D^2(D^2-4D+3)$ だから，

㋑ $(D^2-4D+3)(D^2y)=x^2+x$

これより，$D^2y=(D^2-4D+3)^{-1}(x^2+x)$

$$=\frac{x^2}{3}+\frac{11}{9}x+\frac{38}{27}$$

$$\therefore\quad y_0(x)=D^{-2}\left(\frac{x^2}{3}+\frac{11}{9}x+\frac{38}{27}\right)$$ ㋒

$$=\frac{x^4}{36}+\frac{11}{54}x^3+\frac{19}{27}x^2$$

よって，一般解は

$$y=c_1+c_2x+c_3e^x+c_4e^{3x}+\frac{x^4}{36}+\frac{11}{54}x^3+\frac{19}{27}x^2$$

……(答)

(2)　特性方程式は，$P(\lambda)=\lambda^5+\lambda^2=0$ ㋓

$\lambda=0$ (2 重解), $-1$, $\dfrac{1\pm\sqrt{3}i}{2}$

$$\therefore\quad y_c(x)=c_1+c_2x+c_3e^{-x}+e^{\frac{x}{2}}\left(c_4\cos\frac{\sqrt{3}}{2}x+c_5\sin\frac{\sqrt{3}}{2}x\right)$$

$(D^3+1)(D^2y)=x^3$ から

$D^2y=(D^3+1)^{-1}x^3$ ㋔ $=(1-D^3)x^3$

$=x^3-6$

$$\therefore\quad y_0(x)=D^{-2}(x^3-6)=\frac{x^5}{20}-3x^2$$

よって，一般解は

$$y=c_1+c_2x+c_3e^{-x}+e^{\frac{x}{2}}\left(c_4\cos\frac{\sqrt{3}}{2}x+c_5\sin\frac{\sqrt{3}}{2}x\right)+\frac{x^5}{20}-3x^2$$

……(答)

㋐　$\lambda^2(\lambda-1)(\lambda-3)=0$

㋑　問題 43 (1)と同型．
本問の $D^2y$ が問題 43 (1)の解 $y$ と一致する．よって

$$D^2y=c_1e^x+c_2e^{3x}+\frac{x^2}{3}+\frac{11}{9}x+\frac{38}{27}$$

として，これより一般解を求めてもよい．

㋒　2 回積分する．

㋓　$\lambda^2(\lambda^3+1)=0$
$\lambda^2(\lambda+1)(\lambda^2-\lambda+1)=0$

㋔　$\dfrac{1}{1+\lambda^3}=1-\lambda^3+\lambda^6-\cdots$

$\dfrac{1}{1+\lambda}=1-\lambda+\lambda^2-\cdots$

は公式として覚えておくこと．

**POINT**　本問は，特性方程式が $\lambda=0$ を重解にもつ場合であるが，特殊解を 2 段階に分けて求めることになる．微分と積分の両方の計算が必要である．

## 問題 45　$P(D)y=e^{\alpha x}Q_k(x)$

次の微分方程式を解け.

(1)　$(D^2-8D+15)y=e^{2x}(x^2+x)$

(2)　$(D^3-2D^2-D+2)y=e^x x^3$

**解説**　問題 40 の解説の最終行で述べた式，すなわち $(D-\lambda)^n f=e^{\lambda x}D^n(e^{-\lambda x}f)$ は演算子多項式 $P(D)=a_0D^n+a_1D^{n-1}+\cdots+a_{n-1}D+a_nD^0$ に対しても成り立つ. すなわち

$$
\begin{aligned}
P(D-\lambda)f &= \{a_0(D-\lambda)^n+a_1(D-\lambda)^{n-1}+\cdots+a_{n-1}(D-\lambda)+a_n(D-\lambda)^0\}f \\
&= a_0(D-\lambda)^n f+a_1(D-\lambda)^{n-1}f+\cdots+a_{n-1}(D-\lambda)f+a_n(D-\lambda)^0 f \\
&= a_0e^{\lambda x}D^n(e^{-\lambda x}f)+a_1e^{\lambda x}D^{n-1}(e^{-\lambda x}f)+ \\
&\qquad \cdots+a_{n-1}e^{\lambda x}D(e^{-\lambda x}f)+a_ne^{\lambda x}D^0(e^{-\lambda x}f) \\
&= e^{\lambda x}(a_0D^n+a_1D^{n-1}+\cdots+a_{n-1}D+a_nD^0)(e^{-\lambda x}f) \\
&= e^{\lambda x}P(D)(e^{-\lambda x}f)
\end{aligned}
$$

この式で $D$ の代わりに $D+\lambda$ とおき換えると

$$P(D)f=e^{\lambda x}P(D+\lambda)(e^{-\lambda x}f) \qquad \cdots\cdots①$$

したがって，$P(D)y=e^{\alpha x}Q_k(x)$（$Q_k(x)$ は $k$ 次の多項式）のときは

$$P(D)y=e^{\alpha x}P(D+\alpha)(e^{-\alpha x}y) \quad (①で\ f=y,\ \lambda=\alpha\ のとき)$$

これより　$e^{\alpha x}Q_k(x)=e^{\alpha x}P(D+\alpha)(e^{-\alpha x}y)$

$$\therefore \quad P(D+\alpha)(e^{-\alpha x}y)=Q_k(x) \quad (k\ 次の多項式) \qquad \cdots\cdots②$$

これは問題 43 または 44 に帰着するので，これより $e^{-\alpha x}y$ すなわち一般解 $y(x)$ を求めることができる.

(例)　$(D^2-5D+5)y=e^x(x^2-x+1)$ の特殊解 $y_0(x)$ を求めてみよう.

(解)　上の公式②により

$$\{(D+1)^2-5(D+1)+5\}(e^{-x}y)=x^2-x+1$$

$$\therefore \quad (D^2-3D+1)(e^{-x}y)=x^2-x+1$$

問題 43 の（例）により，$e^{-x}y$ の特殊解は，

$$e^{-x}y=x^2+5x+14$$

よって，求める特殊解 $y_0(x)$ は，

$$y_0(x)=e^x(x^2+5x+14)$$

## 解答

$P(D)y=e^{\alpha x}Q_k(x)$ （$Q_k(x)$ は多項式）のとき，

$$P(D+\alpha)(e^{-\alpha x}y)=Q_k(x) \quad \cdots\cdots ①$$

が成り立つことを用いる．

(1)　①により，与えられた方程式は，

$$\{(D+2)^2-8(D+2)+15\}(e^{-2x}y)=x^2+x$$

$$\therefore\ \underset{㋐}{(D^2-4D+3)(e^{-2x}y)=x^2+x}$$

これより

$$e^{-2x}y=(D^2-4D+3)^{-1}(x^2+x)$$

$$=c_1e^x+c_2e^{3x}+\frac{x^2}{3}+\frac{11}{9}x+\frac{38}{27}$$

よって，一般解は

$$y=c_1e^{3x}+c_2e^{5x}+\left(\frac{x^2}{3}+\frac{11}{9}x+\frac{38}{27}\right)e^{2x} \quad \cdots\cdots(答)$$

(2)　①により，与えられた方程式は，

$$\{(D+1)^3-2(D+1)^2-(D+1)+2\}(e^{-x}y)=x^3$$

$$\therefore\ (D^2+D-2)D(e^{-x}y)=x^3 \quad \cdots\cdots ②$$

これより

$$D(e^{-x}y)=\underset{㋑}{(D^2+D-2)^{-1}}x^3$$

$$=\left(-\frac{1}{2}-\frac{D}{4}-\frac{3}{8}D^2-\frac{5}{16}D^3\right)x^3$$

$$=-\frac{x^3}{2}-\frac{3}{4}x^2-\frac{9}{4}x-\frac{15}{8}$$

$$\therefore\ \underset{㋒}{e^{-x}y_0(x)}=D^{-1}\left(-\frac{x^3}{2}-\frac{3}{4}x^2-\frac{9}{4}x-\frac{15}{8}\right)$$

$$=-\left(\frac{x^4}{8}+\frac{x^3}{4}+\frac{9}{8}x^2+\frac{15}{8}x\right)$$

また，$(\lambda^2+\lambda-2)\lambda=0$ から，$\lambda=0, 1, -2$

$$\therefore\ \underset{㋓}{e^{-x}y_c(x)}=c_1+c_2e^x+c_3e^{-2x}$$

よって，一般解は $y=y_c(x)+y_0(x)$ により

$$y=c_1e^x+c_2e^{2x}+c_3e^{-x}$$

$$-\left(\frac{x^4}{8}+\frac{x^3}{4}+\frac{9}{8}x^2+\frac{15}{8}x\right)e^x \quad \cdots\cdots(答)$$

㋐　問題 43 (1) と同型．ここでは，$e^{-2x}y$ の一般解として処理をする．

㋑　$\dfrac{1}{-2+\lambda+\lambda^2}$

$$=-\frac{1}{2}-\frac{\lambda}{4}-\frac{3}{8}\lambda^2-\frac{5}{16}\lambda^3+\frac{\lambda^4R(\lambda)}{-2+\lambda+\lambda^2}$$

㋒　②における $e^{-x}y$ の特殊解．

㋓　②における $e^{-x}y$ の余関数．

**POINT**　本問のタイプは，解説における重要公式②を用いて，問題 43，44 のタイプに帰着するのが定石である．この解法がマスターできたら，微分演算子の使い方も上達したと言ってよいだろう．

## 問題 46　$P(D)y=A\cos\beta x+B\sin\beta x$

次の微分方程式の特殊解を求めよ．

(1)　$(D^2+D+1)y=\sin 2x$

(2)　$(D^2+1)y=\cos x+3\sin 2x$

**解説**　$P(D)y=A\cos\beta x+B\sin\beta x$（$A$，$B$，$\beta$ は定数）の解法を考える．オイラーの公式 $e^{i\theta}=\cos\theta+i\sin\theta$ と，$P(D)y=e^{\alpha x}$ の特殊解が

$$\begin{cases} P(\alpha)\neq 0 \text{ のとき} \quad y_0(x)=\dfrac{e^{\alpha x}}{P(\alpha)} \\ P(\alpha)=0 \text{（}\alpha \text{ が } m \text{ 重解）のとき，} P(\lambda)=(\lambda-\alpha)^m P_1(\lambda) \text{ とすれば} \\ \qquad y_0(x)=(D-\alpha)^{-m}\dfrac{e^{\alpha x}}{P_1(\alpha)}=\dfrac{x^m}{m!}\dfrac{e^{\alpha x}}{P_1(\alpha)} \end{cases}$$

となることを用いて解くことになる．

(1)　$P(D)y=A\cos\beta x$ のとき；すなわち $P(D)y=Ae^{i\beta x}$ の実部のときは

$P(i\beta)\neq 0$ ならば　　$y_0(x)=\dfrac{Ae^{i\beta x}}{P(i\beta)}$ の実部

$P(i\beta)=0$ ならば，$i\beta$ の重複度 $m$ により

$$y_0(x)=\frac{x^m}{m!}\frac{Ae^{i\beta x}}{P_1(i\beta)} \text{ の実部}$$

として，特殊解を求めることができる．

(例)　$(D^2-4D+3)y=3\cos x$ の特殊解を求めてみよう．

(解)　$i^2-4i+3=2-4i\neq 0$ だから

$$y_0(x)=\frac{3e^{ix}}{2-4i}=\frac{3(1+2i)}{10}(\cos x+i\sin x) \text{ の実部}$$

すなわち　$y_0(x)=\dfrac{3(\cos x-2\sin x)}{10}=\dfrac{3}{10}\cos x-\dfrac{3}{5}\sin x$

(2)　$P(D)y=B\sin\beta x$ のとき；すなわち $P(D)y=Be^{i\beta x}$ の虚部のときは $P(i\beta)\neq 0$，$P(i\beta)=0$（重複度も）を判定して，(1) と同様の方法で特殊解を求めることができる．

(3)　$P(D)y=A\cos\beta x+B\sin\gamma x$ のとき；

$$P(D)y=(Ae^{i\beta x} \text{ の実部}) + (Be^{i\gamma x} \text{ の虚部})$$

だから，重ね合わせの原理を用いて特殊解を求めることができる．

## 解答

(1)　$P(D)=D^2+D+1$

与えられた方程式は　$P(D)y=\sin 2x$

したがって，特殊解は

$$P(D)y=\underset{㋐}{e^{2ix}}\text{ の虚部}$$

で与えられる．

$P(2i)=(2i)^2+2i+1=-3+2i\neq 0$ だから

$$\underset{㋑}{y_0(x)}=\frac{e^{2ix}}{P(2i)}=\frac{e^{2ix}}{-3+2i}$$

$$=\frac{-3-2i}{13}(\cos 2x+i\sin 2x)\text{ の虚部}$$

よって，求める特殊解は

$$y_0(x)=-\frac{2}{13}\cos 2x-\frac{3}{13}\sin 2x \qquad \cdots\cdots(\text{答})$$

(2)　$P(D)=D^2+1=(D+i)(D-i)$

与えられた方程式は　$P(D)y=\cos x+3\sin 2x$

すなわち，$P(D)y=e^{ix}+3e^{2ix}$ を考える．

$P(i)=0$，$P(2i)=-3\neq 0$ だから

$$y_0(x)=P(D)^{-1}(e^{ix}+3e^{2ix})$$

$$=\underset{㋒}{\frac{x}{1!}\cdot\frac{e^{ix}}{i+i}}+\frac{3e^{2ix}}{-3}$$

$$=-\frac{i}{2}x(\cos x+i\sin x)$$

$$-(\cos 2x+i\sin 2x)$$

$$=\underset{㋓}{\left(\frac{1}{2}x\sin x-\frac{i}{2}x\cos x\right)}$$

$$\underset{㋔}{+(-\cos 2x-i\sin 2x)}$$

よって，求める特殊解は

$$y_0(x)=\frac{1}{2}x\sin x-\sin 2x \qquad \cdots\cdots(\text{答})$$

㋐　$\cos 2x+i\sin 2x=e^{2ix}$ に着目する．

㋑　$P(D)y=\sin\beta x$ の特殊解は，$P(i\beta)\neq 0$ のとき，$y_0(x)=\dfrac{e^{i\beta x}}{P(i\beta)}$ の虚部となる．

㋒　$P(i)=0$，$i$ は単解より $P(D)=(D-i)P_1(D)$ として考える．

㋓　$\cos x$ に関しての特殊解はこの実部．

㋔　$3\sin 2x$ に関しての特殊解はこの虚部．

**POINT**　オイラーの公式は微分方程式でも登場する重要な公式である．本問を通してその使い方をマスターしよう．

## 問題 47　$P(D)y=e^{\alpha x}(A\cos\beta x+B\sin\beta x)$

次の微分方程式の特殊解 $y_0(x)$ を求めよ．

(1)　$(D^4+2D^3+D^2)y=e^{-x}\sin x$

(2)　$(D^2-2D+5)y=e^x\cos 2x$

**解 説**　$P(D)y=e^{\alpha x}(A\cos\beta x+B\sin\beta x)$（$A$，$B$，$\alpha$，$\beta$ は定数）の解法について考える．前問と同様に**オイラーの公式**を利用する．

2つの微分方程式　$P(D)y=e^{\alpha x}\cos\beta x$，$P(D)z=e^{\alpha x}\sin\beta x$ から

$$P(D)(y+iz)=e^{\alpha x}(\cos\beta x+i\sin\beta x)$$
$$=e^{\alpha x}e^{i\beta x}=e^{(\alpha+i\beta)x}$$

したがって $y+iz=P(D)^{-1}e^{(\alpha+i\beta)x}$

右辺については前問とまったく同じように解くことができるので

$$\begin{cases} y=P(D)^{-1}e^{(\alpha+i\beta)x} \text{ の実部} \\ z=P(D)^{-1}e^{(\alpha+i\beta)x} \text{ の虚部} \end{cases}$$

として，2つの微分方程式の特殊解が得られる．これを $y_1(x)$，$z_1(x)$ とおくと，

$P(D)y=e^{\alpha x}(A\cos\beta x+B\sin\beta x)$ の特殊解は

$$y_0(x)=Ay_1(x)+Bz_1(x)$$

で与えられる．

**(例)**　微分方程式 $(D^2-6D+13)y=e^{3x}(\cos x+2\sin x)$ の特殊解を求めてみよう．

**(解)**　$(D^2-6D+13)y=e^{3x}\cos x$，$(D^2-6D+13)z=e^{3x}\sin x$ とおくと

$$(D^2-6D+13)(y+iz)=e^{3x}(\cos x+i\sin x)=e^{(3+i)x}$$

ここで　$(3+i)^2-6(3+i)+13=3\neq 0$

$$\therefore\quad y+iz=(D^2-6D+13)^{-1}e^{(3+i)x}=\frac{1}{3}e^{3x}(\cos x+i\sin x)$$

両辺の実部と虚部を比べて，特殊解 $y_1(x)$，$z_1(x)$ は

$$y_1(x)=\frac{1}{3}e^{3x}\cos x,\quad z_1(x)=\frac{1}{3}e^{3x}\sin x$$

よって，求める特殊解 $y_0(x)$ は次のようになる．

$$y_0(x)=y_1(x)+2z_1(x)$$
$$=\frac{1}{3}e^{3x}(\cos x+2\sin x)$$

## 解答

(1) $\begin{cases}(D^4+2D^3+D^2)y=e^{-x}\sin x\\ (D^4+2D^3+D^2)z=e^{-x}\cos x\end{cases}$ とおくと，ⓐ

$(D^4+2D^3+D^2)(z+iy)$
$=e^{-x}(\cos x+i\sin x)=e^{(-1+i)x}$

ここで，$P(D)=D^4+2D^3+D^2=D^2(D+1)^2$ だから

$P(-1+i)=(-1+i)^2i^2=2i\neq 0$

したがって，

$z+iy=P(D)^{-1}e^{(-1+i)x}$ ⓘ
$=\frac{1}{2i}e^{-x}(\cos x+i\sin x)$
$=\frac{1}{2}e^{-x}\sin x-\frac{i}{2}e^{-x}\cos x$

よって，ⓤ $y_0(x)=-\frac{1}{2}e^{-x}\cos x$ ……(答)

(2) $\begin{cases}(D^2-2D+5)y=e^x\cos 2x\\ (D^2-2D+5)z=e^x\sin 2x\end{cases}$ とおくと

$(D^2-2D+5)(y+iz)$
$=e^x(\cos 2x+i\sin 2x)=e^{(1+2i)x}$

ここで ⓔ $(1+2i)^2-2(1+2i)+5=0$ だから，

$(D-(1-2i))\{(D-(1+2i))(y+iz)\}$
$=e^{(1+2i)x}$

$\therefore$ ⓞ $(D-(1+2i))(y+iz)=\frac{e^{(1+2i)x}}{1+2i-(1-2i)}$
$=\frac{1}{4i}e^{(1+2i)x}$

したがって

$y+iz=\frac{x}{1!}\frac{1}{4i}e^x(\cos 2x+i\sin 2x)$
$=\frac{x}{4}e^x\sin 2x-\frac{i}{4}xe^x\cos 2x$

よって　$y_0(x)=\frac{1}{4}xe^x\sin 2x$ ……(答)

ⓐ 与えられた微分方程式の特殊解を求めるのに，ペアとしてこの微分方程式も考える.

ⓘ $P(D)(z+iy)=e^{(-1+i)x}$
$P(-1+i)\neq 0$ のとき
$z+iy=P(D)^{-1}e^{(-1+i)x}$
$=\frac{e^{(-1+i)x}}{P(-1+i)}$

ⓤ $y_0(x)$ は虚部.

ⓔ $P(D)$
$=D^2-2D+5$
$=(D-(1+2i))$
$\cdot(D-(1-2i))$

ⓞ $P_1(D)((D-\alpha)y)=e^{\alpha x}$ で，$P_1(\alpha)\neq 0$ のとき，
$(D-\alpha)y=\frac{e^{\alpha x}}{P_1(\alpha)}$

**POINT** 本問のタイプは，$e^{\alpha x}\cos\beta x$ と $e^{\alpha x}\sin\beta x$ をペアとして考えるのがコツ．引き続き，オイラーの公式である.

## 問題 48　逆演算子のくり返しによる解法

逆演算子のくり返しによって，次の微分方程式の特殊解 $y_0(x)$ を求めよ．

(1)　$(D^3-D)y=x^2+2x$

(2)　$(D^3-D^2-D+1)y=e^{-x}$

**解説**　問題 42 から問題 47 においては，定数係数の非同次線形微分方程式

$$P(D)y=(D^n+a_1D^{n-1}+\cdots+a_{n-1}D+a_nD^0)y=f(x) \qquad \cdots\cdots①$$

の右辺 $f(x)$ が特別な関数である場合の特殊解 $y_0(x)$ を求める解法について学んだ．問題 48～50 では，逆演算子を利用してその特殊解を求める解法について学ぼう．

多項式 $P(\lambda)$ が　$P(\lambda)=(\lambda-\lambda_1)(\lambda-\lambda_2)\cdots(\lambda-\lambda_n)$

のように因数分解されるとき，①は

$$(D-\lambda_1)(D-\lambda_2)\cdots(D-\lambda_n)y=f(x)$$

と表され，特殊解 $y_0(x)$ は

$$(D-\lambda_2)(D-\lambda_3)\cdots(D-\lambda_n)y_0(x)=(D-\lambda_1)^{-1}f(x)$$

$$(D-\lambda_3)\cdots(D-\lambda_n)y_0(x)=(D-\lambda_2)^{-1}(D-\lambda_1)^{-1}f(x)$$

$$\cdots\cdots\cdots$$

よって，さらに積分をくり返し行って，

$$y_0(x)=(D-\lambda_n)^{-1}\cdots(D-\lambda_2)^{-1}(D-\lambda_1)^{-1}f(x)$$

となる．ここでは，問題 42 で学んだ次式をくり返し用いることになる．

$$(D-\lambda)^{-1}f(x)=e^{\lambda x}\int e^{-\lambda x}f(x)dx$$

なお，$y$ が $x$ の整式のとき，次の公式は覚えておくと便利である．

$$\int e^x y dx=e^x(y-y'+y''-\cdots),\quad \int e^{-x}y dx=-e^{-x}(y+y'+y''+\cdots)$$

**(例)**　微分方程式 $(D^2-D-2)y=x$ の特殊解 $y_0(x)$ を求めてみよう．

**(解)**　$D^2-D-2=(D+1)(D-2)$ だから，$y_0(x)=(D-2)^{-1}(D+1)^{-1}x$

$$(D+1)^{-1}x=e^{-x}\int e^x x dx=e^{-x}\cdot e^x(x-1)=x-1$$

よって，$y_0(x)=(D-2)^{-1}(x-1)=e^{2x}\int e^{-2x}(x-1)dx$

$$=e^{2x}\left\{-\frac{e^{-2x}}{2}(x-1)-\int\left(-\frac{e^{-2x}}{2}\right)dx\right\}=-\frac{1}{2}x+\frac{1}{4}$$

## 解答

(1)　$D^3-D=D(D^2-1)=D(D+1)(D-1)$ だから，与えられた微分方程式は

$$D(D+1)(D-1)y=x^2+2x$$

$$\therefore \quad y_0(x)=(D-1)^{-1}(D+1)^{-1}D^{-1}(x^2+2x) \quad ㋐$$

$$D^{-1}(x^2+2x)=\int(x^2+2x)dx=\frac{x^3}{3}+x^2$$

$$(D+1)^{-1}\left(\frac{x^3}{3}+x^2\right)=e^{-x}\int e^x\left(\frac{x^3}{3}+x^2\right)dx \quad ㋑$$

$$=e^{-x}\cdot e^x\frac{x^3}{3}=\frac{x^3}{3}$$

よって，$y_0(x)=(D-1)^{-1}\dfrac{x^3}{3}=e^x\displaystyle\int e^{-x}\frac{x^3}{3}dx$

$$=e^x\cdot\left\{-e^{-x}\left(\frac{x^3}{3}+x^2+2x+2\right)\right\}$$

$$=-\frac{x^3}{3}-x^2-2x-2 \quad \cdots\cdots(答)$$

(2)　$D^3-D^2-D+1=(D-1)^2(D+1)$ だから，与えられた微分方程式は

$$(D-1)^2(D+1)y=e^{-x}$$

$$\therefore \quad y_0(x)=(D+1)^{-1}(D-1)^{-1}(D-1)^{-1}e^{-x}$$

$$(D-1)^{-1}e^{-x}=e^x\int e^{-x}e^{-x}dx \quad ㋒$$

$$=e^x\left(-\frac{e^{-2x}}{2}\right)=-\frac{e^{-x}}{2}$$

$$(D-1)^{-1}\left(-\frac{e^{-x}}{2}\right)=-\frac{1}{2}\left(-\frac{e^{-x}}{2}\right)=\frac{e^{-x}}{4}$$

よって，$y_0(x)=(D+1)^{-1}\dfrac{e^{-x}}{4}$ ㋓

$$=e^{-x}\int e^x\cdot\frac{e^{-x}}{4}dx$$

$$=\frac{1}{4}xe^{-x} \quad \cdots\cdots(答)$$

㋐　逆演算子をくり返す．$(D-1)^{-1}$，$(D+1)^{-1}$，$D^{-1}$ の順序はどうでもよい．

㋑　公式

$$(D-\lambda)^{-1}f(x)=e^{\lambda x}\int e^{-\lambda x}f(x)dx$$

を用いた．また

$$\int e^x\left(\frac{x^3}{3}+x^2\right)dx=\int\left(e^x\frac{x^3}{3}\right)'dx=e^x\frac{x^3}{3}$$

㋒　$\alpha\neq\lambda_0$ のとき

$$(D-\lambda_0)^{-1}e^{\alpha x}=\frac{e^{\alpha x}}{\alpha-\lambda_0}$$

を用いてもよい．

㋓　$(D-\alpha)^{-1}e^{\alpha x}=xe^{\alpha x}$ を用いてもよい．

**POINT**　逆演算子 $(D-\lambda)^{-1}$ については，公式を覚えていないとどうしようもない．反復練習をしてしっかり覚えることが大切だ．

## 問題 49 $(D^2+\alpha^2)^{-1}$ および $\{(D-\beta)^2+\alpha^2\}^{-1}$ による解法

次の微分方程式を解け．(2)は，特殊解のみ求めよ．

(1) $(D^2+1)y=\sin x$ (2) $(D^2-4D+5)y=e^x$

**解説** $\alpha \neq 0$ として，$y(x)=\dfrac{1}{\alpha}\displaystyle\int_\gamma^x \sin\alpha(x-t)\cdot f(t)dt$ について考える．

$$Dy=\frac{1}{\alpha}\frac{d}{dx}\int_\gamma^x \sin\alpha(x-t)\cdot f(t)dt \qquad \cdots\cdots①$$

ここで，$\dfrac{d}{dx}\displaystyle\int_a^x f(t)dt=f(x)$ が成り立つ．

また，$f(x,y)$，$\dfrac{\partial}{\partial y}f(x,y)$ が $a\leq x\leq b$，$c\leq y\leq d$ で連続であるとき

$\dfrac{d}{dy}\displaystyle\int_a^b f(x,y)dx=\int_a^b\frac{\partial}{\partial y}f(x,y)dx$ が成り立つので，一般には，$\alpha$ が $y$ の関数 $\alpha=\alpha(y)$ であるとき

$$\frac{d}{dy}\int_a^{\alpha(y)} f(x,y)dx=\frac{\partial}{\partial\alpha}\left(\int_a^\alpha f(x,y)dx\right)\cdot\frac{d\alpha}{dy}+\frac{\partial}{\partial y}\int_a^{\alpha(y)} f(x,y)dx$$
$$=f(\alpha(y),y)\cdot\frac{d\alpha}{dy}+\int_a^{\alpha(y)}\frac{\partial}{\partial y}f(x,y)dx \qquad \cdots\cdots②$$

が成り立つ．これにより，①は②において $x$ を $t$，$y$ を $x$，すなわち $f(x,y)$ を $f(t,x)$，さらに $\alpha(y)$ を $x$ と見なすと

$$Dy=\frac{1}{\alpha}\sin\alpha(x-t)\cdot f(t)\Big|_{t=x}+\frac{1}{\alpha}\int_\gamma^x\frac{\partial}{\partial x}\{\sin\alpha(x-t)\cdot f(t)\}dt$$
$$=0+\frac{1}{\alpha}\int_\gamma^x \alpha\cos\alpha(x-t)\cdot f(t)dt=\int_\gamma^x \cos\alpha(x-t)\cdot f(t)dt$$

同様に，$D^2y=\dfrac{d}{dx}\displaystyle\int_\gamma^x \cos\alpha(x-t)\cdot f(t)dt$

$$=\cos\alpha(x-t)\cdot f(t)\Big|_{t=x}+\int_\gamma^x\frac{\partial}{\partial x}\{\cos\alpha(x-t)\cdot f(t)\}dt$$
$$=f(x)-\alpha\int_\gamma^x \sin\alpha(x-t)\cdot f(t)dt=f(x)-\alpha^2 y(x)$$

したがって $(D^2+\alpha^2)y(x)=f(x)$

よって $(D^2+\alpha^2)^{-1}f(x)=y(x)=\dfrac{1}{\alpha}\displaystyle\int_\gamma^x \sin\alpha(x-t)\cdot f(t)dt$ が成り立つ．

さらに，$\{(D-\beta)^2+\alpha^2\}y=f(x)$ は $e^{\beta x}(D^2+\alpha^2)(e^{-\beta x}y)=f(x)$ だから

$$y=e^{\beta x}(D^2+\alpha^2)^{-1}(e^{-\beta x}f(x))$$
$$=\frac{e^{\beta x}}{\alpha}\int_\gamma^x \sin\alpha(x-t)e^{-\beta t}f(t)dt$$

よって $\{(D-\beta)^2+\alpha^2\}^{-1}f(x)=\dfrac{1}{\alpha}\displaystyle\int_\gamma^x \sin\alpha(x-t)e^{\beta(x-t)}f(t)dt$

が成り立つ．

## 解答

(1)　対応する同次方程式の特性方程式は

$$\lambda^2+1=0 \qquad \lambda=\pm i$$

$$\therefore \quad y_c(x)=C_1\cos x+C_2\sin x$$

㋐与えられた微分方程式の特殊解 $Y(x)$ は

$$Y(x)\underset{㋑}{=}(D^2+1)^{-1}\sin x$$
$$=\int_0^x \sin(x-t)\sin t\,dt$$
$$=\frac{1}{2}\int_0^x\{\cos(x-2t)-\cos x\}dt$$
$$=\frac{1}{2}\left[-\frac{1}{2}\sin(x-2t)-t\cos x\right]_{t=0}^{t=x}$$
$$=\frac{1}{2}(\sin x-x\cos x)$$

よって，求める一般解は

$$y(x)=y_c(x)+Y(x)$$
$$=C_1\cos x+\left(C_2+\frac{1}{2}\right)\sin x-\frac{1}{2}x\cos x$$

すなわち　$y(x)=C_1\cos x\underset{㋒}{+}C_2\sin x-\dfrac{1}{2}x\cos x$

……(答)

(2)　与えられた微分方程式は

$$\{(D-2)^2+1\}y=e^x$$

したがって，求める特殊解は

$$Y(x)\underset{㋓}{=}\{(D-2)^2+1\}^{-1}e^x$$
$$=\int_0^x \sin(x-t)e^{2(x-t)}e^t dt$$
$$=e^{2x}\int_0^x e^{-t}\sin(x-t)dt$$

$$\frac{d}{dt}\{e^{-t}\cos(x-t)\}=e^{-t}\sin(x-t)-e^{-t}\cos(x-t)$$

$$\frac{d}{dt}\{e^{-t}\sin(x-t)\}=-e^{-t}\sin(x-t)-e^{-t}\cos(x-t)$$

㋔ $e^{-t}\sin(x-t)=\dfrac{1}{2}\dfrac{d}{dt}e^{-t}\{\cos(x-t)-\sin(x-t)\}$

$$\therefore \quad Y(x)=e^{2x}\cdot\frac{1}{2}\left[e^{-t}\{\cos(x-t)-\sin(x-t)\}\right]_{t=0}^{t=x}$$
$$=\frac{1}{2}\{e^x+e^{2x}(\sin x-\cos x)\}$$

……(答)

㋐　$(D^2+\alpha^2)y=f(x)$ で $\alpha=1$，$f(x)=\sin x$ のとき．

㋑　$(D^2+\alpha^2)^{-1}f(x)$
$$=\frac{1}{\alpha}\int_\gamma^x \sin\alpha(x-t)\cdot f(t)dt$$
$$=\frac{1}{1}\int_0^x \sin(x-t)\sin t dt$$
積分区間の下端 $\gamma$ は何でもよい．

㋒　$C_2+\dfrac{1}{2}$ を新たに $C_2$ とおいた．

㋓　$\{(D-\beta)^2+\alpha^2\}^{-1}f(x)$
$$=\frac{1}{\alpha}\int_\gamma^x \sin\alpha(x-t)\cdot e^{\beta(x-t)}f(t)dt$$

㋔　上の 2 式を辺々引いた．

**POINT**　逆演算子の特別な場合である．解法を覚えるのも面倒である．反復練習をして解法に慣れることが大切だ．

## 問題 50　部分分数分解による解法

部分分数分解によって，次の微分方程式の特殊解 $y_0(x)$ を求めよ．

(1)　$(D^3-2D^2-D+2)y=e^{2x}$

(2)　$(D-2)(D-4)(D-5)y=e^{3x}x$

**解説**　多項式 $P(\lambda)$ が $\lambda$ の異なる1次式の積として

$P(\lambda)=(\lambda-\lambda_1)(\lambda-\lambda_2)\cdots(\lambda-\lambda_n)$　　のように因数分解されるとき，

$\dfrac{1}{P(\lambda)}=\dfrac{1}{(\lambda-\lambda_1)(\lambda-\lambda_2)\cdots(\lambda-\lambda_n)}$ を**部分分数分解**して

$$\frac{1}{P(\lambda)}=\frac{a_1}{\lambda-\lambda_1}+\frac{a_2}{\lambda-\lambda_2}+\cdots+\frac{a_n}{\lambda-\lambda_n} \qquad \cdots\cdots①$$

と表されるとする．①の両辺に $P(\lambda)$ を掛けて，$\dfrac{P(\lambda)}{\lambda-\lambda_i}=P_i(\lambda)$　　……②

とおくと，$P_i(\lambda)$ は $\lambda$ の多項式であり

$$1=a_1P_1(\lambda)+a_2P_2(\lambda)+\cdots+a_nP_n(\lambda)$$

$\lambda$ を $D$ とおき換えて，　$D^0=a_1P_1(D)+a_2P_2(D)+\cdots+a_nP_n(D)$

$$\therefore\quad f(x)=D^0f(x)=a_1P_1(D)f(x)+a_2P_2(D)f(x)+\cdots+a_nP_n(D)f(x)$$

ここで，②から $P_i(D)(D-\lambda_i)=P(D)$ だから，$P_i(D)=P(D)(D-\lambda_i)^{-1}$

$$\therefore\quad f(x)=\sum_{i=1}^{n}a_iP_i(D)f(x)=\sum_{i=1}^{n}a_iP(D)(D-\lambda_i)^{-1}f(x)$$

$$=P(D)\sum_{i=1}^{n}a_i(D-\lambda_i)^{-1}f(x)$$　となり，

$$P(D)^{-1}f(x)=\sum_{i=1}^{n}a_i(D-\lambda_i)^{-1}f(x)$$
$$=a_1(D-\lambda_1)^{-1}f(x)+a_2(D-\lambda_2)^{-1}f(x)+\cdots+a_n(D-\lambda_n)^{-1}f(x)$$

これは①において，$\lambda$ を $D$ とおき換えて得られる微分演算子

$$P(D)^{-1}=a_1(D-\lambda_1)^{-1}+a_2(D-\lambda_2)^{-1}+\cdots+a_n(D-\lambda_n)^{-1}$$

に $f(x)$ を施した結果と一致する．

(例)　微分方程式 $(D^2+3D+2)y=e^x$ の特殊解 $y_0(x)$ を求めてみよう．

(解)　$\dfrac{1}{P(\lambda)}=\dfrac{1}{\lambda^2+3\lambda+2}=\dfrac{1}{(\lambda+1)(\lambda+2)}=\dfrac{1}{\lambda+1}-\dfrac{1}{\lambda+2}$ だから

$$y_0(x)=P(D)^{-1}e^x=(D+1)^{-1}e^x-(D+2)^{-1}e^x=\frac{1}{2}e^x-\frac{1}{3}e^x=\frac{1}{6}e^x$$

## 解答

(1)　$P(\lambda)=\lambda^3-2\lambda^2-\lambda+2=(\lambda+1)(\lambda-1)(\lambda-2)$

$$\underset{㋐}{\frac{1}{P(\lambda)}}=\frac{1}{6(\lambda+1)}-\frac{1}{2(\lambda-1)}+\frac{1}{3(\lambda-2)}$$

$$\therefore\quad y_0(x)=P(D)^{-1}e^{2x}$$
$$=\frac{1}{6}(D+1)^{-1}e^{2x}-\frac{1}{2}(D-1)^{-1}e^{2x}$$
$$+\frac{1}{3}(D-2)^{-1}e^{2x}$$

ここで ㋑$(D+1)^{-1}e^{2x}=\frac{1}{3}e^{2x}$,

$(D-1)^{-1}e^{2x}=e^{2x}$, ㋒$(D-2)^{-1}e^{2x}=xe^{2x}$ だから

$$y_0(x)=\frac{1}{6}\cdot\frac{1}{3}e^{2x}-\frac{1}{2}e^{2x}+\frac{1}{3}xe^{2x}=\left(\frac{x}{3}-\frac{4}{9}\right)e^{2x}$$

……(答)

(2)　㋓与式を変形して

$$(D+1)(D-1)(D-2)(e^{-3x}y)=x$$

$P(D)=(D+1)(D-1)(D-2)$ とおくと，(1)より

$$e^{-3x}y=P(D)^{-1}x$$
$$=\frac{1}{6}(D+1)^{-1}x-\frac{1}{2}(D-1)^{-1}x+\frac{1}{3}(D-2)^{-1}x$$

ここで，$(D+1)^{-1}x=e^{-x}\int e^x x\,dx=x-1$

$$(D-1)^{-1}x=e^x\int e^{-x}x\,dx=-x-1$$

$$(D-2)^{-1}x=e^{2x}\underset{㋔}{\int e^{-2x}x\,dx}=-\frac{x}{2}-\frac{1}{4}$$

したがって

$$e^{-3x}y_0(x)=\frac{1}{6}(x-1)-\frac{1}{2}(-x-1)$$
$$+\frac{1}{3}\left(-\frac{x}{2}-\frac{1}{4}\right)$$
$$=\frac{x}{2}+\frac{1}{4}$$

よって　$y_0(x)=\left(\frac{x}{2}+\frac{1}{4}\right)e^{3x}$　……(答)

㋐　$\frac{1}{P(\lambda)}=\frac{A}{\lambda+1}+\frac{B}{\lambda-1}+\frac{C}{\lambda-2}$

とおいて，分母を払って

$1=A(\lambda-1)(\lambda-2)$
$+B(\lambda+1)(\lambda-2)$
$+C(\lambda+1)(\lambda-1)$

$\lambda=-1,1,2$ を代入すると早い．

㋑　$\alpha\neq\lambda_0$ のとき

$(D-\lambda_0)^{-1}e^{\alpha x}=\frac{e^{\alpha x}}{\alpha-\lambda_0}$

㋒　$(D-\alpha)^{-1}e^{\alpha x}=xe^{\alpha x}$

㋓　問題 45 の公式②

$P(D)y=e^{\alpha x}Q_k(x)$ のとき，
$P(D+\alpha)(e^{-\alpha x}y)=Q_k(x)$
を用いる．

㋔　$\int e^{-2x}x\,dx$

$=-\frac{e^{-2x}}{2}x-\int\left(-\frac{e^{-2x}}{2}\right)dx$

$=-\frac{e^{-2x}}{2}x-\frac{e^{-2x}}{4}$

**POINT**　部分分数分解については既習であろう．微分方程式がそのタイプによっては，部分分数分解で解けるというのはおもしろい．

## 練習問題

解答は 209 ページから 03

1 次の微分方程式を解け．

(1) $(D^3-2D^2-5D+6)y=e^{2x}$ (2) $(D^4-2D^2+1)y=e^x$

2 次の微分方程式を解け．

(1) $(D^3-5D^2-D+5)y=x^2$ (2) $(D^3+1)y=x^3$

(3) $(D^4+2D^3+D^2)y=x^3$

3 次の微分方程式を解け．

(1) $(D^3-2D^2-D+2)y=xe^{2x}$ (2) $(D^4-2D^2+1)y=(x^2+1)e^{2x}$

4 次の微分方程式を解け．

(1) $(D^2-3D+2)y=\cos x$ (2) $(D^2+4)y=\sin 2x+2\cos x$

5　次の微分方程式を解け．

(1)　$(D^2-3D+2)y=e^{4x}\sin x$　　(2)　$(D^4-1)y=8x\sin x$

6　次の微分方程式を解け．

(1)　$(D^3-5D^2+6D)y=x^2$　　(2)　$(D-1)(D+3)(D+4)y=e^{-2x}x$

7　$Q_k(x)$ が $k$ 次の多項式であるとき，2 つの微分方程式

$$P(D)y=Q_k(x)e^{\alpha x}\cos\beta x,\quad P(D)z=Q_k(x)e^{\alpha x}\sin\beta x$$

の解は

$y=P(D)^{-1}Q_k(x)e^{(\alpha+i\beta)x}$ の実部，$z=P(D)^{-1}Q_k(x)e^{(\alpha+i\beta)x}$ の虚部

によって与えられることを示せ．これを利用して，微分方程式

$$(D^2+n^2)y=x\cos nx$$
$$(D^2+n^2)z=x\sin nx$$

（$n$ は 0 でない実数）

の特殊解を求めよ．

# *Chapter* 4

# 級数解

## 問題 51　整級数による解法（1）

次の微分方程式を整級数展開によって，初期条件「$x=0$ のとき $y=2$」のもとで解け．

$$\frac{dy}{dx}=y^2$$

**解説**　この章では，まず，**整級数による解法**について学ぶ．

微分方程式　$\dfrac{dy}{dx}=f(x,y)$　……①

において，初期条件「$x=a$ のとき $y=b$」をみたす解 $y(x)$ が $x=a$ を中心とする**整級数展開**，すなわち

$$y(x)=\sum_{n=0}^{\infty}c_n(x-a)^n=c_0+c_1(x-a)+c_2(x-a)^2+\cdots+c_n(x-a)^n+\cdots \quad \cdots\cdots②$$

のように表されるものとする．このとき，②を $x$ で微分して

$$\frac{dy}{dx}=c_1+2c_2(x-a)+\cdots+nc_n(x-a)^{n-1}+\cdots=\sum_{n=1}^{\infty}nc_n(x-a)^{n-1}$$

これを①に代入して両辺の対応する項の係数を比較することにより，係数 $c_0, c_1, c_2, \cdots$ を求めることができるとき，微分方程式①の解は整級数によって表すことができる．

（例）　微分方程式 $\dfrac{dy}{dx}=y$ を $x=0$ のとき $y=1$ のもとで解いてみよう．

（解）　求める解を $y(x)=\sum_{n=0}^{\infty}c_nx^n$ とおくと，

$$\frac{dy}{dx}=\sum_{n=1}^{\infty}nc_nx^{n-1}=\sum_{n=0}^{\infty}(n+1)c_{n+1}x^n$$

したがって，$\sum_{n=0}^{\infty}(n+1)c_{n+1}x^n=\sum_{n=0}^{\infty}c_nx^n$

両辺の $x^n$ の係数を比較して，

$$(n+1)c_{n+1}=c_n \qquad \therefore\ c_{n+1}=\frac{1}{n+1}c_n \quad (n=0,1,2,\cdots)$$

$c_0=1$ だから，$c_1=1$，$c_2=\dfrac{1}{2!}$，$c_3=\dfrac{1}{3!}$，…，$c_n=\dfrac{1}{n!}$，…

よって，$y(x)=1+x+\dfrac{x^2}{2!}+\dfrac{x^3}{3!}+\cdots+\dfrac{x^n}{n!}+\cdots=e^x$

## 解答

求める解を　$y(x)=\sum_{n=0}^{\infty} c_n x^n$ ㋐ とおくと

$$\frac{dy}{dx}=\sum_{n=1}^{\infty} nc_n x^{n-1}=\sum_{n=0}^{\infty}(n+1)c_{n+1}x^n \quad \cdots\cdots ①$$

また

$$\{y(x)\}^2=(c_0+c_1x+c_2x^2+\cdots+c_nx^n+\cdots)$$
$$\cdot(c_0+c_1x+c_2x^2+\cdots+c_nx^n+\cdots)$$

この展開式における $x^n$ の項は

㋑ $(c_0c_n+c_1c_{n-1}+c_2c_{n-2}+\cdots+c_nc_0)x^n$

となるので

$$\{y(x)\}^2=\sum_{n=0}^{\infty}(c_0c_n+c_1c_{n-1}+\cdots+c_nc_0)x^n \quad \cdots\cdots ②$$

したがって，①，②から与えられた微分方程式の $x^n$ の係数を比べると

$$(n+1)c_{n+1}=c_0c_n+c_1c_{n-1}+\cdots+c_nc_0$$

ここで，初期条件から ㋒ $c_0=2$ だから，

$c_1=c_0{}^2=2^2$

$2c_2=2c_0c_1$ から，$c_2=c_0c_1=2^3$

$3c_3=2c_0c_2+c_1{}^2$ から

$3c_3=2^5+2^4=3\cdot 2^4 \qquad \therefore \quad c_3=2^4$

これより　$c_k=2^{k+1}$　$(k=0, 1, 2, \cdots)$

と推定できる．

これが正しいことは ㋓ 数学的帰納法で証明できる．

よって，求める解は

$$y(x)=\sum_{n=0}^{\infty} 2^{n+1}x^n=\sum_{n=0}^{\infty} 2(2x)^n$$

これは初項 2，公比 $2x$ の無限等比級数だから

$$y(x)=\frac{2}{1-2x} \qquad ㋔\left(|x|<\frac{1}{2}\right) \quad \cdots\cdots(答)$$

㋐　初期条件が $x=0$ のときだから，$x=0$ を中心とする整級数展開を考える．

㋑　定数項は，$c_0{}^2$
$x$ の 1 次の項は，$2c_0c_1x$
$x^2$ の項は
$(2c_0c_2+c_1{}^2)x^2$
$\cdots\cdots$

㋒　$y(0)=c_0=2$ より．

㋓　$k=0$ のときは，自明．
$k \leqq n$ のとき，$c_k=2^{k+1}$ と仮定すると

$$(n+1)c_{n+1}$$
$$=\sum_{k=0}^{n} c_kc_{n-k}$$
$$=\sum_{k=0}^{n} 2^{k+1}\cdot 2^{n-k+1}$$
$$=\sum_{k=0}^{n} 2^{n+2}=2^{n+2}(n+1)$$
$$\therefore \quad c_{n+1}=2^{n+2}$$

したがって，$k=n+1$ のときも成り立つ．

㋔　収束条件 $|2x|<1$．

**POINT**　整級数による微分方程式の解法は，ニュートンによって開拓された．収束範囲に注意しよう．

## 問題 52 整級数による解法（2）

次の微分方程式の 2 つの解 $y_1(x)$，$y_2(x)$ を与えられた初期条件のもとで求め，これを利用して一般解を求めよ．

$$\frac{d^2y}{dx^2}-x\frac{dy}{dx}-y=0$$

$$y_1(0)=1,\ y_1'(0)=0 \quad \text{および} \quad y_2(0)=0,\ y_2'(0)=1$$

**解説** 問題 51 の解法は 2 階以上の微分方程式においても用いることができる．求める解が

$$y(x)=\sum_{n=0}^{\infty}l_n(x-a)^n=l_0+l_1(x-a)+l_2(x-a)^2+\cdots+l_n(x-a)^n+\cdots$$

のときは，その導関数は

$$\frac{dy}{dx}=\sum_{n=1}^{\infty}nl_n(x-a)^{n-1}=\sum_{n=0}^{\infty}(n+1)l_{n+1}(x-a)^n$$

となるが，さらに**第 2 次・第 3 次導関数**は次のようになる．

$$\frac{d^2y}{dx^2}=\sum_{n=2}^{\infty}n(n-1)l_n(x-a)^{n-2}=\sum_{n=0}^{\infty}(n+2)(n+1)l_{n+2}(x-a)^n$$

$$\frac{d^3y}{dx^3}=\sum_{n=3}^{\infty}n(n-1)(n-2)l_n(x-a)^{n-3}$$

$$=\sum_{n=0}^{\infty}(n+3)(n+2)(n+1)l_{n+3}(x-a)^n$$

また，2 階同次線形微分方程式

$$\frac{d^2y}{dx^2}+P(x)\frac{dy}{dx}+Q(x)y=0 \qquad \cdots\cdots①$$

の 2 つの解 $y_1(x)$，$y_2(x)$ が初期条件として

$y_1(a)=\alpha_1$ かつ $y_1'(a)=\beta_1$

および $y_2(a)=\alpha_2$ かつ $y_2'(a)=\beta_2$

をみたすとき

**ロンスキヤン** $$W(y_1(a),y_2(a))=\begin{vmatrix}\alpha_1 & \alpha_2\\ \beta_1 & \beta_2\end{vmatrix}\neq 0$$

であるならば，解 $y_1(x)$，$y_2(x)$ は線形独立だから，微分方程式①の一般解は

$$y(x)=c_1y_1(x)+c_2y_2(x)$$

で与えられる．

## 解 答

求める解を $y(x)=\sum_{n=0}^{\infty}a_nx^n$ とおくと，

$$\frac{dy}{dx}=\sum_{n=1}^{\infty}na_nx^{n-1},\quad \frac{d^2y}{dx^2}=\sum_{n=2}^{\infty}n(n-1)\,a_nx^{n-2}$$

これらを与えられた微分方程式に代入して

$$\underbrace{\sum_{n=0}^{\infty}(n+2)(n+1)a_{n+2}x^n}_{㋐}$$
$$-\underbrace{\sum_{n=0}^{\infty}na_nx^n}_{㋑}-\sum_{n=0}^{\infty}a_nx^n=0$$

$x^n$ の係数を 0 とおくと

$$(n+2)(n+1)a_{n+2}-(n+1)a_n=0$$

$$\therefore\quad a_{n+2}=\frac{1}{n+2}a_n$$

㋒ $y_1(0)=1,\ y_1'(0)=0$ から，$a_0=1,\ a_1=0$

これより，$a_2=\dfrac{1}{2},\ a_4=\dfrac{1}{4\cdot 2},\ a_6=\dfrac{1}{6\cdot 4\cdot 2},$

$$\cdots,\ a_{2m}=\frac{1}{(2m)(2m-2)\cdots 2},\ \cdots$$

また，$a_3=a_5=\cdots=a_{2m-1}=\cdots=0$

$$\therefore\quad y_1(x)=1+\sum_{m=1}^{\infty}\frac{x^{2m}}{(2m)(2m-2)\cdots 2}$$

$$\underbrace{=1+\sum_{m=1}^{\infty}\frac{1}{m!}\left(\frac{x^2}{2}\right)^m=e^{\frac{x^2}{2}}}_{㋓}$$

次に，$y_2(0)=0,\ y_2'(0)=1$ から，$a_0=0,\ a_1=1$

これより，$a_2=a_4=\cdots=a_{2m}=\cdots=0$

$$a_{2m+1}=\frac{1}{(2m+1)(2m-1)\cdots 3}\quad (m=1,2,\cdots)$$

$$\therefore\quad y_2(x)=x+\frac{x^3}{3}+\frac{x^5}{5\cdot 3}+\cdots$$
$$+\frac{x^{2m+1}}{(2m+1)(2m-1)\cdots 3}+\cdots$$

㋔ $W(y_1(0),y_2(0))=1\neq 0$ から，$y_1(x)$，$y_2(x)$ は線形独立だから，求める一般解は

$$y(x)=c_1y_1(x)+c_2y_2(x)\qquad \cdots\cdots（答）$$

---

㋐ $\dfrac{d^2y}{dx^2}$

$$=\sum_{n=2}^{\infty}n(n-1)a_nx^{n-2}$$
$$=\sum_{n=0}^{\infty}(n+2)(n+1)a_{n+2}x^n$$

㋑ $x\dfrac{dy}{dx}=x\sum_{n=1}^{\infty}na_nx^{n-1}$

$$=\sum_{n=1}^{\infty}na_nx^n$$
$$=\sum_{n=0}^{\infty}na_nx^n$$

㋒ $y_1(0)=a_0,\ y_1'(0)=a_1$ より．

㋓ $e^x=1+\sum_{n=1}^{\infty}\dfrac{x^n}{n!}$

㋔ $W(y_1(0),y_2(0))$

$$=\begin{vmatrix}y_1(0) & y_2(0)\\ y_1'(0) & y_2'(0)\end{vmatrix}$$
$$=\begin{vmatrix}1 & 0\\ 0 & 1\end{vmatrix}=1$$

**POINT** 整級数による解法では，右辺=0 だから，左辺も恒等的に 0，すなわち $x^n$ の係数は 0 と考える．内容的には漸化式を解くことに帰着する．

## 問題 53　級数による解法（確定特異点）

次の微分方程式の一般解を $x=0$ における級数展開によって求めよ．

$$4x\frac{d^2y}{dx^2}+2\frac{dy}{dx}+y=0$$

**解説**　一般に，関数 $P(x)$ が多項式または $x=a$ の近傍 $(a-\varepsilon,\ a+\varepsilon)$ で収束する整級数で表されるとき，$P(x)$ は $x=a$ で**解析的**であるという．また，2階同次線形微分方程式

$$\frac{d^2y}{dx^2}+P(x)\frac{dy}{dx}+Q(x)y=0 \quad \cdots\cdots①$$

において，$P(x)$ と $Q(x)$ がともに $x=a$ で解析的であるとき，$x=a$ は①の**正則点**（**通常点**），そうでないとき $x=a$ は①の**特異点**という．

$x=a$ が①の正則点であるとき，①の解は問題52で学んだように，整級数展開 $y(x)=\sum_{n=0}^{\infty}c_n(x-a)^n$ で与えられる．

さて，微分方程式①を変形して

$$(x-a)^2\frac{d^2y}{dx^2}+(x-a)P_1(x)\frac{dy}{dx}+Q_1(x)y=0 \quad \cdots\cdots②$$

（ただし，$P_1(x)$，$Q_1(x)$ は $x=a$ において解析的）

のようになるとき，$x=a$ は①の特異点となるが，このとき $x=a$ は②の**確定特異点**という．このとき，②の解 $y(x)$ は整級数の代わりに

$$y(x)=(x-a)^{\lambda}\sum_{n=0}^{\infty}c_n(x-a)^n \quad (c_0\neq 0,\ \lambda\text{ は定数}) \quad \cdots\cdots③$$

の形の級数とおいて，$\lambda$ と $c_n$ を決定すればよい．この $\lambda$ を②の解 $y(x)$ の $x=a$ における**指数**という．

③は，$y(x)=\sum_{n=0}^{\infty}c_n(x-a)^{\lambda+n}$ となるので

$$\frac{dy}{dx}=\sum_{n=0}^{\infty}(\lambda+n)c_n(x-a)^{\lambda+n-1}=(x-a)^{\lambda}\sum_{n=0}^{\infty}(\lambda+n)c_n(x-a)^{n-1}$$

同様にして，$\displaystyle\frac{d^2y}{dx^2}=(x-a)^{\lambda}\sum_{n=0}^{\infty}(\lambda+n)(\lambda+n-1)c_n(x-a)^{n-2}$

となる．これらを②に代入して，$(x-a)^{\lambda+n}$ あるいは $(x-a)^{\lambda+n-1}$ の係数を0とおくことによって，$c_n, c_{n-1}, \cdots, c_0$ のみたす漸化式を求める．とくに，$n=0$ の場合を考えて $\lambda$ の2つの値 $\lambda_1$，$\lambda_2$ を求めることができる．

## 解答

$x=0$ は与えられた微分方程式の㋐確定特異点だから，解を $y(x)=\sum_{n=0}^{\infty}a_nx^{\lambda+n}$ とおく．

$$\frac{dy}{dx}=\sum_{n=0}^{\infty}(\lambda+n)a_nx^{\lambda+n-1}$$

$$\frac{d^2y}{dx^2}=\sum_{n=0}^{\infty}(\lambda+n)(\lambda+n-1)a_nx^{\lambda+n-2}$$

これらを㋑与式に代入して

$$\sum_{n=0}^{\infty}[\{4(\lambda+n)(\lambda+n-1)+2(\lambda+n)\}a_n+a_{n-1}]\times x^{\lambda+n-1}=0\quad（ただし，a_{-1}=0）$$

$x^{\lambda+n-1}$ の係数を 0 とおいて

$$\{4(\lambda+n)(\lambda+n-1)+2(\lambda+n)\}a_n+a_{n-1}=0\quad\cdots\cdots①$$

$n=0$ とおいて，$4\lambda(\lambda-1)+2\lambda=0$

㋒ $2\lambda^2-\lambda=0$　　$\therefore\ \lambda=0,\ \dfrac{1}{2}$

（イ）　$\lambda=0$ のとき；①から

㋓ $$a_{n+1}=-\frac{a_n}{(2n+1)(2n+2)}$$

$a_0=1$ とすると，$a_n=\dfrac{(-1)^n}{(2n)!}$

（ロ）　$\lambda=\dfrac{1}{2}$ のとき；①から

$$a_{n+1}=-\frac{a_n}{(2n+2)(2n+3)}$$

$a_0=1$ とすると　$a_n=\dfrac{(-1)^n}{(2n+1)!}$

よって，求める一般解は

$$y(x)=c_1\sum_{n=0}^{\infty}\frac{(-1)^n}{(2n)!}x^n+c_2\sqrt{x}\sum_{n=0}^{\infty}\frac{(-1)^n}{(2n+1)!}x^n$$

㋔ $$=c_1\sum_{n=0}^{\infty}\frac{(-1)^n}{(2n)!}(\sqrt{x})^{2n}+c_2\sum_{n=0}^{\infty}\frac{(-1)^n}{(2n+1)!}(\sqrt{x})^{2n+1}$$

$$=c_1\cos\sqrt{x}+c_2\sin\sqrt{x}\quad\cdots\cdots（答）$$

㋐　与えられた微分方程式は
$$x^2\frac{d^2y}{dx^2}+x\cdot\frac{1}{2}\frac{dy}{dx}+\frac{x}{4}y=0$$

㋑　$$4x\frac{d^2y}{dx^2}=\sum_{n=0}^{\infty}4(\lambda+n)(\lambda+n-1)\times a_nx^{\lambda+n-2}$$
$$2\frac{dy}{dx}=\sum_{n=0}^{\infty}2(\lambda+n)a_nx^{\lambda+n-1}$$
$$y=\sum_{n=0}^{\infty}a_nx^{\lambda+n}=\sum_{n=0}^{\infty}a_{n-1}x^{\lambda+n-1}$$

㋒　この $\lambda$ の 2 次方程式を与式の**決定方程式**という．

㋓　$a_0=1$ とするとき
$a_1=-\dfrac{1}{2!}$，$a_2=\dfrac{1}{4!}$，$a_3=-\dfrac{1}{6!}$，…

㋔　$\cos x=\sum_{n=0}^{\infty}\dfrac{(-1)^n}{(2n)!}x^{2n}$，
$\sin x=\sum_{n=0}^{\infty}\dfrac{(-1)^n}{(2n+1)!}x^{2n+1}$

**POINT**　$x=a$ が確定特異点であるときは，一般解の形が異なる．本問は，$\cos\sqrt{x}$ と $\sin\sqrt{x}$ のマクローリン展開に関係がある．

## 問題 54　ガウスの微分方程式

(1)　ガウスの微分方程式の一般解を $F(\alpha,\beta,\gamma\,;x)$ を用いて表せ．

　(ｉ)　$2x(1-x)y''+(1-10x)y'-8y=0$

　(ⅱ)　$4x(1-x)y''+y'+8y=0$

(2)　超幾何関数について，次式を証明せよ．

$$F(1,1,2\,;-x)=\frac{\log(1+x)}{x}$$

**解　説**　$\alpha,\beta,\gamma$ が定数であるとき，2階同次線形微分方程式

$$x(1-x)y''+\{\gamma-(\alpha+\beta+1)x\}y'-\alpha\beta y=0 \qquad \cdots\cdots①$$

を**ガウスの微分方程式**という．$x=0,1$ は**確定特異点**である．

①を変形して，$(1-x)x^2y''+\{\gamma-(\alpha+\beta+1)x\}xy'-\alpha\beta xy=0$　……②

$y(x)=\sum_{n=0}^{\infty}c_nx^{\lambda+n}$ とおいて，②に代入すると，$x^{\lambda+n}$ の係数について

$$(\lambda+n)(\lambda+n+\gamma-1)c_n-(\lambda+n-1+\alpha)(\lambda+n-1+\beta)c_{n-1}=0 \qquad \cdots\cdots③$$

$$(\text{ただし，}c_{-1}=0,\ c_0\neq0)$$

となる．③で $n=0$ とおくと，$\lambda(\lambda+\gamma-1)c_0=0$　　　$\therefore\ \lambda=0,1-\gamma$

　$\lambda=0$ のとき，③は　$n(\gamma+n-1)c_n=(\alpha+n-1)(\beta+n-1)c_{n-1}$　……④

$\gamma\neq0,-1,-2,\cdots$ のときは，$c_0=1$ とすると漸化式をくり返し用いて，

$$c_n=\frac{\alpha(\alpha+1)\cdots(\alpha+n-1)\cdot\beta(\beta+1)\cdots(\beta+n-1)}{n!\,\gamma(\gamma+1)\cdots(\gamma+n-1)} \quad (n\geqq1)$$

となる．したがって，$\lambda=0$ に対応する特殊解は

$$y_1(x)=\sum_{n=0}^{\infty}c_nx^n=1+\sum_{n=1}^{\infty}\frac{\alpha(\alpha+1)\cdots(\alpha+n-1)\cdot\beta(\beta+1)\cdots(\beta+n-1)}{n!\,\gamma(\gamma+1)\cdots(\gamma+n-1)}x^n$$

この級数によって定義される関数を**超幾何関数**といい，$F(\alpha,\beta,\gamma\,;x)$ という記号で表す．すなわち，$y_1(x)=F(\alpha,\beta,\gamma\,;x)$

　また，$\lambda=1-\gamma$ のとき，③は，$n(1-\gamma+n)c_n=(\alpha-\gamma+n)(\beta-\gamma+n)c_{n-1}$

　　$\therefore\ n\{(2-\gamma)+n-1\}c_n=\{(\alpha-\gamma+1)+n-1\}\{(\beta-\gamma+1)+n-1\}c_{n-1}$

これは，④で $\alpha$，$\beta$，$\gamma$ のかわりにそれぞれ $\alpha-\gamma+1$，$\beta-\gamma+1$，$2-\gamma$ とおき換えた漸化式だから，$\gamma\neq1,2,3,\cdots$ のときは $c_0=1$ とすると，$\lambda=1-\gamma$ に対応する特殊解は，次式で与えられる．

$$y_2(x)=x^{1-\gamma}F(\alpha-\gamma+1,\beta-\gamma+1,2-\gamma\,;x)$$

このとき，①の一般解は，$y=c_1y_1(x)+c_2y_2(x)$ となる．

## 解答

(1)　(ⅰ)　与式を変形して

$$x(1-x)y''+\left(\frac{1}{2}-5x\right)y'-4y=0$$

$$\therefore\quad \gamma=\frac{1}{2},\ \alpha+\beta=4,\ \alpha\beta=4$$ ㋐

すなわち，$\alpha=\beta=2$

よって，㋑一般解は

$$y(x)=c_1F\left(2, 2, \frac{1}{2}\ ;\ x\right)+c_2\sqrt{x}F\left(\frac{5}{2}, \frac{5}{2}, \frac{3}{2}\ ;\ x\right)$$

……(答)

(ⅱ)　与式を変形して

$$x(1-x)y''+\frac{1}{4}y'+2y=0$$

$$\therefore\quad \gamma=\frac{1}{4},\ \alpha+\beta=-1,\ \alpha\beta=-2$$

すなわち，㋒$\alpha=1,\ \beta=-2$

よって，一般解は

$$y(x)=c_1F\left(1, -2, \frac{1}{4}\ ;\ x\right)+c_2x^{\frac{3}{4}}F\left(\frac{7}{4}, -\frac{5}{4}, \frac{7}{4}\ ;\ x\right)$$

……(答)

(2)　㋓$F(1, 1, 2\ ;\ -x)$

$$=1+\sum_{n=1}^{\infty}c_n(-x)^n$$

$$=1+\sum_{n=1}^{\infty}\frac{(1\cdot2\cdot\cdots\cdot n)(1\cdot2\cdot\cdots\cdot n)}{n!\,2\cdot3\cdot\cdots\cdot(n+1)}(-x)^n$$

$$=1+\sum_{n=1}^{\infty}\frac{(-x)^n}{n+1}$$

$$=1-\frac{x}{2}+\frac{x^2}{3}-\frac{x^3}{4}+\cdots+(-1)^n\frac{x^n}{n+1}+\cdots$$

$$=\frac{1}{x}\left\{x-\frac{x^2}{2}+\frac{x^3}{3}-\frac{x^4}{4}+\cdots+(-1)^n\frac{x^{n+1}}{n+1}+\cdots\right\}$$

よって　$F(1, 1, 2\ ;\ -x)=\dfrac{1}{x}\log(1+x)$

㋐　ガウスの微分方程式と係数を比べる．$\alpha$，$\beta$ は

$$t^2-4t+4=0$$

を解いて，$t=2$（重解）

$$\therefore\quad \alpha=\beta=2$$

㋑　$y_1(x)=F(\alpha, \beta, \gamma\ ;\ x)$

$y_2(x)=x^{1-\gamma}F(\alpha-\gamma+1, \beta-\gamma+1, 2-\gamma\ ;\ x)$

一般解は，

$$y(x)=c_1y_1(x)+c_2y_2(x)$$

㋒　$t^2+t-2=0$ を解いて

$$t=1,\ -2$$

$\alpha=-2$，$\beta=1$ としてもよい．

㋓　$\alpha=\beta=1$，$\gamma=2$ で $x\Rightarrow -x$ のとき．これより

$c_n$ の分子 $=(1\cdot2\cdot\cdots\cdot n)(1\cdot2\cdot\cdots\cdot n)$

$c_n$ の分母 $=n!\,2\cdot3\cdot\cdots\cdot(n+1)$

**POINT**　ガウスの微分方程式は，物理学において重要である．一般解は超幾何級数と呼ばれるもので表される．覚えるのは大変だが，(2) ではこの超幾何級数のありがたさもわかる．

## 問題 55　ルジャンドルの微分方程式 (1)

ルジャンドルの微分方程式 $(1-x^2)y''-2xy'+12y=0$ の一般解の $x=0$ における級数展開を求めよ.

**解説**　$\mu$ が定数であるとき，2 階同次線形微分方程式

$$(1-x^2)y''-2xy'+\mu(\mu+1)y=0 \qquad \cdots\cdots①$$

をルジャンドル (Legendre) の微分方程式という. $x=0$ は①の正則点だから, $x=0$ における級数展開を $y=\sum_{n=0}^{\infty}a_nx^n$ として①に代入すると

$$(1-x^2)\sum_{n=0}^{\infty}n(n-1)a_nx^{n-2}-2x\sum_{n=0}^{\infty}na_nx^{n-1}+\mu(\mu+1)\sum_{n=0}^{\infty}a_nx^n=0$$

$x^n$ の係数を 0 とおくと

$$(n+2)(n+1)a_{n+2}-n(n-1)a_n-2na_n+\mu(\mu+1)a_n=0$$

$$\therefore\quad (n+2)(n+1)a_{n+2}=(n-\mu)(n+\mu+1)a_n$$

すなわち, $$a_{n+2}=-\frac{(\mu-n)(\mu+n+1)}{(n+1)(n+2)}a_n \qquad \cdots\cdots②$$

$a_0$, $a_1$ は任意にとれるので, $a_0=1$, $a_1=0$ とすると, ②により

$$a_3=a_5=\cdots=a_{2m+1}=\cdots=0$$

$$a_2=-\frac{\mu(\mu+1)}{2!},\quad a_4=-\frac{(\mu-2)(\mu+3)}{3\cdot4}a_2=\frac{\mu(\mu-2)(\mu+1)(\mu+3)}{4!},\quad \cdots$$

$$a_{2m}=(-1)^m\frac{\mu(\mu-2)\cdots(\mu-2m+2)(\mu+1)(\mu+3)\cdots(\mu+2m-1)}{(2m)!}$$

となり, これらに対する特殊解は

$$y_1(x)=1-\frac{\mu(\mu+1)}{2!}x^2+\frac{\mu(\mu-2)(\mu+1)(\mu+3)}{4!}x^4-\cdots$$

となる. また, $a_0=0$, $a_1=1$ とすると, ②により同様にして

$$a_2=a_4=\cdots=a_{2m}=\cdots=0$$

$$a_{2m+1}=(-1)^m\frac{(\mu-1)(\mu-3)\cdots(\mu-2m+1)(\mu+2)(\mu+4)\cdots(\mu+2m)}{(2m+1)!}$$

となり, これに対する特殊解は

$$y_2(x)=x-\frac{(\mu-1)(\mu+2)}{3!}x^3+\frac{(\mu-1)(\mu-3)(\mu+2)(\mu+4)}{5!}x^5-\cdots$$

となる. よって, ①の一般解は次式で与えられる.

$$y(x)=c_1y_1(x)+c_2y_2(x)$$

## 解答

$x=0$ は㋐与えられた微分方程式の正則点だから，

$x=0$ における級数展開を $y=\sum_{n=0}^{\infty} a_n x^n$ とおくと

$$(1-x^2)\sum_{n=0}^{\infty} n(n-1)a_n x^{n-2}-2x\sum_{n=0}^{\infty} na_n x^{n-1}+12\sum_{n=0}^{\infty} a_n x^n=0$$

$x^n$ の係数を 0 とおくと

$$(n+2)(n+1)a_{n+2}-n(n-1)a_n-2na_n+12a_n=0$$

$$(n+2)(n+1)a_{n+2}=(n-3)(n+4)a_n$$

$$\therefore\quad a_{n+2}=-\frac{(3-n)(4+n)}{(n+1)(n+2)}a_n \quad\cdots\cdots①$$

㋑$a_0=0$，$a_1=1$ とすると，①から

$$a_2=a_4=\cdots=a_{2m}=\cdots=0$$

$$a_3=-\frac{2\cdot5}{2\cdot3}a_1=-\frac{5}{3}$$

㋒$a_5=a_7=\cdots=a_{2m+3}=\cdots=0$

したがって，これに対する特殊解は

$$y_1(x)=x-\frac{5}{3}x^3$$

また，$a_0=1$，$a_1=0$ とすると，①から

$$a_3=a_5=\cdots=a_{2m+1}=\cdots=0$$

㋓$a_2=-\dfrac{3\cdot4}{2!}$，$a_4=\dfrac{3\cdot1\cdot4\cdot6}{4!}$

$$a_{2m}=(-1)^m\frac{3\cdot1\cdot\cdots\cdot(5-2m)\cdot4\cdot6\cdot\cdots\cdot(2+2m)}{(2m)!}$$

したがって，これに対する特殊解は

$$y_2(x)=1-\frac{3\cdot4}{2!}x^2+\frac{3\cdot1\cdot4\cdot6}{4!}x^4-\cdots$$

よって，求める一般解の級数展開は

$$y=c_1y_1(x)+c_2y_2(x) \quad\cdots\cdots(答)$$

㋐ ルジャンドルの微分方程式で，$P(P+1)=12$ すなわち，$P=3$ または $P=-4$ のとき．
また，$x\neq\pm1$ のときは

$$y''-\frac{2x}{1-x^2}y'+\frac{12}{1-x^2}y=0$$

となるので，$x=0$ は正則点である．

㋑ ①は 3 項間の漸化式だから，$a_0$ と $a_1$ は任意にとれる．

㋒ $a_5=-\dfrac{0\cdot7}{4\cdot5}a_3=0$

$a_7=-\dfrac{(-2)\cdot9}{6\cdot7}a_5=0$

………

㋓ $a_2=-\dfrac{3\cdot4}{1\cdot2}a_0=-\dfrac{3\cdot4}{2!}$

$a_4=-\dfrac{1\cdot6}{3\cdot4}a_2$

$=\dfrac{3\cdot1\cdot4\cdot6}{4!}$

**POINT** ルジャンドルの微分方程式も物理学において重要である．漸化式を作る考え方はガウスの微分方程式と同じである．

## 問題 56　ルジャンドルの微分方程式 (2)

(1)　微分方程式 $(1-x^2)y''-2xy'+\mu(\mu+1)y=0$ の $x=1$ における特殊解は，超幾何関数 $F\left(\mu+1, -\mu, 1 ; \dfrac{1-x}{2}\right)$ に等しいことを示せ．

(2)　ルジャンドルの多項式 $P_n(x)$ について，次の関係式を示せ．

$$P_{2m+1}(0)=0,\quad P_{2m}(0)=(-1)^m\frac{(2m)!}{2^{2m}(m!)^2}$$

**解説**　微分方程式　$(1-x^2)y''-2xy'+\mu(\mu+1)y=0$　……①

で，$\mu$ が 0 以上の整数であるときを考える．問題 55 から特殊解 $y_1(x)$ は

$\mu=0$ のとき 1，$\mu=2$ のとき $1-3x^2$，$\mu=4$ のとき $1-10x^2+\dfrac{35}{3}x^4$，……

となり，$\mu$ が 0 または偶数に等しいときは $y_1(x)$ は $\mu$ 次の多項式となる．
同様にして，特殊解 $y_2(x)$ は

$\mu=1$ のとき $x$，$\mu=3$ のとき $x-\dfrac{5}{3}x^3$，$\mu=5$ のとき $x-\dfrac{14}{3}x^3+\dfrac{21}{5}x^5$，……

となり，$\mu$ が奇数に等しいときは $y_2(x)$ は $\mu$ 次の多項式となる．

ここで，これらの多項式に定数をかけて $x=1$ のときの $y$ の値が 1 となるようにする．これを $P_\mu(x)$ と表し，**ルジャンドルの多項式**という．とくに

$$P_0(x)=1,\quad P_1(x)=x$$

$$P_2(x)=-\frac{1}{2}(1-3x^2)=\frac{3x^2-1}{2}=\frac{3\cdot 1}{2!}\left(x^2-\frac{2\cdot 1}{2\cdot 3}\right)$$

$$P_3(x)=-\frac{3}{2}\left(x-\frac{5}{3}x^3\right)=\frac{5x^3-3x}{2}=\frac{5\cdot 3\cdot 1}{3!}\left(x^3-\frac{3\cdot 2}{2\cdot 5}x\right)$$

$$P_4(x)=\frac{3}{8}\left(1-10x^2+\frac{35}{3}x^4\right)=\frac{35x^4-30x^2+3}{8}$$

$$=\frac{7\cdot 5\cdot 3\cdot 1}{4!}\left(x^4-\frac{4\cdot 3}{2\cdot 7}x^2+\frac{4\cdot 3\cdot 2\cdot 1}{2\cdot 4\cdot 7\cdot 5}\right)$$

一般には，$P_n(x)$ は次のようになる．

$$P_n(x)=\frac{(2n-1)(2n-3)\cdots\cdot 3\cdot 1}{n!}\times\left\{x^n-\frac{n(n-1)}{2(2n-1)}x^{n-2}+\frac{n(n-1)(n-2)(n-3)}{2\cdot 4\cdot(2n-1)(2n-3)}x^{n-4}+\cdots\right\}$$ ……②

本問の(2)は，これを用いて証明ができる．

## 解 答

(1)　$(1-x^2)y''-2xy'+\mu(\mu+1)y=0$　……①

$x=1$ における級数展開を求めるために

㋐ $1-x=2t$ とおくと

$$\frac{dy}{dx}=\frac{dy}{dt}\frac{dt}{dx}=-\frac{1}{2}\frac{dy}{dt}$$

$$\frac{d^2y}{dx^2}=\frac{d}{dx}\left(\frac{dy}{dx}\right)=㋑\frac{d}{dt}\left(\frac{dy}{dx}\right)\cdot\frac{dt}{dx}=\frac{1}{4}\frac{d^2y}{dt^2}$$

これらを①に代入して整理すると

$$t(1-t)\frac{d^2y}{dx^2}+(1-2t)\frac{dy}{dt}+\mu(\mu+1)y=0$$

これは㋒ガウスの微分方程式で

$$\gamma=1,\ \alpha+\beta=1,\ \alpha\beta=-\mu(\mu+1)$$

すなわち，$\alpha=\mu+1$，$\beta=-\mu$，$\gamma=1$ のときだから，$x=1$ つまり $t=0$ における 1 つの特殊解は，超幾何関数

$$y_1(x)=F(\mu+1,-\mu,1\,;t)$$

$$=F\left(\mu+1,-\mu,1\,;\frac{1-x}{2}\right)\quad\cdots\cdots②$$

で与えられる．これは指数 $\lambda$ が $\lambda=0$ に対応する解である．$\gamma=1$ より他の指数も $\lambda=1-\gamma=0$ となるから，特殊解は②のみである．

(2)　ルジャンドルの多項式 $P_n(x)$ は，㋓解説の②で与えられる．したがって，$P_{2m+1}(x)$ は奇関数であり明らかに　$P_{2m+1}(0)=0$

また，$P_{2m}(0)$

$$=(-1)^m\cdot\frac{(4m-1)(4m-3)\cdots\cdots3\cdot1}{(2m)!}$$

$$\times\frac{(2m)(2m-1)\cdots\cdots2\cdot1}{2\cdot4\cdots\cdots(2m)\cdot(4m-1)(4m-3)\cdots㋔(2m+1)}$$

$$=(-1)^m\frac{(2m-1)(2m-3)\cdots\cdots3\cdot1}{2\cdot4\cdots\cdots(2m)}\ ㋕$$

$$=(-1)^m\frac{(2m)!}{(2^mm!)^2}=(-1)^m\frac{(2m)!}{2^{2m}(m!)^2}$$

㋐　$x=1$ は①の確定特異点である．$x=1$ を原点と見なすための変換である．

㋑　$\frac{d}{dt}\left(\frac{dy}{dx}\right)\frac{dt}{dx}$
$=\frac{d}{dt}\left(-\frac{1}{2}\frac{dy}{dt}\right)\cdot\left(-\frac{1}{2}\right)$
$=\frac{1}{4}\frac{d^2y}{dt^2}$

㋒　$t(1-t)y''+\{\gamma-(\alpha+\beta+1)t\}y'-\alpha\beta y=0$

㋓　解説を参照のこと．

㋔　$4m-(2m-1)=2m+1$

㋕　分子・分母に $(2m)(2m-2)\cdots\cdots4\cdot2$ を掛けた．

**POINT**　ルジャンドルの方程式は，超幾何関数で表される．ここはその変換の仕方を覚えておこう．

## 問題 57　ベッセルの微分方程式の特殊解

次の微分方程式の特殊解を求めよ．

$$x^2\frac{d^2y}{dx^2}+x\frac{dy}{dx}+\left(x^2-\frac{1}{9}\right)y=0$$

**解説**　$\alpha$ が定数である2階同次線形微分方程式

$$x^2\frac{d^2y}{dx^2}+x\frac{dy}{dx}+(x^2-\alpha^2)y=0 \quad (\alpha \geqq 0) \qquad \cdots\cdots①$$

を**ベッセルの微分方程式**という．$x=0$ は**確定特異点**である．$x=0$ における整級数展開 $y(x)=\sum_{n=0}^{\infty}a_nx^{\lambda+n}$ を求める．

$\frac{dy}{dx}=\sum_{n=0}^{\infty}(\lambda+n)a_nx^{\lambda+n-1}$，$\frac{d^2y}{dx^2}=\sum_{n=0}^{\infty}(\lambda+n)(\lambda+n-1)a_nx^{\lambda+n-2}$ を①に代入して

$\sum_{n=0}^{\infty}(\lambda+n)(\lambda+n-1)a_nx^{\lambda+n}+\sum_{n=0}^{\infty}(\lambda+n)a_nx^{\lambda+n}+\sum_{n=0}^{\infty}(a_{n-2}-\alpha^2a_n)x^{\lambda+n}=0$

$x^{\lambda+n}$ の係数を0とすると

$$\{(\lambda+n)^2-\alpha^2\}a_n+a_{n-2}=0 \quad (ただし，a_{-1}=a_{-2}=0) \qquad \cdots\cdots②$$

$n=0$ とおくと　$(\lambda^2-\alpha^2)a_0=0$，$a_0 \neq 0$ から　$\lambda^2-\alpha^2=0$　　$\lambda=\pm\alpha$

（ア）　$\lambda=\alpha$ （$\geqq 0$） のとき；②から　$n(n+2\alpha)a_n=-a_{n-2}$

　$a_{-1}=0$ から　$a_1=0$　　　$\therefore$　$a_3=a_5=\cdots\cdots=a_{2m-1}=\cdots\cdots=0$

　$a_0=1$ とすると　$a_2=-\frac{a_0}{2(2+2\alpha)}=-\frac{1}{2^2(\alpha+1)}$

　これを繰り返すと，$a_{2m}=\frac{(-1)^m}{2^{2m}m!(\alpha+1)(\alpha+2)\cdots\cdots(\alpha+m)}$　$(a_{-1}=a_{-2}=0)$

したがって，$\lambda=\alpha$ に対応する特殊解は

$$y_1(x)=\sum_{n=0}^{\infty}a_nx^{\alpha+n}=\sum_{m=0}^{\infty}a_{2m}x^{\alpha+2m}a_0x^{\alpha}+a_2x^{\alpha+2}+\cdots\cdots+a_{2m}x^{\alpha+2m}+\cdots\cdots$$

$$=x^{\alpha}\left\{1+\sum_{m=1}^{\infty}\frac{(-1)^m}{2^{2m}m!(\alpha+1)(\alpha+2)\cdots\cdots(\alpha+m)}x^{2m}\right\}$$

（イ）　$\lambda=-\alpha$ （$\leqq 0$） のとき，②から　$n(n-2\alpha)a_n=-a_{n-2}$　$(a_{-1}=a_{-2}=0)$　$\cdots\cdots③$

$a_1=0$ から，同様に　$a_1=a_3=\cdots\cdots=a_{m-1}=\cdots\cdots=0$

$\alpha$ が自然数ではないとき，③から $n=2m$ として

$$a_{2m}=-\frac{a_{2m-2}}{2m(2m-2\alpha)}=-\frac{a_{2m-2}}{2^2m(-\alpha+m)} \qquad \cdots\cdots④$$

$a_0=1$ とすると，④から　$a_{2m}=\frac{(-1)^m}{2^{2m}m!(-\alpha+1)(-\alpha+2)\cdots\cdots(-\alpha+m)}$

よって，$\lambda=-\alpha$ に対応する特殊解は，$\alpha$ が自然数ではないとき

$$y_2(x)=\sum_{n=0}^{\infty}a_nx^{-\alpha+n}=x^{-\alpha}\left\{1+\sum_{m=1}^{\infty}\frac{(-1)^m}{2^{2m}m!(-\alpha+1)(-\alpha+2)\cdots\cdots(-\alpha+m)}x^{2m}\right\}$$

## 解答

㋐$x=0$ における整級数展開 $y(x)=\sum_{n=0}^{\infty}a_n x^{\lambda+n}$ を求める．$\dfrac{dy}{dx}=\sum_{n=0}^{\infty}(\lambda+n)a_n x^{\lambda+n-1}$

$$\frac{d^2y}{dx^2}=\sum_{n=0}^{\infty}(\lambda+n)(\lambda+n-1)a_n x^{\lambda+n-2}$$

これらを与方程式に代入して

$$\sum_{n=0}^{\infty}(\lambda+n)(\lambda+n-1)a_n x^{\lambda+n}+\sum_{n=0}^{\infty}(\lambda+n)a_n x^{\lambda+n}+\left(x^2-\frac{1}{9}\right)\sum_{n=0}^{\infty}a_n x^{\lambda+n}=0$$

（㋑は $\left(x^2-\frac{1}{9}\right)\sum_{n=0}^{\infty}a_n x^{\lambda+n}$ の部分）

$x^{\lambda+m}$ の係数を 0 とすると

$$(\lambda+n)(\lambda+n-1)a_n+(\lambda+n)a_n+\left(a_{n-2}-\frac{1}{9}a_n\right)=0$$

$$\therefore\quad \left\{(\lambda+n)^2-\frac{1}{9}\right\}a_n+a_{n-2}=0 \qquad \cdots\cdots①$$

$n=0$ とおくと　㋒$\left(\lambda^2-\frac{1}{9}\right)a_0=0$　　$\therefore\quad \lambda=\pm\dfrac{1}{3}$

（ア）　$\lambda=\dfrac{1}{3}$ のとき，対応する特殊解を $y_1(x)$ とする．

①から　$n\left(n+\dfrac{2}{3}\right)a_n=-a_{n-2}$

$a_{-1}=0$ だから　$a_1=0$

$\therefore\quad a_1=a_3=\cdots\cdots=a_{2m-1}=\cdots\cdots=0$

$a_0=1$　とすると

$$a_{2m}=\frac{-1}{2m\left(2m+\frac{2}{3}\right)}a_{2m-2}=\frac{-1}{2^2m\left(m+\frac{1}{3}\right)}a_{2m-2}$$

$$=\frac{-1}{2^2m\left(m+\frac{1}{3}\right)}\cdot\frac{-1}{2^2(m-1)\left(m-\frac{2}{3}\right)}\cdots\cdots\frac{-1}{2^2\cdot1\cdot\frac{4}{3}}a_0$$

$$=\frac{(-1)^m}{(2^2)^m m!\,\frac{4}{3}\cdot\frac{7}{3}\cdots\cdots\left(\frac{1}{3}+m\right)}$$

よって　$y_1(x)=x^{\frac{1}{3}}\left\{1+\sum_{m=1}^{\infty}a_{2m}x^{2m}\right\}$　　$\cdots\cdots$（答）

（イ）　㋓$\lambda=-\dfrac{1}{3}$ のとき，同様にして $a_{2m-1}=0$

$$a_{2m}=\frac{(-1)^m}{(2^2)^m m!\,\frac{2}{3}\cdot\frac{5}{3}\cdots\cdots\left(-\frac{1}{3}+m\right)}$$

よって，㋔$y_2(x)=x^{-\frac{1}{3}}\left\{1+\sum_{n=1}^{\infty}a_{2m}x^{2m}\right\}$　　$\cdots\cdots$（答）

---

㋐　$x=0$ は確定特異点．

㋑　$\left(x^2-\frac{1}{9}\right)\sum_{n=0}^{\infty}a_n x^{\lambda+n}$
$=\sum_{n=0}^{\infty}a_n\left(x^{\lambda+n+2}-\frac{1}{9}x^{\lambda+n}\right)$
$=\sum_{n=0}^{\infty}\left(a_{n-2}-\frac{1}{9}a_n\right)x^{\lambda+n}$
（ただし，$a_{-1}=a_{-2}=0$）

㋒　$a_0=0$ とすると，
$a_2=a_4=\cdots\cdots=a_{2m}=\cdots\cdots=0$
および $a_1=0$ から
$a_3=a_5=\cdots\cdots=a_{2m-1}=\cdots\cdots=0$
となるので，$a_0\neq0$，すなわち $\lambda^2-\frac{1}{9}=0$ である．

㋓　①から，
$n\left(n-\frac{2}{3}\right)a_n+a_{n-2}=0$
（$a_0=1$，$a_1=0$）

㋔　$\lambda=-\frac{1}{3}$ に対応する特殊解．

**POINT**　ベッセルの微分方程式も物理学において重要である．本問では特殊解についてのみ学んだ．

## 問題 58　無限遠点における級数展開

次の微分方程式を $x=\infty$ における級数展開によって解け．

(1)　$4x^3y''+6x^2y'+y=0$

(2)　$2(x-1)x^2y''+3x(x+2)y'-8y=0$

(3)　$(x^2-1)x^2y''+2x^3y'+12y=0$

**解 説**　問題 54「ガウスの微分方程式」では，①の解の級数 $y_1(x)$，$y_2(x)$ は $|x|<1$ において収束する．これは解として無限級数 $y=\sum_{n=0}^{\infty}c_nx^{\lambda+n}$ を考えることから明らかであろう．また，問題 55「ルジャンドルの微分方程式」でも，①の解の級数は $|x|<1$ において収束する．さらに，問題 56 の問題 (1) では，$\left|\dfrac{1-x}{2}\right|<1$ すなわち $|x-1|<2$ において収束する．

ここで，独立変数 $x$ の絶対値 $|x|$ の大きな値に対する解が必要な場合がある．変数 $x$ の絶対値 $|x|$ の十分大きな値を**無限遠点の近傍**と呼ぶ．

微分方程式　　$y''+p(x)y'+q(x)y=0$　　……①

について，$x=\infty$ あるいは $x=-\infty$ の近傍における解を求めるには

変数変換 $z=\dfrac{1}{x}$ すなわち $x=\dfrac{1}{z}$ を行うとよい．これにより，$x=\infty$ あるいは $x=-\infty$ は $z=0$ の近傍に変換される．このとき

$$\frac{dy}{dx}=\frac{dy}{dz}\frac{dz}{dx}=\frac{dy}{dz}\cdot\left(-\frac{1}{x^2}\right)=-\frac{1}{x^2}\frac{dy}{dz}=-z^2\frac{dy}{dz}$$

$$\frac{d^2y}{dx^2}=\frac{d}{dx}\left(\frac{dy}{dx}\right)=\frac{d}{dx}\left(-\frac{1}{x^2}\frac{dy}{dz}\right)=\frac{2}{x^3}\frac{dy}{dz}-\frac{1}{x^2}\frac{d^2y}{dz^2}\frac{dz}{dx}$$

$$=\frac{2}{x^3}\frac{dy}{dz}+\frac{1}{x^4}\frac{d^2y}{dz^2}=z^4\frac{d^2y}{dz^2}+2z^3\frac{dy}{dz}$$

となるので，微分方程式①は　$y''+r(z)y'+s(z)y=0$　　……②

の形に変換される．②について，$z=0$ が正則点か確定特異点かがわかれば，$x=\infty$ あるいは $x=-\infty$ が①の正則点か確定特異点かがわかる．

このようにして，②の $z=0$ における級数展開がわかると，$z=\dfrac{1}{x}$ とおき換えることにより $x=\infty$ あるいは $x=-\infty$ における級数展開が得られる．この級数を **$x=\infty$ ($x=-\infty$) を中心とする級数展開**，または **$x=\infty$ の近傍 ($x=-\infty$ の近傍) における級数展開**という．

## 解答

$z=\dfrac{1}{x}$ とおくと

$$\underset{㋐}{\frac{dy}{dx}=-z^2\frac{dy}{dz},\quad \frac{d^2y}{dx^2}=z^4\frac{d^2y}{dz^2}+2z^3\frac{dy}{dz}}$$

(1)　与えられた微分方程式に上の変換を行うと

$$\frac{4}{z^3}\left(z^4\frac{d^2y}{dz^2}+2z^3\frac{dy}{dz}\right)+\frac{6}{z^2}\left(-z^2\frac{dy}{dz}\right)+y=0$$

$$\therefore\ \underset{㋑}{4zy''+2y'+y=0}$$

これを解くと一般解は

$$y=c_1\cos\sqrt{z}+c_2\sin\sqrt{z}$$

よって，㋒求める一般解は

$$y=c_1\cos\frac{1}{\sqrt{x}}+c_2\sin\frac{1}{\sqrt{x}}$$

……(答)

(2)

$$2\left(\frac{1}{z}-1\right)\frac{1}{z^2}(z^4y''+2z^3y')+\frac{3}{z}\left(\frac{1}{z}+2\right)\cdot(-z^2y')-8y=0$$

$$\therefore\ \underset{㋓}{2z(1-z)y''+(1-10z)y'-8y=0}$$

これを解くと一般解は，超幾何関数を用いて

$$y=c_1F\left(2,2,\frac{1}{2}\ ;z\right)+c_2\sqrt{z}F\left(\frac{5}{2},\frac{5}{2},\frac{3}{2}\ ;z\right)$$

よって，求める一般解は

$$y=c_1F\left(2,2,\frac{1}{2}\ ;\frac{1}{x}\right)+\frac{c_2}{\sqrt{x}}F\left(\frac{5}{2},\frac{5}{2},\frac{3}{2}\ ;\frac{1}{x}\right)$$

……(答)

(3)　(1)，(2) と同様に代入して整理すると

$$\underset{㋔}{(1-z^2)y''-2zy'+12y=0}$$

この一般解において，$z=\dfrac{1}{x}$ として求める解は

$$y=c_1\left(\frac{1}{x}-\frac{5}{3}\cdot\frac{1}{x^3}\right)$$
$$+c_2\left\{1+\sum_{m=1}^{\infty}(-1)^m\frac{3\cdot1\cdot\cdots\cdot(5-2m)\cdot2^m(m+1)!}{(2m)!}\frac{1}{x^{2m}}\right\}$$

……(答)

㋐　この関係式は丸暗記するのではなく，いつでも導き出せるようにしておこう．

㋑　$\dfrac{dy}{dz}=y'$，$\dfrac{d^2y}{dz^2}=y''$ とおいた．この微分方程式は問題 53 と同一．

㋒　$x=\infty$ における級数展開だから，$z=\dfrac{1}{x}$ とおく．

㋓　この微分方程式は問題 54(1)の（i）と同一．

㋔　問題 55 と同一．

**POINT**　工学系の場合においては，$x=a$（定数）における整級数展開だけではなく $x=\infty$ における状態の解が要求されることが多い．

## 練習問題 04

解答は 215 ページから

1 次の微分方程式を $x=0$ における級数展開によって解け.

$$y'=x+2xy$$

2 次の微分方程式が $x=0$ で正則となるような解を求めよ.

$$y''+\frac{2}{x}y'+y=0$$

3 次の微分方程式を級数展開によって，初期条件 $y(0)=1$ かつ $y'(0)=1$ のもとで解け.

$$y''+xy'+y=0$$

4 微分方程式 $y''+y=\sin(x+y)$ の級数解を，初期条件 $y(0)=0$ かつ $y'(0)=0$ のもとで，$x^3$ の項まで求めよ.

5　次の微分方程式を $x=0$ における級数展開によって解け．

$$(x^2-x)y''+(-x+2)y'+y=0$$

6　次の微分方程式を $x=\infty$ における級数展開によって解け．

$$x^4y''+(2x^2+1)xy'-2y=0$$

7　微分方程式 $(x^2-1)y''-4xy'+6y=0$ において，$x\to 1$ のとき $y\to 4$ となるような解を求めよ．

8　次の微分方程式の一般解をできるだけ簡単な関数で表せ．

(1)　$x(1-x)y''+(3-4x)y'+4y=0$

(2)　$x(1-x)y''+\dfrac{2}{3}(1-x)y'+\dfrac{2}{9}y=0$

# *Chapter* 5

# 連立常微分方程式

## 問題 59 定数係数の連立同次線形微分方程式（1）

$x$，$y$，$z$ が $t$ の関数であるとき，次の連立微分方程式を解け．

$$\begin{cases} x' = x - z \\ y' = x + 2y + z \\ z' = 2x + 2y + 3z \end{cases}$$

**解説** この章では，連立微分方程式について学ぶが，まず，独立変数 $t$ と 3 つの従属変数 $x$，$y$，$z$ に関する連立微分方程式の解法について考えることにする．ここでの結果は $n$ 個の従属変数の場合にも使える．

定数係数の連立同次線形微分方程式

$$\begin{cases} x' = p_1x + q_1y + r_1z \\ y' = p_2x + q_2y + r_2z \\ z' = p_3x + q_3y + r_3z \end{cases} \quad \cdots\cdots①$$

について考える．解が　$x = ke^{\lambda t}$，$y = le^{\lambda t}$，$z = me^{\lambda t}$　（$k, l, m, \lambda$ は定数）と予想される．①に代入して，それぞれの式を $e^{\lambda t}$ で割ると，

$$\begin{cases} k\lambda = p_1k + q_1l + r_1m \\ l\lambda = p_2k + q_2l + r_2m \\ m\lambda = p_3k + q_3l + r_3m \end{cases} \quad \therefore \quad \begin{cases} (p_1 - \lambda)k + q_1l + r_1m = 0 \\ p_2k + (q_2 - \lambda)l + r_2m = 0 \\ p_3k + q_3l + (r_3 - \lambda)m = 0 \end{cases} \quad \cdots\cdots②$$

ここで，$k$，$l$，$m$ が同時に 0 になると $x = y = z = 0$ となり不合理だから

$$\text{行列式} \begin{vmatrix} p_1 - \lambda & q_1 & r_1 \\ p_2 & q_2 - \lambda & r_2 \\ p_3 & q_3 & r_3 - \lambda \end{vmatrix} = 0 \quad \cdots\cdots③$$

が成り立たなければいけない．これは①の右辺の $x$，$y$，$z$ の係数が作る**行列の固有方程式**に一致する．③が異なる 3 つの解（固有値）$\lambda_1$，$\lambda_2$，$\lambda_3$ をもつとき，これらを②に代入すればそれぞれ $k$，$l$，$m$ の比が定められる．すなわち，各々の $\lambda_i (i = 1, 2, 3)$ に対して 3 組の $(k_i, l_i, m_i)(i = 1, 2, 3)$ が求められ，これより 3 つの解 $(k_ie^{\lambda_i t}, l_ie^{\lambda_i t}, m_ie^{\lambda_i t})(i = 1, 2, 3)$ が得られる．このとき

$$W(e^{\lambda_1 t}, e^{\lambda_2 t}, e^{\lambda_3 t}) = \begin{vmatrix} 1 & 1 & 1 \\ \lambda_1 & \lambda_2 & \lambda_3 \\ \lambda_1^2 & \lambda_2^2 & \lambda_3^2 \end{vmatrix} e^{(\lambda_1 + \lambda_2 + \lambda_3)t} \neq 0$$

から 3 つの解は線形独立で，①の一般解は 3 つの解の線形結合で表現できる．

## 解答

㋐固有方程式は $\begin{vmatrix} 1-\lambda & 0 & -1 \\ 1 & 2-\lambda & 1 \\ 2 & 2 & 3-\lambda \end{vmatrix}=0$

$(1-\lambda)(2-\lambda)(3-\lambda)-2$

$-\{-2(2-\lambda)+2(1-\lambda)\}=0$

$(1-\lambda)(2-\lambda)(3-\lambda)=0$　$\therefore$　㋑$\lambda=1, 2, 3$

$\lambda=1$ のとき ㋒$\begin{bmatrix} 0 & 0 & -1 \\ 1 & 1 & 1 \\ 2 & 2 & 2 \end{bmatrix} \to \begin{bmatrix} 1 & 1 & 0 \\ 0 & 0 & 1 \\ 0 & 0 & 0 \end{bmatrix}$ より

㋓$k:l:m=1:-1:0$

$\therefore$　$x=e^t,\ y=-e^t,\ z=0$　……①

$\lambda=2$ のとき $\begin{bmatrix} -1 & 0 & -1 \\ 1 & 0 & 1 \\ 2 & 2 & 1 \end{bmatrix} \to \begin{bmatrix} 1 & 1 & 0 \\ 0 & 2 & -1 \\ 0 & 0 & 0 \end{bmatrix}$ より

$k:l:m=-2:1:2$

$\therefore$　$x=-2e^{2t},\ y=e^{2t},\ z=2e^{2t}$　……②

$\lambda=3$ のとき $\begin{bmatrix} -2 & 0 & -1 \\ 1 & -1 & 1 \\ 2 & 2 & 0 \end{bmatrix} \to \begin{bmatrix} 1 & 1 & 0 \\ 0 & 2 & -1 \\ 0 & 0 & 0 \end{bmatrix}$ より

$k:l:m=1:-1:-2$

$\therefore$　$x=e^{3t},\ y=-e^{3t},\ z=-2e^{3t}$　……③

このとき　$W(e^t, e^{2t}, e^{3t})=\begin{vmatrix} 1 & 1 & 1 \\ 1 & 2 & 3 \\ 1 & 4 & 9 \end{vmatrix} e^{6t} \neq 0$

となり，3つの解は線形独立である．

よって，①～③から求める㋔一般解は

$$\begin{cases} x= c_1e^t-2c_2e^{2t}+c_3e^{3t} \\ y=-c_1e^t+c_2e^{2t}-c_3e^{3t} \\ z= 2c_2e^{2t}-2c_3e^{3t} \end{cases}$$　……(答)

㋐　$A=\begin{bmatrix} 1 & 0 & -1 \\ 1 & 2 & 1 \\ 2 & 2 & 3 \end{bmatrix}$ として，$|A-\lambda E|=0$

㋑　固有値．

㋒　行基本変形．

㋓　$\begin{cases} k+l=0 \\ m=0 \end{cases}$ より，$\begin{bmatrix} k \\ l \\ m \end{bmatrix}$ は固有ベクトル．

㋔　①，②，③の解の線形結合で与えられる．

**POINT**　連立同次線形微分方程式は行列の固有値・固有ベクトルを利用して解くことができる．数学の横のつながりの強さを感じる技法である．

## 問題 60　定数係数の連立同次線形微分方程式（2）

$x$，$y$，$z$ が $t$ の関数であるとき，次の連立微分方程式を解け．

$$\begin{cases} x' = x - z \\ y' = 2x + 2y + 2z \\ z' = 2x + y + 2z \end{cases}$$

**解説**　前問では，定数係数の連立同次線形微分方程式

$$\begin{cases} x' = p_1x + q_1y + r_1z \\ y' = p_2x + q_2y + r_2z \\ z' = p_3x + q_3y + r_3z \end{cases} \quad \cdots\cdots①$$

において，その固有値 $\lambda_1$，$\lambda_2$，$\lambda_3$ がすべて異なる場合を学んだが，ここでは重解をもつ場合を考えてみよう．

(1)　2 重解の場合；$\lambda_1 = \lambda_2 \neq \lambda_3$ とするとき，$\lambda_1$，$\lambda_3$ に対応する解は前問と同じ方法で得られる．もう 1 つの独立な解を求めるために，問題 25 で学んだ方法を用いて，$x = (k' + kt)e^{\lambda_1 t}$，$y = (l' + lt)e^{\lambda_1 t}$，$z = (m' + mt)e^{\lambda_1 t}$ とおく．これらを①に代入して，それぞれを $e^{\lambda_1 t}$ で割ると

$$\begin{cases} \{(p_1 - \lambda_1)k + q_1 l + r_1 m\}t + (p_1 - \lambda_1)k' + q_1 l' + r_1 m' = k \\ \{p_2 k + (q_2 - \lambda_1)l + r_2 m\}t + p_2 k' + (q_2 - \lambda_1)l' + r_2 m' = l \\ \{p_3 k + q_3 l + (r_3 - \lambda_1)m\}t + p_3 k' + q_3 l' + (r_3 - \lambda_1)m' = m \end{cases}$$

これらは $t$ の恒等式である．$t$ の 1 次の項を 0 とおいて得られる連立方程式は $\lambda_1$ に対応する解と一致するので，$k$，$l$，$m$ は $\lambda_1$ の場合の $k$，$l$，$m$ そのままでよい．よって，定数項についての連立方程式を解いて $k'$，$l'$，$m'$ を求めれば，もう 1 つの独立な解が得られる．

(2)　3 重解の場合；3 重解 $\lambda$ に対応する解 $x = ke^{\lambda t}$，$y = le^{\lambda t}$，$z = me^{\lambda t}$ は前問と同じ方法で得られる．第 2 の解は，これで得られた $k$，$l$，$m$ を用い，

$$x = (k' + kt)e^{\lambda t},\quad y = (l' + lt)e^{\lambda t},\quad z = (m' + mt)e^{\lambda t}$$

とおいて，(1)と同じ方法で求める．

さらに，第 3 の解は，初めに得られた解 $k$，$l$，$m$ を用い，

$$x(k'' + k't + kt^2)e^{\lambda t},\quad y = (l'' + l't + lt^2)e^{\lambda t},\quad z = (m'' + m't + mt^2)e^{\lambda t}$$

とおき，①に代入して，$k'$，$l'$，$m'$ および $k''$，$l''$，$m''$ を求めて得られる．

## 解答

固有方程式は $\begin{vmatrix} 1-\lambda & 0 & -1 \\ 2 & 2-\lambda & 2 \\ 2 & 1 & 2-\lambda \end{vmatrix}=0$

$$(1-\lambda)(2-\lambda)(2-\lambda)-2$$
$$-\{-2(2-\lambda)+2(1-\lambda)\}=0$$
$$(1-\lambda)(2-\lambda)^2=0$$

$\therefore\ \lambda=2$（2重解），1

$\lambda=2$ のとき $\begin{bmatrix} -1 & 0 & -1 \\ 2 & 0 & 2 \\ 2 & 1 & 0 \end{bmatrix} \to \begin{bmatrix} 1 & 0 & 1 \\ 0 & 1 & -2 \\ 0 & 0 & 0 \end{bmatrix}$ より（ア）

$$k:l:m=1:-2:-1$$

$\therefore\ x=e^{2t},\ y=-2e^{2t},\ z=-e^{2t}$ ……①

（イ）$\lambda=2$ に関する①と独立な解を

$x=(k'+t)e^{2t},\ y=(l'-2t)e^{2t},$
$z=(m'-t)e^{2t}$

とおいて，（ウ）与式に代入して整理すると

$$\begin{cases} -k' - m'= 1 \\ 2k' +2m'=-2 \\ 2k'+l' =-1 \end{cases}$$

（エ）$k'=0$ とおくと $l'=-1,\ m'=-1$

$\therefore\ \begin{cases} x=te^{2t},\ y=-(1+2t)e^{2t} \\ z=-(1+t)e^{2t} \end{cases}$ ……②

$\lambda=1$ のとき $\begin{bmatrix} 0 & 0 & -1 \\ 2 & 1 & 2 \\ 2 & 1 & 1 \end{bmatrix} \to \begin{bmatrix} 2 & 1 & 0 \\ 0 & 0 & 1 \\ 0 & 0 & 0 \end{bmatrix}$ より

$$k:l:m=1:-2:0$$

$\therefore\ x=e^{t},\ y=-2e^{t},\ z=0$ ……③

よって，①～③から求める一般解は

$$\begin{cases} x=(c_1+c_2t)e^{2t}+c_3e^{t} \\ y=-(2c_1+c_2+2c_2t)e^{2t}-2c_3e^{t} \\ z=-(c_1+c_2+c_2t)e^{2t} \end{cases}$$ ……(答)

---

（ア）行基本変形．
$\begin{cases} k+m=0 \\ l-2m=0 \end{cases}$ より
固有ベクトルの1つは
$\begin{bmatrix} 1 \\ -2 \\ -1 \end{bmatrix}$

（イ）固有値 $\lambda=2$ は2重解だから，①と独立なもう1つの解を求める．

（ウ）$(p_1-\lambda)k'+q_1l'+r_1m'$
$=k=1$
$p_2k'+(q_2-\lambda)l'+r_2m'$
$=l=-2$
$p_3k'+q_3l'+(r_3-\lambda)m'$
$=m=-1$

（エ）$k',\ l',\ m'$ の方程式は
$\begin{cases} k'+m'=-1 \\ 2k'+l'=-1 \end{cases}$ より
$k'=0$ とおいて $l',\ m'$ の値を定める．

**POINT** 固有値が2重解 $\lambda_1$ をもつときは，$\lambda_1$ に関する解と独立なもう1つの解を求めることになる．

## 問題 61　定数係数の連立同次線形微分方程式 (3)

$x$, $y$, $z$ が $t$ の関数であるとき，次の連立微分方程式を解け．

$$\begin{cases} x'=y+z \\ y'=-z \\ z'=-x+z \end{cases}$$

**解説**　問題60の解説における定数係数の連立同次線形微分方程式①において，その固有値が **共役な虚数解　$\lambda_1=a+bi$, $\lambda_2=a-bi$　($a, b$ は実数)** をもつ場合を考える．$\lambda_1$ に対応する $k$, $l$, $m$ の値を $k_1$, $l_1$, $m_1$ とすると，

$$\begin{cases} (p_1-\lambda_1)k_1+q_1l_1+r_1m_1=0 \\ p_2k_1+(q_2-\lambda_1)l_1+r_2m_1=0 \\ p_3k_1+q_3l_1+(r_3-\lambda_1)m_1=0 \end{cases}$$

それぞれの式の共役複素数をとると

$$\begin{cases} (p_1-\overline{\lambda_1})\overline{k_1}+q_1\overline{l_1}+r_1\overline{m_1}=0 \\ p_2\overline{k_1}+(q_2-\overline{\lambda_1})\overline{l_1}+r_2\overline{m_1}=0 \\ p_3\overline{k_1}+q_3\overline{l_1}+(r_3-\overline{\lambda_1})\overline{m_1}=0 \end{cases} \quad \text{から} \quad \begin{cases} (p_1-\lambda_2)\overline{k_1}+q_1\overline{l_1}+r_1\overline{m_1}=0 \\ p_2\overline{k_1}+(q_2-\lambda_2)\overline{l_1}+r_2\overline{m_1}=0 \\ p_3\overline{k_1}+q_3\overline{l_1}+(r_3-\lambda_2)\overline{m_1}=0 \end{cases}$$

**これは $\lambda_2$ $(=\overline{\lambda_1})$ に対応する $k$, $l$, $m$ の値がそれぞれ $k_1$, $l_1$, $m_1$ の共役複素数 $\overline{k_1}$ $(=k_2)$, $\overline{l_1}$ $(=l_2)$, $\overline{m_1}$ $(=m_2)$ に一致することを示している．**

したがって，$\lambda_1$, $\lambda_2$ $(=\overline{\lambda_1})$ に対応する $k_1$, $k_2$ は $k_1=k'+ik''$, $k_2=k'-ik''$ ($k', k''$ は実数) と表せて，$\lambda_1$, $\lambda_2$ に対応する解 $x_1(t)$, $x_2(t)$ の線形結合は

$$\begin{aligned} c_1x_1(t)+c_2x_2(t) &= c_1k_1e^{\lambda_1 t}+c_2k_2e^{\lambda_2 t} \\ &= c_1(k'+ik'')e^{(a+bi)t}+c_2(k'-ik'')e^{(a-bi)t} \\ &= c_1(k'+ik'')e^{at}(\cos bt+i\sin bt)+c_2(k'-ik'')e^{at}(\cos bt-i\sin bt) \\ &= (c_1+c_2)e^{at}(k'\cos bt-k''\sin bt)+i(c_1-c_2)e^{at}(k'\sin bt+k''\cos bt) \end{aligned}$$

ここで，$c_1+c_2$, $i(c_1-c_2)$ を改めて $c_1'$, $c_2'$ とおくと

$$\begin{aligned} &c_1x_1(t)+c_2x_2(t) \\ &= c_1'e^{at}(k'\cos bt-k''\sin bt)+c_2'e^{at}(k'\sin bt+k''\cos bt) \end{aligned}$$

と表される．同様にして，$\lambda_1, \lambda_2$ に対応する解 $y_1(t)$, $y_2(t)$ および $z_1(t)$, $z_2(t)$ の線形結合 $c_1y_1(t)+c_2y_2(t)$, $c_1z_1(t)+c_2z_2(t)$ が得られるので，①の一般解を求めることができる．

## 解答

固有方程式は $\begin{vmatrix} -\lambda & 1 & 1 \\ 0 & -\lambda & -1 \\ -1 & 0 & 1-\lambda \end{vmatrix}=0$

$\lambda^2(1-\lambda)+1-\lambda=0 \qquad (\lambda-1)(\lambda^2+1)=0$

$\therefore\ \lambda=1,\ \pm i$

$\lambda=1$ のとき

$\begin{bmatrix} -1 & 1 & 1 \\ 0 & -1 & -1 \\ -1 & 0 & 0 \end{bmatrix} \to \begin{bmatrix} 1 & 0 & 0 \\ 0 & 1 & 1 \\ 0 & 0 & 0 \end{bmatrix}$ より

$k:l:m=0:1:-1$

$\therefore$ ㋐ $x=0,\ y=e^t,\ z=-e^t$

$\lambda=i$ のとき

㋑ $\begin{bmatrix} -i & 1 & 1 \\ 0 & -i & -1 \\ -1 & 0 & 1-i \end{bmatrix} \to \begin{bmatrix} 1 & 0 & -1+i \\ 0 & i & 1 \\ 0 & 0 & 0 \end{bmatrix}$ より

$k:l:m=1-i:i:1$

同様にして，$\lambda=-i$ のとき

㋒ $k:l:m=1+i:-i:1$

したがって，$\lambda=i,\ -i$ に対応する解として

$c_2x_2(t)+c_3x_3(t)$

$=c_2(1-i)e^{it}+c_3(1+i)e^{-it}$

$=(c_2+c_3)(\cos t+\sin t)+i(c_2-c_3)(\sin t-\cos t)$

$c_2+c_3$，$i(c_2-c_3)$ を改めて $c_2'$，$c_3'$ とおくと

$c_2x_2(t)+c_3x_3(t)$

$=c_2'(\cos t+\sin t)+c_3'(\sin t-\cos t)$

同様にして

㋓ $c_2y_2(t)+c_3y_3(t)=-c_2'\sin t+c_3'\cos t$

$c_2z_2(t)+c_3z_3(t)=c_2'\cos t+c_3'\sin t$

よって，求める一般解は

$$\begin{cases} x=c_2'(\cos t+\sin t)+c_3'(\sin t-\cos t) \\ y=c_1'e^t-c_2'\sin t+c_3'\cos t \\ z=-c_1'e^t+c_2'\cos t+c_3'\sin t \end{cases}$$ ……(答)

㋐ $\lambda=1$ に対応する基本解.

㋑ 行基本変形.

$\begin{cases} k+(-1+i)m=0 \\ il+m=0 \end{cases}$

より固有ベクトルの1つは

$\begin{bmatrix} 1-i \\ i \\ 1 \end{bmatrix}$

㋒ $\lambda=-i$ は $\lambda=i$ の共役複素数だから，$k$，$l$，$m$ の比も共役になる.

㋓ $c_2y_2(t)+c_3y_3(t)$

$=c_2\cdot ie^{it}+c_3\cdot(-i)e^{-it}$

$=c_2i(\cos t+i\sin t)$

$\quad -c_3i(\cos t-i\sin t)$

$=-(c_2+c_3)\sin t$

$\quad +i(c_2-c_3)\cos t$

$=-c_2'\sin t+c_3'\cos t$

**POINT** 固有値が共役な複素数を解にもつときは，オイラーの公式を利用して，それらに対する解の線形結合を考える.

## 問題 62　連立非同次線形微分方程式 (1)

$x$, $y$ が $t$ の関数であるとき，次の連立微分方程式を解け．

$$\begin{cases} x' = -x + 2y + \cos t \\ y' = 2x - y \end{cases}$$

**解説**　次の連立微分方程式を考えてみよう．

$$\begin{cases} x' = px + qy & \cdots\cdots① \\ y' = qx + py & \cdots\cdots② \end{cases}$$

①，②の右辺の $x$，$y$ の係数が逆になっている．このような連立微分方程式を**対称形**と呼ぶが，この場合は①と②の和，差を考えると計算が楽である．

①＋②から　$(x+y)' = (p+q)(x+y)$　$\therefore\ x+y = Ae^{(p+q)t}$

①－②から　$(x-y)' = (p-q)(x-y)$　$\therefore\ x-y = Be^{(p-q)t}$

これより，$x$，$y$ は求められる．この解法は，非同次の場合でも適用できる．

連立微分方程式 $\begin{cases} x' = 2x + y + e^{-t} & \cdots\cdots③ \\ y' = x + 2y + e^{2t} & \cdots\cdots④ \end{cases}$

を解いてみよう．対応する同次形は対称形である．

③＋④から　$(x+y)' = 3(x+y) + e^{2t} + e^{-t}$　$\cdots\cdots⑤$

これから $(x+y+\alpha e^{2t}+\beta e^{-t})' = 3(x+y+\alpha e^{2t}+\beta e^{-t})$ をみたす $\alpha$，$\beta$ を定める．

$$x' + y' + 2\alpha e^{2t} - \beta e^{-t} = 3x + 3y + 3\alpha e^{2t} + 3\beta e^{-t}$$

$$x' + y' = 3x + 3y + \alpha e^{2t} + 4\beta e^{-t}$$

⑤と比べて，$\alpha = 1$，$4\beta = 1$　　$\therefore\ \alpha = 1,\ \beta = \dfrac{1}{4}$

したがって，　$x + y + e^{2t} + \dfrac{1}{4}e^{-t} = Ae^{3t}$　$\cdots\cdots⑥$

また，③－④から，　$(x-y)' = x - y + e^{-t} - e^{2t}$

同様にして，　$\left(x - y + e^{2t} + \dfrac{1}{2}e^{-t}\right)' = x - y + e^{2t} + \dfrac{1}{2}e^{-t}$

$$\therefore\ x - y + e^{2t} + \frac{1}{2}e^{-t} = Be^{t} \quad \cdots\cdots⑦$$

よって，⑥，⑦から　$\begin{cases} x = c_1e^{3t} + c_2e^{t} - e^{2t} - \dfrac{3}{8}e^{-t} \\ y = c_1e^{3t} - c_2e^{t} + \dfrac{1}{8}e^{-t} \end{cases}$　$\left(\dfrac{A}{2} = c_1,\ \dfrac{B}{2} = c_2\right)$

## 解答

$$\begin{cases} x' = -x + 2y + \cos t & \cdots\cdots ① \\ y' = 2x - y & \cdots\cdots ② \end{cases}$$
（㋐）

①＋②から　$(x+y)' = x + y + \cos t$　……③

③が，$(x+y+\alpha\cos t+\beta\sin t)'$
$= x+y+\alpha\cos t+\beta\sin t$

をみたすように，定数 $\alpha$，$\beta$ の値を定める．

$x'+y'-\alpha\sin t+\beta\cos t$
$= x+y+\alpha\cos t+\beta\sin t$　より，

$x'+y' = x+y+(\alpha-\beta)\cos t+(\alpha+\beta)\sin t$

③と比べて　$\alpha-\beta=1$，$\alpha+\beta=0$

$$\alpha=\frac{1}{2},\ \beta=-\frac{1}{2}$$

$$\therefore\ x+y+\frac{1}{2}\cos t-\frac{1}{2}\sin t=Ae^t \quad \cdots\cdots ④$$
（㋑）

また，①－②から

$(x-y)' = -3(x-y)+\cos t$　……⑤

⑤が　$(x-y+\gamma\cos t+\delta\sin t)'$
$= -3(x-y+\gamma\cos t+\delta\sin t)$

をみたすように，定数 $\gamma$，$\delta$ の値を定める．

$x'-y'-\gamma\sin t+\delta\cos t$
$= -3x+3y-3\gamma\cos t-3\delta\sin t$ より

$x'-y' = -3x+3y-(3\gamma+\delta)\cos t+(\gamma-3\delta)\sin t$

⑤と比べて　$3\gamma+\delta=-1$，$\gamma-3\delta=0$

$$\gamma=-\frac{3}{10},\ \delta=-\frac{1}{10}$$

$$\therefore\ x-y-\frac{3}{10}\cos t-\frac{1}{10}\sin t=Be^{-3t} \quad \cdots\cdots ⑥$$
（㋒）

よって，④，⑥から（㋓）

$$\begin{cases} x=c_1e^t+c_2e^{-3t}-\dfrac{1}{10}\cos t+\dfrac{3}{10}\sin t \\ y=c_1e^t-c_2e^{-3t}-\dfrac{2}{5}\cos t+\dfrac{1}{5}\sin t \end{cases} \quad \cdots\cdots(答)$$

㋐　同次形は
$\begin{cases} x'=-x+2y \\ y'=2x-y \end{cases}$ となり，対称形である．
したがって，①＋②および①－②を考える．

㋑　$\alpha=\frac{1}{2}$，$\beta=-\frac{1}{2}$ より
$\left(x+y+\frac{1}{2}\cos t-\frac{1}{2}\sin t\right)'$
$=x+y+\frac{1}{2}\cos t-\frac{1}{2}\sin t$
ここで
$Y=x+y+\frac{1}{2}\cos t-\frac{1}{2}\sin t$
とおくと　$Y'=Y$
$\therefore\ Y=Ae^t$

㋒　$\gamma=-\frac{3}{10}$，$\delta=-\frac{1}{10}$ より
$Y=x-y-\frac{3}{10}\cos t-\frac{1}{10}\sin t$ とおくと
$Y'=-3Y$
$\therefore\ Y=Be^{-3t}$

㋓　$\frac{A}{2}=c_1$，$\frac{B}{2}=c_2$

**POINT**　定数係数の連立同次線形微分方程式は行列の固有値で解くことができた．対応する同次形が対称形をなす連立非同次線形微分方程式は，連立漸化式の解法によく似ている．エレガントな解法ではないが，覚えておくと便利である．

## 問題 63 連立非同次線形微分方程式（2）

$x$，$y$ が $t$ の関数であるとき，次の連立微分方程式を解け．

$$\begin{cases} x'=2x-y+e^{2t} \\ y'=5x-4y+e^{-t} \end{cases}$$

**解説** ここでは，**連立非同次線形微分方程式の定型的な解法**について学ぶ．

$$\begin{cases} x'=p_1(t)x+q_1(t)y+r_1(t)z+f_1(t) \\ y'=p_2(t)x+q_2(t)y+r_2(t)z+f_2(t) \\ z'=p_3(t)x+q_3(t)y+r_3(t)z+f_3(t) \end{cases} \quad \cdots\cdots①$$

の1つの特殊解を $(x,y,z)=(x_0(t),\ y_0(t),\ z_0(t))$ とする．対応する同次形

$$\begin{cases} x'=p_1(t)x+q_1(t)y+r_1(t)z \\ y'=p_2(t)x+q_2(t)y+r_2(t)z \\ z'=p_3(t)x+q_3(t)y+r_3(t)z \end{cases} \quad \cdots\cdots②$$

の一般解を①の**余関数**といい，$(x,y,z)=(x_c(t),y_c(t),z_c(t))$ で表す．このとき，

①の一般解は「余関数＋①の特殊解」 として表される．

$$(x,y,z)=(x_c(t)+x_0(t),\ y_c(t)+y_0(t),\ z_c(t)+z_0(t))$$

ここで，同次形②の一般解が求まっているときは，**定数変化法**によって非同次形①の一般解を求めることができる．②の一般解

$$\begin{cases} x=c_1x_1(t)+c_2x_2(t)+c_3x_3(t) \\ y=c_1y_1(t)+c_2y_2(t)+c_3y_3(t) \\ z=c_1z_1(t)+c_2z_2(t)+c_3z_3(t) \end{cases}$$

における $c_1$，$c_2$，$c_3$ を $u_1(t)$，$u_2(t)$，$u_3(t)$ とおき換えて

$$\begin{cases} x=u_1(t)x_1(t)+u_2(t)x_2(t)+u_3(t)x_3(t) \\ y=u_1(t)y_1(t)+u_2(t)y_2(t)+u_3(t)y_3(t) \\ z=u_1(t)z_1(t)+u_2(t)z_2(t)+u_3(t)z_3(t) \end{cases} \quad \cdots\cdots③$$

③を①に代入すると $(x_i(t),y_i(t),z_i(t))$ $(i=1,2,3)$ が②の解だから

$$\begin{cases} u_1'(t)x_1(t)+u_2'(t)x_2(t)+u_3'(t)x_3(t)=f_1(t) \\ u_1'(t)y_1(t)+u_2'(t)y_2(t)+u_3'(t)y_3(t)=f_2(t) \\ u_1'(t)z_1(t)+u_2'(t)z_2(t)+u_3'(t)z_3(t)=f_3(t) \end{cases}$$

となる．これを $u_1'(t)$，$u_2'(t)$，$u_3'(t)$ についての連立方程式と見なして解くと，$u_1(t)$，$u_2(t)$，$u_3(t)$ が得られるので，③に代入すればよい．

## 解答

対応する同次形の固有方程式は（ア）

$$\begin{vmatrix} 2-\lambda & -1 \\ 5 & -4-\lambda \end{vmatrix} = (2-\lambda)(-4-\lambda)-(-1)\cdot 5$$

$$=\lambda^2+2\lambda-3=0$$

$$(\lambda-1)(\lambda+3)=0 \qquad \therefore\ \lambda=1,\ -3$$

$\lambda=1$ のとき

$$\begin{bmatrix} 1 & -1 \\ 5 & -5 \end{bmatrix} \to \begin{bmatrix} 1 & -1 \\ 0 & 0 \end{bmatrix} \text{より}\quad k:l=1:1$$

$\therefore\ x=e^t,\ y=e^t$

$\lambda=-3$ のとき

$$\begin{bmatrix} 5 & -1 \\ 5 & -1 \end{bmatrix} \to \begin{bmatrix} 5 & -1 \\ 0 & 0 \end{bmatrix} \text{より}\quad k:l=1:5$$

$\therefore\ x=e^{-3t},\ y=5e^{-3t}$

したがって，余関数は

$$x_c=c_1e^t+c_2e^{-3t},\ y_c=c_1e^t+5c_2e^{-3t}$$

ここで（イ）$x=u_1e^t+u_2e^{-3t}$

（イ）$y=u_1e^t+5u_2e^{-3t}$

とおいて（ウ）与えられた方程式に代入すると

$$\begin{cases} e^tu_1'+e^{-3t}u_2'=e^{2t} \\ e^tu_1'+5e^{-3t}u_2'=e^{-t} \end{cases}$$

これを $u_1'$，$u_2'$ について解くと

$$u_1'=\frac{1}{4}(5e^t-e^{-2t}),\quad u_2'=\frac{1}{4}(e^{2t}-e^{5t})$$

これを積分して

$$u_1=\frac{1}{4}\int(5e^t-e^{-2t})\,dt=\frac{1}{4}\left(5e^t+\frac{1}{2}e^{-2t}\right)+c_1$$

$$u_2=\frac{1}{4}\int(e^{2t}-e^{5t})\,dt=\frac{1}{4}\left(\frac{1}{2}e^{2t}-\frac{1}{5}e^{5t}\right)+c_2$$

よって，求める一般解は

$$\begin{cases} x=c_1e^t+c_2e^{-3t}+\dfrac{6}{5}e^{2t}+\dfrac{1}{4}e^{-t} \\ y=c_1e^t+5c_2e^{-3t}+e^{2t}+\dfrac{3}{4}e^{-t} \end{cases}$$

……（答）

（ア）$\begin{cases} x'=2x-y \\ y'=5x-4y \end{cases}$

（イ）定数変化法．

（ウ）$x=u_1e^t+u_2e^{-3t}$

$y=u_1e^t+5u_2e^{-3t}$

とおくとき

$x'=u_1'e^t+u_1e^t$

$\quad+u_2'e^{-3t}-3u_2e^{-3t}$

与式の第 1 式に代入すると

$u_1'e^t+u_1e^t$

$\quad+u_2'e^{-3t}-3u_2e^{-3t}$

$=2u_1e^t+2u_2e^{-3t}$

$\quad-u_1e^t-5u_2e^{-3t}+e^{2t}$

よって

$u_1'e^t+u_2'e^{-3t}=e^{2t}$

また，与式の第 2 式から

$u_1'e^t+5u_2'e^{-3t}=e^{-t}$

が得られる．

**POINT**　連立非同次線形微分方程式の一般解は，一般には定数変化法で解くことができる．微分方程式の解法には一貫性がある．

## 問題 64 微分演算子による解法

次の連立微分方程式を解け．ただし，$D=\dfrac{d}{dt}$ とする．

$$\begin{cases} (D^2+3)x+2Dy=2e^{-t} \\ (D-1)x+y=-e^{-t} \end{cases}$$

**解説** 微分演算子で表された連立微分方程式の解法について簡単に触れる．

$D=\dfrac{d}{dt}$ とし，$P_{ij}(\lambda)\ (i, j=1, 2, 3)$ を $\lambda$ の多項式とする．このとき

連立微分方程式
$$\begin{cases} P_{11}(D)x+P_{12}(D)y+P_{13}(D)z=f_1(t) & \cdots\cdots① \\ P_{21}(D)x+P_{22}(D)y+P_{23}(D)z=f_2(t) & \cdots\cdots② \\ P_{31}(D)x+P_{32}(D)y+P_{33}(D)z=f_3(t) & \cdots\cdots③ \end{cases}$$

を考える．多項式 $P_{ij}(\lambda)$ を成分とする 3 次の行列式 $\varDelta(\lambda)$ を

$$\varDelta(\lambda)=\begin{vmatrix} P_{11}(\lambda) & P_{12}(\lambda) & P_{13}(\lambda) \\ P_{21}(\lambda) & P_{22}(\lambda) & P_{23}(\lambda) \\ P_{31}(\lambda) & P_{32}(\lambda) & P_{33}(\lambda) \end{vmatrix}$$

と表し，$P_{ij}(\lambda)$ の余因子を $\varDelta_{ij}(\lambda)$ と表すと，行列式の性質により

$$\begin{cases} \varDelta(\lambda)=\varDelta_{11}(\lambda)P_{11}(\lambda)+\varDelta_{21}(\lambda)P_{21}(\lambda)+\varDelta_{31}(\lambda)P_{31}(\lambda) \\ \quad 0=\varDelta_{11}(\lambda)P_{12}(\lambda)+\varDelta_{21}(\lambda)P_{22}(\lambda)+\varDelta_{31}(\lambda)P_{32}(\lambda) \\ \quad 0=\varDelta_{11}(\lambda)P_{13}(\lambda)+\varDelta_{21}(\lambda)P_{23}(\lambda)+\varDelta_{31}(\lambda)P_{33}(\lambda) \end{cases}$$

が成り立つ．これは $\lambda$ の恒等式だから，$\lambda$ のかわりに微分演算子 $D$ とおき換えると，演算子多項式に関する恒等式

$$\begin{cases} \varDelta(D)=\varDelta_{11}(D)P_{11}(D)+\varDelta_{21}(D)P_{21}(D)+\varDelta_{31}(D)P_{31}(D) \\ \quad 0=\varDelta_{11}(D)P_{12}(D)+\varDelta_{21}(D)P_{22}(D)+\varDelta_{31}(D)P_{32}(D) \\ \quad 0=\varDelta_{11}(D)P_{13}(D)+\varDelta_{21}(D)P_{23}(D)+\varDelta_{31}(D)P_{33}(D) \end{cases} \quad \cdots\cdots④$$

が成り立つ．$\varDelta_{11}(D)\times①+\varDelta_{21}(D)\times②+\varDelta_{31}(D)\times③$ を計算して，④を用いると

$$\varDelta(D)x=\varDelta_{11}(D)f_1(t)+\varDelta_{21}(D)f_2(t)+\varDelta_{31}(D)f_3(t) \quad \cdots\cdots⑤$$

が得られる．同様にして

$$\varDelta(D)y=\varDelta_{12}(D)f_1(t)+\varDelta_{22}(D)f_2(t)+\varDelta_{32}(D)f_3(t) \quad \cdots\cdots⑥$$

$$\varDelta(D)z=\varDelta_{13}(D)f_1(t)+\varDelta_{23}(D)f_2(t)+\varDelta_{33}(D)f_3(t) \quad \cdots\cdots⑦$$

⑤～⑦の右辺は簡単に計算ができるので，解 $(x, y, z)$ は容易に求めることができる．なお，$\varDelta(D)$ が 0 ではない定数に等しいときは，解 $(x, y, z)$ は微分演算のみで求めることができて解は一意に定まる．

## 解答

$$\Delta(D)=\begin{vmatrix} D^2+3 & 2D \\ D-1 & 1 \end{vmatrix}$$
$$=(D^2+3)\cdot 1-2D(D-1)$$
$$=-D^2+2D+3=-(D+1)(D-3)$$

ここで，余因子は

(ア) $\Delta_{11}(D)=|1|=1$，$\Delta_{21}(D)=-|2D|=-2D$

$\Delta_{12}(D)=-|D-1|=1-D$

$\Delta_{22}(D)=|D^2+3|=D^2+3$

したがって，(イ)与えられた方程式は

$$\begin{cases} -(D+1)(D-3)x=1\cdot 2e^{-t}-2D(-e^{-t}) & \cdots\cdots ① \\ -(D+1)(D-3)y & \\ \quad =(1-D)2e^{-t}+(D^2+3)(-e^{-t}) & \cdots\cdots ② \end{cases}$$

①から，$(D+1)(3-D)x=2e^{-t}-2e^{-t}=0$

②から，$(D+1)(3-D)y$

$$=2e^{-t}+2e^{-t}-e^{-t}-3e^{-t}=0$$

したがって，これをみたす(ウ)解 $x, y$ は

$$\begin{cases} x=A_1e^{-t}+A_2e^{3t} & \cdots\cdots ③ \\ y=B_1e^{-t}+B_2e^{3t} & \cdots\cdots ④ \end{cases}$$

ここで，(エ)4 個の $A_i$，$B_i$ $(i=1, 2)$ の間の関係を求めるために，③，④を与えられた方程式に代入すると，それぞれ

(オ) $(4A_1-2B_1)e^{-t}+(12A_2+6B_2)e^{3t}=2e^{-t}$

$(-2A_1+B_1)e^{-t}+(2A_2+B_2)e^{3t}=-e^{-t}$

これらは $t$ の恒等式だから

$4A_1-2B_1=2$，$12A_2+6B_2=0$

$-2A_1+B_1=-1$，$2A_2+B_2=0$

$\therefore$ (カ) $B_1=2A_1-1$，$B_2=-2A_2$

よって，$A_1=c_1$，$A_2=c_2$ とおいて求める一般解は

$$\begin{cases} x=c_1e^{-t}+c_2e^{3t} \\ y=(2c_1-1)e^{-t}-2c_2e^{3t} \end{cases} \cdots\cdots(答)$$

(ア)　$\Delta_{ij}(D)$ は $\Delta(D)$ の $(i, j)$ 成分の余因子．

$\Delta_{ij}(D)$

$=(-1)^{i+j}\cdot$ ($i$ 行と $j$ 列をとり除いてできる小行列式)

(イ)　$\Delta(D)x$

$=\Delta_{11}(D)f_1(t)$

$\quad +\Delta_{21}(D)f_2(t)$

$\Delta(D)y$

$=\Delta_{12}(D)f_1(t)$

$\quad +\Delta_{22}(D)f_2(t)$

(ウ)　$(\lambda+1)(3-\lambda)=0$ より

$\lambda=-1$，$3$

(エ)　4 個の $A_i$，$B_i$ は独立ではない．

(オ)　$(D^2+3)(A_1e^{-t}+A_2e^{3t})$

$\quad +2D(B_1e^{-t}+B_2e^{3t})$

$=4A_1e^{-t}+12A_2e^{3t}$

$\quad -2B_1e^{-t}+6B_2e^{3t}$

$=2e^{-t}$

(カ)　$A_1$ と $B_1$，$A_2$ と $B_2$ の式はそれぞれ同値．

**POINT**　連立非同次線形微分方程式の一般解は，微分演算子を用いて解くことができる．本問では 4 個の $A_1$，$A_2$，$B_1$，$B_2$ の関係を明確にするところがカギである．

## 問題 65　指数行列を用いる同次線形微分方程式（1）

$x, y, z$ が $t$ の関数であるとき，指数行列を用いて次の微分方程式を解け．

$$\begin{cases} x' = x \qquad - z \\ y' = x + 2y + z \\ z' = 2x + 2y + 3z \end{cases}$$

**解説**　$n$ 次正方行列 $A$ に対して

$$\exp A = e^A = E + \frac{1}{1!}A + \frac{1}{2!}A^2 + \cdots\cdots + \frac{1}{k!}A^k + \cdots\cdots$$

で定義される行列 $\exp A$ を $A$ の**指数行列**という．どのような正方行列 $A$ に対しても $\exp A$ は定義される．指数行列を用いて線形微分方程式を解くことができる．

(1)　$n$ 次正方行列 $A$，$B$ が可換（$AB = BA$）であるとき，次式が成り立つ．

$$\exp(A+B) = \exp A \exp B \quad \text{（指数法則）}$$

(2)　ジョルダン行列の指数行列

$k$ 次の正方行列 $J_k(\lambda) = \begin{bmatrix} \lambda & 1 & & O \\ & \lambda & 1 & \\ & & \ddots & \ddots \\ & & & 1 \\ O & & & \lambda \end{bmatrix}$，$J(\lambda) = \begin{bmatrix} J_{k_1}(\lambda_1) & & & O \\ & J_{k_2}(\lambda_2) & & \\ & & \ddots & \\ O & & & J_{k_r}(\lambda_r) \end{bmatrix}$

をそれぞれ $\lambda$ に属する**ジョルダン細胞**，**ジョルダン行列**という．$n$ 次の正方行列 $A$ のすべての異なる固有値を $\lambda_1, \lambda_2, \cdots, \lambda_r$ とし，$\lambda_i$ の重複度を $m_i$ とするとき，適当な正則行列 $P$ を用いて

$$P^{-1}AP = \begin{bmatrix} J(\lambda_1) & & & O \\ & J(\lambda_2) & & \\ & & \ddots & \\ O & & & J(\lambda_n) \end{bmatrix}$$

と変形できる．$J(\lambda_i)$ は $\lambda_i$ に属する $m_i$ 次のジョルダン行列である．上式の右辺を行列 $A$ の**ジョルダン標準形**といい，$J(A)$ で表す．行列 $P$ を $A$ の**変換行列**という．$J(A)$ の中の固有値 $\lambda$ に属するジョルダン細胞の個数 $= \dim W(\lambda)$ が成り立つ．ジョルダン行列の指数行列は

$$J = \begin{bmatrix} \lambda_1 & & & \mathrm{O} \\ & \lambda_2 & & \\ & & \ddots & \\ \mathrm{O} & & & \lambda_n \end{bmatrix} \text{のとき，} \exp(tJ) = \begin{bmatrix} e^{\lambda_1 t} & & & \mathrm{O} \\ & e^{\lambda_2 t} & & \\ & & \ddots & \\ \mathrm{O} & & & e^{\lambda_n t} \end{bmatrix} \text{である．}$$

(3)　（ア）　$\exp(P^{-1}AP) = P^{-1}(\exp A)P$　　（イ）　$\exp(-A) = (\exp A)^{-1}$

(4)　線形微分方程式 $\dfrac{d\boldsymbol{x}}{dt} = A\boldsymbol{x}$ の一般解は，$\boldsymbol{x} = (\exp tA)\boldsymbol{c}$

（ただし $\boldsymbol{c} = {}^t(c_1\ c_2\ \cdots\ c_n)$，$c_i$ は任意定数）

## 解答

$\boldsymbol{x}(t)=\begin{bmatrix} x(t) \\ y(t) \\ z(t) \end{bmatrix}$, $A=\begin{bmatrix} 1 & 0 & -1 \\ 1 & 2 & 1 \\ 2 & 2 & 3 \end{bmatrix}$ とおくと，与えられた微分方程式は　$\boldsymbol{x}'=A\boldsymbol{x}$　……①

固有方程式は㋐$|A-\lambda E|=0$ から　$\lambda=1, 2, 3$

ジョルダン標準形 $J$ は㋑$J=\begin{bmatrix} 1 & 0 & 0 \\ 0 & 2 & 0 \\ 0 & 0 & 3 \end{bmatrix}$ とおける．

㋒変換行列 $P$ は $P=[\boldsymbol{p}_1 \quad \boldsymbol{p}_2 \quad \boldsymbol{p}_3]$ として，$\lambda=1, 2, 3$ の各固有ベクトルを求めればよい．

すなわち，$P=\begin{bmatrix} 1 & -2 & 1 \\ -1 & 1 & -1 \\ 0 & 2 & -2 \end{bmatrix}$ とおく．

$$\exp(tJ)=\begin{bmatrix} e^t & 0 & 0 \\ 0 & e^{2t} & 0 \\ 0 & 0 & e^{3t} \end{bmatrix}$$

①から　㋓$\boldsymbol{x}=(\exp tA)\boldsymbol{c}$$=(\exp t(PJP^{-1}))\boldsymbol{c}$

$$=P(\exp tJ)P^{-1}\boldsymbol{c}$$

㋔$P^{-1}\boldsymbol{c}$ を改めて $\begin{bmatrix} c_1 \\ c_2 \\ c_3 \end{bmatrix}$ とおくと

$$\boldsymbol{x}=\begin{bmatrix} 1 & -2 & 1 \\ -1 & 1 & -1 \\ 0 & 2 & -2 \end{bmatrix}\begin{bmatrix} e^t & 0 & 0 \\ 0 & e^{2t} & 0 \\ 0 & 0 & e^{3t} \end{bmatrix}\begin{bmatrix} c_1 \\ c_2 \\ c_3 \end{bmatrix}$$

$$=\begin{bmatrix} c_1e^t-2c_2e^{2t}+c_3e^{3t} \\ -c_1e^t+c_2e^{2t}-c_3e^{3t} \\ 2c_2e^{2t}-2c_3e^{3t} \end{bmatrix}$$

よって，求める一般解は

$$\begin{cases} x=c_1e^t-2c_2e^{2t}+c_3e^{3t} \\ y=-c_1e^t+c_2e^{2t}-c_3e^{3t} \\ z=2c_2e^{2t}-2c_3e^{3t} \end{cases}$$ ……（答）

㋐　問題 59 の解答を参照．
$|A-\lambda E|$
$=(1-\lambda)(2-\lambda)(3-\lambda)=0$

㋑　行列 $A$ の固有値がすべて単解なので，ジョルダン標準形はこのようにおける．

㋒　$P^{-1}AP=J$ から $AP=PJ$

$AP=A[\boldsymbol{p}_1 \quad \boldsymbol{p}_2 \quad \boldsymbol{p}_3]$
$=[A\boldsymbol{p}_1 \quad A\boldsymbol{p}_2 \quad A\boldsymbol{p}_3]$

$PJ=[\boldsymbol{p}_1 \quad \boldsymbol{p}_2 \quad \boldsymbol{p}_3]\begin{bmatrix} 1 & 0 & 0 \\ 0 & 2 & 0 \\ 0 & 0 & 3 \end{bmatrix}$
$=[\boldsymbol{p}_1 \quad 2\boldsymbol{p}_2 \quad 3\boldsymbol{p}_3]$

より　$\begin{cases} A\boldsymbol{p}_1=\boldsymbol{p}_1 \\ A\boldsymbol{p}_2=2\boldsymbol{p}_2 \\ A\boldsymbol{p}_3=3\boldsymbol{p}_3 \end{cases}$

㋓　$\dfrac{d\boldsymbol{x}}{dt}=A\boldsymbol{x}$ の一般解は
$\boldsymbol{x}=(\exp tA)\boldsymbol{c}$
ここに，$P^{-1}AP=J$ から
$A=PJP^{-1}$

㋔　$\boldsymbol{c}=\begin{bmatrix} c_1 \\ c_2 \\ c_3 \end{bmatrix}$，$c_i$ は任意定数より $\boldsymbol{c}$ は任意ベクトルだから，$P^{-1}\boldsymbol{c}$ も任意ベクトルである．

**POINT**　指数行列 $\exp A$ はマクローリン展開そっくりである．指数行列を用いて線形微分方程式を解くことができるのは興味深い．

## 問題 66　指数行列を用いる同次線形微分方程式 (2)

$x, y, z$ が $t$ の関数であるとき，指数行列を用いて次の微分方程式を解け．

$$\begin{cases} x' = x \phantom{+2y} - z \\ y' = 2x + 2y + 2z \\ z' = 2x + y + 2z \end{cases}$$

**解説**　前問に引き続き，指数行列を用いて同次線形微分方程式を解く方法について学ぶ．ジョルダン行列の指数行列として，次が成り立つ．

$$J = \begin{bmatrix} \lambda & 1 & & & O \\ & \lambda & 1 & & \\ & & \ddots & \ddots & \\ & & & \lambda & 1 \\ O & & & & \lambda \end{bmatrix} \text{のとき，} \exp(tJ) = e^{\lambda t} \begin{bmatrix} 1 & \dfrac{t}{1!} & \dfrac{t^2}{2!} \cdots \dfrac{t^{n-1}}{(n-1)!} \\ & 1 & \dfrac{t}{1!} \cdots \dfrac{t^{n-2}}{(n-2)!} \\ & & \cdots\cdots\cdots\cdots \\ O & & \qquad 1 \end{bmatrix}$$

$$J = \begin{bmatrix} J_1 & & & O \\ & J_2 & & \\ & & \ddots & \\ O & & & J_r \end{bmatrix} \text{のとき，} \exp(tJ) = \begin{bmatrix} \exp(tJ_1) & & & O \\ & \exp(tJ_2) & & \\ & & \ddots & \\ O & & & \exp(tJ_r) \end{bmatrix}$$

さて，本問は $\boldsymbol{x}(t) = \begin{bmatrix} x(t) \\ y(t) \\ z(t) \end{bmatrix}$，$A = \begin{bmatrix} 1 & 0 & -1 \\ 2 & 2 & 2 \\ 2 & 1 & 2 \end{bmatrix}$ とおくと，$\dfrac{d\boldsymbol{x}}{dt} = A\boldsymbol{x}$ である．

$A$ の固有方程式は $|A - \lambda E| = (2-\lambda)^2(1-\lambda) = 0$ から，$\lambda = 2$（2 重解），1 だから，

ジョルダン標準形 $J$ は，たとえば，$J = P^{-1}AP = \begin{bmatrix} 2 & 1 & 0 \\ 0 & 2 & 0 \\ 0 & 0 & 1 \end{bmatrix}$ とおくことができる．

変換行列 $P$ は $P = [\boldsymbol{p}_1 \ \ \boldsymbol{p}_2 \ \ \boldsymbol{p}_3]$ として，$P^{-1}AP = J \iff AP = PJ$ から

$$A[\boldsymbol{p}_1 \ \ \boldsymbol{p}_2 \ \ \boldsymbol{p}_3] = [\boldsymbol{p}_1 \ \ \boldsymbol{p}_2 \ \ \boldsymbol{p}_3] \begin{bmatrix} 2 & 1 & 0 \\ 0 & 2 & 0 \\ 0 & 0 & 1 \end{bmatrix} = [2\boldsymbol{p}_1 \ \ \boldsymbol{p}_1 + 2\boldsymbol{p}_2 \ \ \boldsymbol{p}_3]$$

$$\text{ゆえに} \begin{cases} A\boldsymbol{p}_1 = 2\boldsymbol{p}_1 \\ A\boldsymbol{p}_2 = \boldsymbol{p}_1 + 2\boldsymbol{p}_2 \\ A\boldsymbol{p}_3 = \boldsymbol{p}_3 \end{cases} \iff \begin{cases} (A-2E)\boldsymbol{p}_1 = \boldsymbol{0} & \cdots\cdots ① \\ (A-2E)\boldsymbol{p}_2 = \boldsymbol{p}_1 & \cdots\cdots ② \\ (A-E)\boldsymbol{p}_3 = \boldsymbol{0} & \cdots\cdots ③ \end{cases} \quad \cdots\cdots (*)$$

これらを解いて変換行列 $P$ の 1 つを求め，前問と同様に

$$\boldsymbol{x} = (\exp tA)\boldsymbol{c} = (\exp t(PJP^{-1}))\boldsymbol{c} = P(\exp tJ)P^{-1}\boldsymbol{c}$$

とすればよい．

## 解答

㋐(解説の (＊) 以降)

①，③から㋑$\boldsymbol{p}_1$，$\boldsymbol{p}_3$ の1つとして，それぞれ

$$\boldsymbol{p}_1=\begin{bmatrix}1\\-2\\-1\end{bmatrix},\quad \boldsymbol{p}_3=\begin{bmatrix}1\\-2\\0\end{bmatrix}$$

②から $\begin{bmatrix}-1&0&-1\\2&0&2\\2&1&0\end{bmatrix}\begin{bmatrix}k\\l\\m\end{bmatrix}=\begin{bmatrix}-k&-m\\2k&+2m\\2k+l&\end{bmatrix}=\begin{bmatrix}1\\-2\\-1\end{bmatrix}$

ゆえに，$\boldsymbol{p}_2$ の1つとして　$\boldsymbol{p}_2=\begin{bmatrix}0\\-1\\-1\end{bmatrix}$ とする．

変換行列を $P=\begin{bmatrix}1&0&1\\-2&-1&-2\\-1&-1&0\end{bmatrix}$ とおくと

$$\exp(tJ)=\begin{bmatrix}\exp t\begin{pmatrix}2&1\\0&2\end{pmatrix}&O\\O&\exp t(1)\end{bmatrix}$$

㋒

$$=\begin{bmatrix}e^{2t}&te^{2t}&0\\0&e^{2t}&0\\0&0&e^t\end{bmatrix}$$

$$\boldsymbol{x}=(\exp tA)\boldsymbol{c}=(\exp t(PJP^{-1}))\boldsymbol{c}$$
$$=P(\exp tJ)P^{-1}\boldsymbol{c}$$

$P^{-1}\boldsymbol{c}$ を改めて $\begin{bmatrix}c_1\\c_2\\c_3\end{bmatrix}$ とおくと

$$\boldsymbol{x}=\begin{bmatrix}1&0&1\\-2&-1&-2\\-1&-1&0\end{bmatrix}\begin{bmatrix}e^{2t}&te^{2t}&0\\0&e^{2t}&0\\0&0&e^t\end{bmatrix}\begin{bmatrix}c_1\\c_2\\c_3\end{bmatrix}$$

よって，求める一般解は

$$\begin{cases}x=(c_1+c_2t)e^{2t}+c_3e^t\\y=-(2c_1+c_2+2c_2t)e^{2t}-2c_3e^t\\z=-(c_1+c_2+c_2t)e^{2t}\end{cases}$$

……(答)

㋐　解説の「さて，本問は」から (＊) までは解答したとして，それ以降．
固有方程式，固有値は問題60の解答を参照．

$$|A-\lambda E|=\begin{vmatrix}1-\lambda&0&-1\\2&2-\lambda&2\\2&1&2-\lambda\end{vmatrix}$$

㋑

$$A-2E=\begin{bmatrix}-1&0&-1\\2&0&2\\2&1&0\end{bmatrix}\longrightarrow\begin{bmatrix}1&0&1\\0&1&-2\\0&0&0\end{bmatrix}$$

$$A-E=\begin{bmatrix}0&0&-1\\2&1&2\\2&1&1\end{bmatrix}\longrightarrow\begin{bmatrix}2&1&0\\0&0&1\\0&0&0\end{bmatrix}$$

㋒　$J=\begin{bmatrix}2&1\\0&2\end{bmatrix}$ は固有値2に属するジョルダン細胞．

$$\exp t\begin{bmatrix}2&1\\0&2\end{bmatrix}=e^{2t}\begin{bmatrix}1&\frac{t}{1!}\\0&1\end{bmatrix}$$

**POINT**　ジョルダン行列の指数行列における公式をしっかり覚えて，連立同次線形微分方程式の解法をマスターしよう．

## 問題 67　指数行列を用いる非同次線形微分方程式

$x, y$ が $t$ の関数であるとき，次の微分方程式を解け．

$$\begin{cases} x' = -y+1 \\ y' = \quad x-t \end{cases} \qquad x(0)=0,\ \ y(0)=1$$

**解説**　指数行列を用いて非同次線形微分方程式を解いてみよう．

微分方程式 $\dfrac{d\boldsymbol{x}}{dt} = A\boldsymbol{x} + \boldsymbol{b}$ の一般解は，次式で与えられる．

$$\boldsymbol{x} = (\exp tA)\left(\int \exp(-tA)\,\boldsymbol{b}(t)\,dt + \boldsymbol{c}\right)$$

これは，1 階線形微分方程式 $\dfrac{dy}{dx} + P(x)y = Q(x)$ の一般解と似ている．

(例)　$x, y$ が $t$ の関数であるとき，$x' = -y+t$，$y' = -x+2$ を初期条件 $x(0)=0$，$y(0)=1$ の下で解いてみよう．

(解)　$\boldsymbol{x}(t) = \begin{bmatrix} x(t) \\ y(y) \end{bmatrix}$，$A = \begin{bmatrix} 0 & -1 \\ -1 & 0 \end{bmatrix}$，$\boldsymbol{b}(t) = \begin{bmatrix} t \\ 2 \end{bmatrix}$ とおくと $\dfrac{d\boldsymbol{x}}{dt} = A\boldsymbol{x} + \boldsymbol{b}(t)$

$A$ の固有値は $\lambda = 1, -1$ で，対応する固有ベクトルはそれぞれ $\begin{bmatrix} 1 \\ -1 \end{bmatrix}, \begin{bmatrix} 1 \\ 1 \end{bmatrix}$ であるから，$P = \begin{bmatrix} 1 & 1 \\ -1 & 1 \end{bmatrix}$ とおくとジョルダン標準形は　$J = \begin{bmatrix} 1 & 0 \\ 0 & -1 \end{bmatrix}$

$$\exp(tA) = \exp t(PJP^{-1}) = P(\exp tJ)P^{-1}$$

$$= \begin{bmatrix} 1 & 1 \\ -1 & 1 \end{bmatrix}\begin{bmatrix} e^t & 0 \\ 0 & e^{-t} \end{bmatrix}\frac{1}{2}\begin{bmatrix} 1 & -1 \\ 1 & 1 \end{bmatrix} = \frac{1}{2}\begin{bmatrix} e^t+e^{-t} & -e^t+e^{-t} \\ -e^t+e^{-t} & e^t+e^{-t} \end{bmatrix}$$

$$\int \exp(-tA)\,\boldsymbol{b}(t)\,dt = \int \frac{1}{2}\begin{bmatrix} e^t+e^{-t} & e^t-e^{-t} \\ e^t-e^{-t} & e^t+e^{-t} \end{bmatrix}\begin{bmatrix} t \\ 2 \end{bmatrix}dt$$

$$= \frac{1}{2}\int \begin{bmatrix} (t+2)e^t + (t-2)e^{-t} \\ (t+2)e^t - (t-2)e^{-t} \end{bmatrix}dt$$

成分ごと積分して

$$\int \exp(-tA)\,\boldsymbol{b}(t)\,dt = \frac{1}{2}\begin{bmatrix} (t+1)e^t - (t-1)e^{-t} \\ (t+1)e^t + (t-1)e^{-t} \end{bmatrix}$$

ゆえに　$\boldsymbol{x} = \dfrac{1}{2}\begin{bmatrix} e^t+e^{-t} & -e^t+e^{-t} \\ -e^t+e^{-t} & e^t+e^{-t} \end{bmatrix}\left(\dfrac{1}{2}\begin{bmatrix} (t+1)e^t - (t-1)e^{-t} \\ (t+1)e^t + (t-1)e^{-t} \end{bmatrix} + \begin{bmatrix} c_1 \\ c_2 \end{bmatrix}\right)$

$\boldsymbol{x}(0) = \begin{bmatrix} 1 & 0 \\ 0 & 1 \end{bmatrix}\left(\begin{bmatrix} 1 \\ 0 \end{bmatrix} + \begin{bmatrix} c_1 \\ c_2 \end{bmatrix}\right) = \begin{bmatrix} 1 \\ 0 \end{bmatrix} + \begin{bmatrix} c_1 \\ c_2 \end{bmatrix} = \begin{bmatrix} 0 \\ 1 \end{bmatrix}$ から　$\begin{bmatrix} c_1 \\ c_2 \end{bmatrix} = \begin{bmatrix} -1 \\ 1 \end{bmatrix}$

よって　$\boldsymbol{x}(t) = \begin{bmatrix} x(t) \\ y(t) \end{bmatrix} = \begin{bmatrix} 1-e^t \\ t+e^t \end{bmatrix}$

## 解答

$\boldsymbol{x}(t)=\begin{bmatrix} x(t) \\ y(t) \end{bmatrix}$, $A=\begin{bmatrix} 0 & -1 \\ 1 & 0 \end{bmatrix}$, $\boldsymbol{b}(t)=\begin{bmatrix} 1 \\ -t \end{bmatrix}$ とおくと

$\boldsymbol{x}'(t)=A\boldsymbol{x}+\boldsymbol{b}(t)$

㋐$A$ の固有値は $\lambda=i, -i$ で，対応する㋑固有ベクトルはそれぞれ $\begin{bmatrix} i \\ 1 \end{bmatrix}, \begin{bmatrix} 1 \\ i \end{bmatrix}$ だから，$P=\begin{bmatrix} i & 1 \\ 1 & i \end{bmatrix}$ とおくとジョルダン標準形は　$J=\begin{bmatrix} i & 0 \\ 0 & -i \end{bmatrix}$

$$\exp(tA)=\exp t(PJP^{-1})=P(\exp tJ)P^{-1}$$

$$=\begin{bmatrix} i & 1 \\ 1 & i \end{bmatrix}\begin{bmatrix} e^{it} & 0 \\ 0 & e^{-it} \end{bmatrix}\frac{1}{-2}\begin{bmatrix} i & -1 \\ -1 & i \end{bmatrix} \quad (㋒)$$

$$=-\frac{1}{2}\begin{bmatrix} i & 1 \\ 1 & i \end{bmatrix}\begin{bmatrix} \cos t+i\sin t & 0 \\ 0 & \cos t-i\sin t \end{bmatrix}\begin{bmatrix} i & -1 \\ -1 & i \end{bmatrix}$$

$$=-\frac{1}{2}\begin{bmatrix} -2\cos t & 2\sin t \\ -2\sin t & -2\cos t \end{bmatrix}=\begin{bmatrix} \cos t & -\sin t \\ \sin t & \cos t \end{bmatrix}$$

したがって，$\boldsymbol{x}$ は

$$\boldsymbol{x}=(\exp tA)\left(\int \exp(-tA)\boldsymbol{b}(t)dt+\boldsymbol{c}\right)$$

$$=(\exp tA)\left(\int\begin{bmatrix} \cos t & \sin t \\ -\sin t & \cos t \end{bmatrix}\begin{bmatrix} 1 \\ -t \end{bmatrix}dt+\begin{bmatrix} c_1 \\ c_2 \end{bmatrix}\right) \quad (㋓)$$

$$=\begin{bmatrix} \cos t & -\sin t \\ \sin t & \cos t \end{bmatrix}\left(\begin{bmatrix} t\cos t \\ -t\sin t \end{bmatrix}+\begin{bmatrix} c_1 \\ c_2 \end{bmatrix}\right)$$

$\boldsymbol{x}(0)=\begin{bmatrix} 1 & 0 \\ 0 & 1 \end{bmatrix}\begin{bmatrix} c_1 \\ c_2 \end{bmatrix}=\begin{bmatrix} c_1 \\ c_2 \end{bmatrix}=\begin{bmatrix} 0 \\ 1 \end{bmatrix}$ から $\begin{bmatrix} c_1 \\ c_2 \end{bmatrix}=\begin{bmatrix} 0 \\ 1 \end{bmatrix}$

ゆえに

$$\boldsymbol{x}(t)=\begin{bmatrix} \cos t & -\sin t \\ \sin t & \cos t \end{bmatrix}\begin{bmatrix} t\cos t \\ -t\sin t+1 \end{bmatrix}$$

$$=\begin{bmatrix} t-\sin t \\ \cos t \end{bmatrix}$$

よって，求める解は

$x=t-\sin t$，$y=\cos t$　……(答)

㋐　$A$ の固有方程式は

$$|A-\lambda E|=\begin{vmatrix} -\lambda & -1 \\ 1 & -\lambda \end{vmatrix}=\lambda^2+1=0$$

㋑　$A-iE=\begin{bmatrix} -i & -1 \\ 1 & -i \end{bmatrix}\longrightarrow\begin{bmatrix} 1 & -i \\ 0 & 0 \end{bmatrix}$

$A+iE=\begin{bmatrix} i & -1 \\ 1 & i \end{bmatrix}\longrightarrow\begin{bmatrix} 1 & i \\ 0 & 0 \end{bmatrix}$

㋒　$e^{i\theta}=\cos\theta+i\sin\theta$

㋓　(本式)

$$=\int\begin{bmatrix} \cos t-t\sin t \\ -\sin t-t\cos t \end{bmatrix}dt$$

成分ごと積分して

$$(本式)=\int\begin{bmatrix} (t\cos t)' \\ (-t\sin t)' \end{bmatrix}dt=\begin{bmatrix} t\cos t \\ -t\sin t \end{bmatrix}$$

**POINT**　指数行列を用いて解く非同次線形微分方程式は，1 階線形微分方程式の解法と似ている．反復練習をしてしっかり覚えよう．

## 問題 68　一般の連立微分方程式（1）

次の連立微分方程式を解け．ただし，(2) では $z>0$ とする．

(1)　$\dfrac{dx}{xy}=\dfrac{dy}{y}=\dfrac{dz}{z}$　　　(2)　$\dfrac{dx}{xy}=\dfrac{dy}{y^2}=\dfrac{dz}{zxy-zx^2}$

**解説**　連立微分方程式

$$\frac{dx}{P(x,y,z)}=\frac{dy}{Q(x,y,z)}=\frac{dz}{R(x,y,z)} \qquad \cdots\cdots①$$

について，①を適当に組み合わせた方程式

$$\frac{dy}{dx}=\frac{Q(x,y,z)}{P(x,y,z)},\quad \frac{dz}{dx}=\frac{R(x,y,z)}{P(x,y,z)},\quad \frac{dz}{dy}=\frac{R(x,y,z)}{Q(x,y,z)}$$

のいずれかが解ける場合を考える．たとえば，第1の方程式が $x$，$y$ について解けて $y=F(x,c_1)$ を得たとする．このとき，第2の方程式に $y=F(x,c_1)$ を代入してその方程式を解いて $z=G(x,c_2)$ を得たとすると，①の一般解は

$$y=F(x,c_1),\quad z=G(x,c_2)$$

となる．たとえば，次の例題を解いてみよう．

(例)　連立微分方程式 $\dfrac{dx}{x}=\dfrac{dy}{y+x^2}=\dfrac{dz}{z+y}$　（ただし，$x>0$）を解け．

(解)　$\dfrac{dx}{x}=\dfrac{dy}{y+x^2}$ のとき，$x\dfrac{dy}{dx}=y+x^2$ より，$\dfrac{x\dfrac{dy}{dx}-y}{x^2}=1$

$\dfrac{d}{dx}\left(\dfrac{y}{x}\right)=1$　　積分すると　$\dfrac{y}{x}=x+c_1$　　$\therefore\ y=x^2+c_1x$

このとき，$\dfrac{dx}{x}=\dfrac{dz}{z+y}$ は，$\dfrac{dz}{dx}=\dfrac{z+y}{x}=\dfrac{z+x^2+c_1x}{x}=\dfrac{z}{x}+x+c_1$

変形して，$\dfrac{x\dfrac{dz}{dx}-z}{x^2}=\dfrac{x(x+c_1)}{x^2}=1+\dfrac{c_1}{x}$　　$\dfrac{d}{dx}\left(\dfrac{z}{x}\right)=1+\dfrac{c_1}{x}$

積分すると　$\dfrac{z}{x}=x+c_1\log x+c_2$

$c_1=\dfrac{y}{x}-x$ を代入して，$\dfrac{z}{x}=x+\left(\dfrac{y}{x}-x\right)\log x+c_2$

$$\therefore\ z=x^2+(y-x^2)\log x+c_2x$$

よって，求める一般解は

$$y=x^2+c_1x,\quad z=x^2+(y-x^2)\log x+c_2x$$

(注)　一般解の第2の式は　$z=x^2+c_1x\log x+c_2x$ としてもよい．

## 解答

(1)　$\dfrac{dx}{xy}=\dfrac{dy}{y}$ から　$\underset{㋐}{\dfrac{dx}{x}=dy}$

積分して　　$x=c_1e^y$

また，$\underset{㋑}{\dfrac{dy}{y}=\dfrac{dz}{z}}$ を積分して　　$y=c_2z$

よって，求める一般解は

$x=c_1e^y$，$y=c_2z$　　……(答)

(2)　$\dfrac{dx}{xy}=\dfrac{dy}{y^2}$ から　$\dfrac{dx}{x}=\dfrac{dy}{y}$

積分して　　$x=c_1y$　　……①

このとき，$\dfrac{dy}{y^2}=\dfrac{dz}{zxy-zx^2}$ に①を代入して

$$\frac{dy}{y^2}=\frac{dz}{z\cdot c_1y\cdot y-zc_1{}^2y^2}=\frac{dz}{(c_1-c_1{}^2)zy^2}$$

$$\therefore\quad \frac{dz}{z}=(c_1-c_1{}^2)dy$$

積分して，$\underset{㋒}{\log z=(c_1-c_1{}^2)y+c_2}$

これに $c_1=\dfrac{x}{y}$ を代入すると

$$\log z=\left(\frac{x}{y}-\frac{x^2}{y^2}\right)y+c_2=x-\frac{x^2}{y}+c_2$$

$$\therefore\quad x(x-y)+y\log z=c_2y$$

よって，求める一般解は

$x=c_1y$，$x(x-y)+y\log z=c_2y$　　……(答)

[別解]　(2)　①を $y=c_1x$ とすると

$\dfrac{dx}{xy}=\dfrac{dz}{zxy-zx^2}$ に $y=c_1x$ を代入して

$$\frac{dx}{c_1x^2}=\frac{dz}{(c_1-1)zx^2}\qquad\therefore\quad \frac{dz}{z}=\left(1-\frac{1}{c_1}\right)dx$$

よって，積分して

$$z=c_2e^{\left(1-\frac{1}{c_1}\right)x}=c_2e^{\left(1-\frac{x}{y}\right)x}$$

㋐　$\displaystyle\int\frac{dy}{x}=\int dy$ を解くと

$\log|x|=y+c_1$

$\therefore\quad x=\pm e^{c_1}e^y$

$\pm e^{c_1}$ を改めて $c_1$ とおいて

$x=c_1e^y$

㋑　$\displaystyle\int\frac{dy}{y}=\int\frac{dz}{z}$ を解くと

$\log|y|=\log|z|+c_2$

$=\log e^{c_2}|z|$

$\therefore\quad y=\pm e^{c_2}z$

$\pm e^{c_2}$ を改めて $c_2$ とおいて

$y=c_2z$

㋒　一般解は，①とこの式としてもよいが，ここでは $c_1$ を $c_1=\dfrac{x}{y}$ により消去したほうがよい．

**POINT**　一般の連立微分方程式を解くのは容易ではない．ここで扱ったのは，変数分離形あるいは簡単な全微分の考え方で解けるタイプである．

## 問題 69　一般の連立微分方程式（2）

次の連立微分方程式を解け．

(1)　$\dfrac{dx}{y+z}=\dfrac{dy}{z+x}=\dfrac{dz}{x+y}$　　(2)　$\dfrac{dx}{x^2+z^2}=\dfrac{dy}{(x+z)y}=\dfrac{dz}{2xz}$

**解説**　連立微分方程式 $\dfrac{dx}{x+y-z}=\dfrac{dy}{z}=\dfrac{dz}{2y+z}$ を解いてみよう．

これを**比例式**と見なして，等式$=dt$ とおいて

$\dfrac{dx}{x+y-z}=\dfrac{dy}{z}=\dfrac{dz}{2y+z}=dt$ とすると，$x'=\dfrac{dx}{dt}$，$y'=\dfrac{dy}{dt}$，$z'=\dfrac{dz}{dt}$ は

$$x'=x+y-z,\quad y'=z,\quad z'=2y+z$$

となり，これは問題 59，60 に帰着する．この固有方程式は

$$\begin{vmatrix} 1-\lambda & 1 & -1 \\ 0 & -\lambda & 1 \\ 0 & 2 & 1-\lambda \end{vmatrix}=-\lambda(1-\lambda)^2-2(1-\lambda)=-(\lambda+1)(\lambda-1)(\lambda-2)=0$$

$$\therefore\quad \lambda=-1,\ 1,\ 2$$

それぞれに対する基本解を求めることにより（省略），一般解は

$$\begin{cases} x=c_1e^{-t}+c_2e^t+c_3e^{2t} \\ y=-c_1e^{-t}\qquad -c_3e^{2t} \\ z=c_1e^{-t}\qquad -2c_3e^{2t} \end{cases}\qquad \therefore\quad \begin{cases} -3c_1e^{-t}=2y-z \\ c_2e^t=x+y \\ -3c_3e^{2t}=y+z \end{cases}$$

よって，$e^t$ を消去することにより求める一般解は

$$(x+y)(2y-z)=-3c_1c_2=c_1',\quad (x+y)^2=\frac{{c_2}^2}{-3c_3}(y+z)=c_2'(y+z)$$

となる．ところで，一般に数または式 $a_i$，$p_i$（$i=1,2,3$）に対して

$$\frac{a_1}{p_1}=\frac{a_2}{p_2}=\frac{a_3}{p_3}\ のとき，\ \frac{a_1}{p_1}=\frac{a_2}{p_2}=\frac{a_3}{p_3}=\frac{la_1+ma_2+na_3}{lp_1+mp_2+np_3}$$

が成り立つ．これを「**加比の理**」と呼ぶが，

$\dfrac{dx}{P}=\dfrac{dy}{Q}=\dfrac{dz}{R}$ においても，$\dfrac{dx}{P}=\dfrac{dy}{Q}=\dfrac{dz}{R}=\dfrac{kdx+ldy+mdz}{kP+lQ+mR}$ として用いてもよい．上の例題では，次のようにして求めることができる．

$$\frac{dx}{x+y-z}=\frac{dy}{z}=\frac{dz}{2y+z}=\frac{dx+dy}{x+y}=\frac{dy+dz}{2(y+z)}=\frac{2dy-dz}{-(2y-z)}$$

第 4，第 5 式より積分して　　$(x+y)^2=c_1(y+z)$

第 4，第 6 式より積分して　　$(x+y)(2y-z)=c_2$

## 解答

(1)　与えられた微分方程式を変形して

$$\frac{dx}{y+z}=\frac{dy}{z+x}=\frac{dz}{x+y}=\frac{dx-dy}{y-x}$$ ㋐
$$=\frac{dy-dz}{z-y}=\frac{dx+dy+dz}{2(x+y+z)}$$

第 4，第 5 式から

$$\frac{d(x-y)}{x-y}=\frac{d(y-z)}{y-z}$$

積分して，㋑ $y-z=c_1(x-y)$　……①

第 4，第 6 式から

$$2\cdot\frac{d(x-y)}{x-y}+\frac{d(x+y+z)}{x+y+z}=0$$

積分して　㋒ $(x-y)^2(x+y+z)=c_2$　……②

よって，求める一般解は①，②である．　……(答)

(2)　与えられた微分方程式を変形して

$$\frac{dx}{x^2+z^2}=\frac{dy}{(x+z)y}=\frac{dz}{2xz}=\frac{dx+dz}{(x+z)^2}$$ ㋓
$$=\frac{dx-dz}{(x-z)^2}=\frac{dx+dy+dz}{(x+z)(x+y+z)}$$

第 4，第 5 式から

$$-\frac{d(x+z)}{(x+z)^2}+\frac{d(x-z)}{(x-z)^2}=0$$

積分して，$\dfrac{1}{x+z}-\dfrac{1}{x-z}=c_1$　……③

第 4，第 6 式から

$$\frac{d(x+z)}{x+z}=\frac{d(x+y+z)}{x+y+z}$$

積分して，$x+z=c_2'(x+y+z)$

$$\therefore\quad x+z=\frac{c_2'}{1-c_2'}y=c_2y$$　……④

よって，求める一般解は③，④である．　……(答)

㋐　加比の理を用いる．
与式
$$=\frac{dx-dy}{y+z-(z+x)}$$
$$=\frac{dy-dz}{z+x-(x+y)}$$
$$=\frac{dx+dy+dz}{(y+z)+(z+x)+(x+y)}$$

㋑　$\displaystyle\int\frac{d(x-y)}{x-y}=\int\frac{d(y-z)}{y-z}$ より

$\log|y-z|$
$=\log|x-y|+c_1'$
$y-z=\pm e^{c_1'}(x-y)$
$=c_1(x-y)$

㋒　$\displaystyle 2\int\frac{d(x-y)}{x-y}+\int\frac{d(x+y+z)}{x+y+z}=c_2'$

㋓　与式
$$=\frac{dx+dz}{x^2+z^2+2xz}$$
$$=\frac{dx-dz}{x^2+z^2-2xz}$$
$$=\frac{dx+dy+dz}{x^2+z^2+(x+z)y+2xz}$$

**POINT**　「加比の理」は，分数式の値を求めるときに用いることがある．連立微分方程式はこの技法で簡単に解けるときがある．

## 問題 70　一般の連立微分方程式 (3)

次の連立微分方程式を解け.

$$\frac{dx}{2x-2y+2z}=\frac{dy}{x+y}=\frac{dz}{x+3y-2z}$$

**解説**　問題69の解説でとりあげた微分方程式 $\dfrac{dx}{x+y-z}=\dfrac{dy}{z}=\dfrac{dz}{2y+z}$ の分母は $x$, $y$, $z$ の1次式であるが，このタイプの一般的な解法を示そう.

与えられた式を $k$ とおいて

$$k=\frac{ldx+mdy+ndz}{\lambda(lx+my+nz)} \quad \cdots\cdots①$$

をみたす $l$, $m$, $n$, $\lambda$ を求めることを考える.

加比の理から　$k=\dfrac{ldx+mdy+ndz}{l(x+y-z)+mz+n(2y+z)}$

$$=\frac{ldx+mdy+ndz}{lx+(l+2n)y+(-l+m+n)z} \quad \cdots\cdots②$$

①, ②の分母の $x$, $y$, $z$ の係数を比べて

$$\begin{cases} l = \lambda l \\ l+2n=\lambda m \\ -l+m+n=\lambda n \end{cases} \quad \text{すなわち} \quad \begin{vmatrix} 1-\lambda & 0 & 0 \\ 1 & -\lambda & 2 \\ -1 & 1 & 1-\lambda \end{vmatrix}=0$$

左辺を計算して整理すると　$(\lambda+1)(\lambda-1)(\lambda-2)=0$

∴　固有値 $\lambda$ は　$\lambda=-1,\ 1,\ 2$

固有ベクトル ${}^t[l\quad m\quad n]$ は

$$\begin{cases} \lambda=-1\ \text{のとき} & l:m:n=0:2:-1 \\ \lambda=1\ \text{のとき} & l:m:n=1:1:0 \\ \lambda=2\ \text{のとき} & l:m:n=0:1:1 \end{cases}$$

したがって　$(k=)\dfrac{2dy-dz}{-(2y-z)}=\dfrac{dx+dy}{x+y}=\dfrac{dy+dz}{2(y+z)}$

第1, 第2式より積分して　$-\log|2y-z|=\log|x+y|+c_1'$

$$\therefore\ (x+y)(2y-z)=c_1 \quad (\pm e^{-c_1'}=c_1) \quad \cdots\cdots③$$

第2, 第3式より積分して　$\log(x+y)^2=\log|y+z|+c_2'$

$$\therefore\ (x+y)^2=c_2(y+z) \quad (\pm e^{c_2'}=c_2) \quad \cdots\cdots④$$

よって, 求める一般解は③, ④で与えられる.

# 解答

$$k=\frac{ldx+mdy+ndz}{\lambda(lx+my+nz)} \quad \cdots\cdots ①$$

をみたす $l$，$m$，$n$，$\lambda$ を求める．

$$\underset{㋐}{k=\frac{ldx+mdy+ndz}{l(2x-2y+2z)+m(x+y)+n(x+3y-2z)}}$$

$$=\frac{ldx+mdy+ndz}{(2l+m+n)x+(-2l+m+3n)y+(2l-2n)z} \quad \cdots\cdots ②$$

①，②の分母の $x$，$y$，$z$ の係数を比べて

$$\underset{㋑}{\begin{cases} 2l+m+n=\lambda l \\ -2l+m+3n=\lambda m \\ 2l-2n=\lambda n \end{cases}}$$

すなわち
$$\underset{㋒}{\begin{vmatrix} 2-\lambda & 1 & 1 \\ -2 & 1-\lambda & 3 \\ 2 & 0 & -2-\lambda \end{vmatrix}=0}$$

$(\lambda+2)(\lambda-1)(\lambda-2)=0 \qquad \therefore \quad \lambda=\pm 2,\ 1$

固有ベクトル ${}^t[l \quad m \quad n]$ は

$\lambda=-2$ のとき　$l:m:n=0:1:-1$

$\lambda=1$ のとき　$l:m:n=3:-5:2$

$\lambda=2$ のとき　$l:m:n=2:-1:1$

したがって，$k$ は

$$\frac{dy-dz}{-2(y-z)}=\frac{3dx-5dy+2dz}{3x-5y+2z}$$
$$=\frac{2dx-dy+dz}{2(2x-y+z)}$$

第 1，第 2 式より積分して，

$$\log|y-z|+2\log|3x-5y+2z|=c_1'$$
$$\therefore \quad (y-z)(3x-5y+2z)^2=\underset{㋓}{c_1} \quad \cdots\cdots ③$$

第 1，第 3 式より積分して，

$$\log|y-z|+\log|2x-y+z|=c_2'$$
$$\therefore \quad (y-z)(2x-y+z)=\underset{㋔}{c_2} \quad \cdots\cdots ④$$

よって，求める一般解は③，④である．　……(答)

㋐　加比の理．

㋑　これらを変形して
$$\begin{bmatrix} 2 & 1 & 1 \\ -2 & 1 & 3 \\ 2 & 0 & -2 \end{bmatrix}\begin{bmatrix} l \\ m \\ n \end{bmatrix}=\lambda\begin{bmatrix} l \\ m \\ n \end{bmatrix}$$
$\lambda$ は固有値，$\begin{bmatrix} l \\ m \\ n \end{bmatrix}$ は固有ベクトル．

㋒　$(2-\lambda)(1-\lambda)(-2-\lambda)+6-2(1-\lambda)+2(-2-\lambda)=0$
より
$(2-\lambda)(1-\lambda)(-2-\lambda)=0$

㋓　$\pm e^{c_1'}=c_1$．

㋔　$\pm e^{c_2'}=c_2$．

**POINT**　連立微分方程式の一般的な解法である．丸暗記するのではなく，式の流れをつかむことが大切である．

## 練習問題 05

解答は 221 ページから

1 次の連立微分方程式を解け.

(1) $\dfrac{dx}{dt}=2x-5y,\quad \dfrac{dy}{dt}=-y,\quad x(0)=\dfrac{1}{3},\quad y(0)=2$

(2) $2\dfrac{dx}{dt}+\dfrac{dy}{dt}=x,\quad \dfrac{dx}{dt}+2\dfrac{dy}{dt}=y,\quad x(0)=1,\quad y(0)=0$

2 次の連立微分方程式を解け.

$$\frac{dx}{dt}=3y,\quad \frac{dy}{dt}=x-z,\quad \frac{dz}{dt}=-y$$

3 次の連立微分方程式を解け.

$$2\frac{dx}{dt}+4x+3\frac{dy}{dt}+3y=\sin t,\quad \frac{dx}{dt}+x+\frac{dy}{dt}+y=0$$

4 連立微分方程式 $\dfrac{dx}{dt}+ay=0$, $ax-\dfrac{dy}{dt}=0$ を解け. また, その解 $(x, y)$ はどんな図形をえがくか.

5　次の連立微分方程式を解け．

(1)　$\dfrac{dx}{x+y}=\dfrac{dy}{y}=\dfrac{dz}{y+z}$　　$(y>0)$

(2)　$\dfrac{dx}{3x-4y+2z}=\dfrac{dy}{-2x+5y-2z}=\dfrac{dz}{-6x+14y-6z}$

6　$a$，$b$，$c$ が定数のとき，次の連立微分方程式の解曲線は円であることを示せ．

$$\frac{dx}{cy-bz}=\frac{dy}{az-cx}=\frac{dz}{bx-ay}$$

# Chapter 6

# 偏微分方程式

## 問題 71 1階同次線形偏微分方程式（1）

次の偏微分方程式を解け．

(1) $x\dfrac{\partial z}{\partial x}+y\dfrac{\partial z}{\partial y}=0$ (2) $\dfrac{\partial z}{\partial x}+2x\dfrac{\partial z}{\partial y}=0$

(3) $x\dfrac{\partial z}{\partial x}+y^2\dfrac{\partial z}{\partial y}=0$

**解説** ここまで学んだ微分方程式は，ただ1つの独立変数の関数によるものであったが，これらを**常微分方程式**という．これに対して，$x$，$y$，$z$ の領域 $D$ において，2つの独立変数 $x$，$y$ とその関数 $z$ および偏導関数の間に成り立つ関係式を $D$ における**偏微分方程式**という．

$x$，$y$ が独立変数であるとき

$$P(x,y)\frac{\partial z}{\partial x}+Q(x,y)\frac{\partial z}{\partial y}=0 \quad \cdots\cdots①$$

（ただし，$P(x,y)$，$Q(x,y)$ は同時には0でない）

を**1階同次線形偏微分方程式**という．①に対して，
連立常微分方程式

$$\frac{dx}{P(x,y)}=\frac{dy}{Q(x,y)} \iff \frac{dx}{dt}=P(x,y),\quad \frac{dy}{dt}=Q(x,y) \quad \cdots\cdots②$$

を考える．これを①の**補助微分方程式**という．

②の解が $f(x,y)=c$ とするとき，①の一般解は

$$z=\phi(f(x,y)),\ \phi \text{ は任意の関数}$$

となる．これは次のように示される．
②の解を $x=\varphi_1(t)$，$y=\varphi_2(t)$ とするとき

$$\begin{aligned}P(x,y)\frac{\partial z}{\partial x}+Q(x,y)\frac{\partial z}{\partial y}&=\frac{\partial z}{\partial x}\frac{dx}{dt}+\frac{\partial z}{\partial y}\frac{dy}{dt}=\frac{dz}{dt}\\&=\frac{d}{dt}\phi(f(x,y))=\frac{d}{dt}\phi(c)\\&=0 \qquad (\because\ \phi(c)\text{ は定数})\end{aligned}$$

が成り立ち，$z=\phi(f(x,y))$ は②をみたす．

補助微分方程式②の解 $x=\varphi_1(t)$，$y=\varphi_2(t)$ の表す $xy$ 平面上の曲線を**特有曲線**というが，偏微分方程式①の解 $z=\phi(f(x,y))$ の表す曲面はそれぞれの特有曲線に沿って　$x=\varphi_1(t)$，$y=\varphi_2(t)$，$z=c$　となる．

## 解答

(1)　与えられた偏微分方程式の補助微分方程式は

$$\frac{dx}{x}=\frac{dy}{y} \qquad \int\frac{dy}{y}-\int\frac{dx}{x}=c_1$$

$$\log|y|-\log|x|=c_1 \qquad \log\left|\frac{y}{x}\right|=c_1$$

$$\therefore\quad \underbrace{\frac{y}{x}=\pm e^{c_1}=c}_{㋐}$$

よって，求める一般解は

$$\underbrace{z=\phi\left(\frac{y}{x}\right)}_{㋑},\ \phi\text{ は任意の関数} \qquad \cdots\cdots(\text{答})$$

(2)　補助微分方程式は

$$\frac{dx}{1}=\frac{dy}{2x} \qquad 2xdx-dy=0$$

$$\int 2xdx-\int dy=c$$

$$\therefore\quad x^2-y=c$$

よって，求める一般解は

$$z=\phi(x^2-y),\ \phi\text{ は任意の関数} \qquad \cdots\cdots(\text{答})$$

(3)　補助微分方程式は

$$\frac{dx}{x}=\frac{dy}{y^2} \qquad \int\frac{dx}{x}-\int\frac{dy}{y^2}=c$$

$$\therefore\quad \underbrace{\log|x|+\frac{1}{y}=c}_{㋒}$$

よって，求める一般解は

$$z=\phi\left(\log|x|+\frac{1}{y}\right),\ \phi\text{ は任意の関数} \qquad \cdots\cdots(\text{答})$$

[別解]　(1)　補助方程式は

$$\frac{dx}{dt}=x,\ \frac{dy}{dt}=y \quad \text{より} \quad x\frac{dy}{dt}-y\frac{dx}{dt}=0$$

$$\therefore\quad \frac{d}{dt}\left(\frac{y}{x}\right)=0$$

よって　$\dfrac{y}{x}=0$　（以下，略）

㋐　$f(x,y)=\dfrac{y}{x}=c$

㋑　$\displaystyle\int\frac{dx}{x}-\int\frac{dy}{y}=c_1$

とすると，$\dfrac{x}{y}=c$ となるので，$z=\phi\left(\dfrac{x}{y}\right)$ としてもよい．

㋒　これは $xy$ 平面上の 4 つの開領域

$x>0,\ y>0$
$x>0,\ y<0$
$x<0,\ y>0$
$x<0,\ y<0$

のそれぞれにおいて定義される．

**POINT**　本問は補助微分方程式が変数分離形のタイプで，偏微分方程式の中では一番簡単な場合である．まずは，偏微分方程式に慣れることから始めよう．

## 問題 72 1階同次線形偏微分方程式（2）

次の偏微分方程式を解け．

(1) $x(y-z)\dfrac{\partial u}{\partial x}+y(z-x)\dfrac{\partial u}{\partial y}+z(x-y)\dfrac{\partial u}{\partial z}=0$

(2) $(y+z)\dfrac{\partial u}{\partial x}+(z+x)\dfrac{\partial u}{\partial y}+(x+y)\dfrac{\partial u}{\partial z}=0$

**解説** 問題71で学んだことは，3個以上の独立変数に関する1階同次線形偏微分方程式に対しても成り立つ．

$x$，$y$，$z$ が独立変数であるとき，1階同次線形偏微分方程式

$$P(x,y,z)\frac{\partial u}{\partial x}+Q(x,y,z)\frac{\partial u}{\partial y}+R(x,y,z)\frac{\partial u}{\partial z}=0 \quad \cdots\cdots①$$

（ただし，$P(x,y,z)$，$Q(x,y,z)$，$R(x,y,z)$ は同時には0でない）

に対して，補助微分方程式は

$$\frac{dx}{P(x,y,z)}=\frac{dy}{Q(x,y,z)}=\frac{dz}{R(x,y,z)} \quad \cdots\cdots②$$

$$\Longleftrightarrow \quad \frac{dx}{dt}=P(x,y,z),\quad \frac{dy}{dt}=Q(x,y,z),\quad \frac{dz}{dt}=R(x,y,z) \quad \cdots\cdots③$$

である．②，③は問題68，69で学んだ連立微分方程式に等しい．

②の2つの独立解を $f(x,y,z)=c_1$，$g(x,y,z)=c_2$ とすると，①の一般解は

$$u=\phi(f(x,y,z),\ g(x,y,z)),\ \phi \text{ は任意の関数}$$

となる．

（例） 偏微分方程式 $x\dfrac{\partial u}{\partial x}+y\dfrac{\partial u}{\partial y}+z\dfrac{\partial u}{\partial z}=0$ を解いてみよう．

（解） 補助微分方程式は，$\dfrac{dx}{x}=\dfrac{dy}{y}=\dfrac{dz}{z}$

第1，第2式から $\displaystyle\int\frac{dy}{y}-\int\frac{dx}{x}=c_1' \qquad \therefore\ \frac{y}{x}=c_1$

第1，第3式から $\displaystyle\int\frac{dz}{z}-\int\frac{dx}{x}=c_2' \qquad \therefore\ \frac{z}{x}=c_2$

よって，求める一般解は

$$u=\phi\left(\frac{y}{x},\ \frac{z}{x}\right),\ \phi \text{ は任意の関数}$$

## 解答

(1)　補助微分方程式は

$$\frac{dx}{x(y-z)}=\frac{dy}{y(z-x)}=\frac{dz}{z(x-y)}$$

㋐加比の理から

$$\frac{dx}{x(y-z)}=\frac{dy}{y(z-x)}=\frac{dz}{z(x-y)}$$

$$=\frac{dx+dy+dz}{0}=\frac{yzdx+xzdy+xydz}{0}$$

したがって

$$dx+dy+dz=0 \quad \cdots\cdots①$$

$$yzdx+xzdy+xydz=0 \quad \cdots\cdots②$$

㋑①から，　$x+y+z=c_1$

㋒②から，　$xyz=c_2$

よって，求める一般解は

$u=\phi(x+y+z,\ xyz)$，$\phi$ は任意の関数　……(答)

(2)　補助微分方程式は

$$\frac{dx}{y+z}=\frac{dy}{z+x}=\frac{dz}{x+y}$$

$$㋓=\frac{dx-dy}{y-x}=\frac{dx-dz}{z-x}=\frac{dx+dy+dz}{2(x+y+z)}$$

第 4，第 5 式から

$$\frac{d(z-x)}{z-x}-\frac{d(y-x)}{y-x}=0 \qquad \therefore \quad \frac{z-x}{y-x}=c_1$$

第 4，第 6 式から

$$2\cdot\frac{d(x-y)}{x-y}+\frac{d(x+y+z)}{x+y+z}=0$$

$$\therefore \quad (x-y)^2(x+y+z)=c_2$$

よって，求める一般解は

$$u=\phi\left(\frac{z-x}{y-x},\ (x-y)^2(x+y+z)\right)$$

$\phi$ は任意の関数　……(答)

㋐ $x(y-z)+y(z-x)+z(x-y)=0$ および $yz\cdot x(y-z)+xz\cdot y(z-x)+xy\cdot z(x-y)=0$ に着目する．

㋑ $\int dx+\int dy+\int dz=c_1$ または $d(x+y+z)=0$ より $x+y+z=c_1$ と考える．

㋒ $\dfrac{dx}{x}+\dfrac{dy}{y}+\dfrac{dz}{z}=0$，または，$d(xyz)=0$ と考える．

㋓ 加比の理を用いる．

**POINT**　一般に，1 階同次線形偏微分方程式の補助微分方程式は，連立微分方程式である．既習の微分方程式に帰着させることができる．

## 問題 73　1階準線形偏微分方程式

次の偏微分方程式を解け．

(1)　$(y+z)\dfrac{\partial z}{\partial x}+(z+x)\dfrac{\partial z}{\partial y}=z$

(2)　$x\dfrac{\partial z}{\partial x}+(x^2+y)\dfrac{\partial z}{\partial y}-yz=0$

**解説**　$xyz$ 空間内の領域 $D$ において定義された1階偏微分方程式

$$P(x,y,z)\frac{\partial z}{\partial x}+Q(x,y,z)\frac{\partial z}{\partial y}=R(x,y,z) \qquad \cdots\cdots①$$

を**1階準線形偏微分方程式**という．ただし，各係数 $P(x,y,z)$，$Q(x,y,z)$，$R(x,y,z)$ は同時には0にならないとする．線形偏微分方程式の場合と同様に，①に対する連立常微分方程式

$$\frac{dx}{P(x,y,z)}=\frac{dy}{Q(x,y,z)}=\frac{dz}{R(x,y,z)} \qquad \cdots\cdots②$$

$$\Longleftrightarrow \quad \frac{dx}{dt}=P(x,y,z),\quad \frac{dy}{dt}=Q(x,y,z),\quad \frac{dz}{dt}=R(x,y,z)$$

を考える．これを①の補助微分方程式という．

さて，②の独立な2つの解を $f(x,y,z)=c_1$，$g(x,y,z)=c_2$ とするとき，①の一般解は

$$\phi(f(x,y,z),\ g(x,y,z))=0$$

あるいは　　$g(x,y,z)=\psi(f(x,y,z))$

で与えられる．(ただし，$\phi$，$\psi$ はいずれも任意の関数)

(例)　偏微分方程式 $(y-z)\dfrac{\partial z}{\partial x}+(z-x)\dfrac{\partial z}{\partial y}=x-y$ を解いてみよう．

(解)　補助微分方程式は

$$\frac{dx}{y-z}=\frac{dy}{z-x}=\frac{dz}{x-y}=\frac{dx+dy+dz}{0}=\frac{xdx+ydy+zdz}{0}$$

したがって　　$dx+dy+dz=0$　　$\cdots\cdots③$

$xdx+ydy+zdz=0$　　$\cdots\cdots④$

③から　　$x+y+z=c_1$

④から　　$x^2+y^2+z^2=c_2$

よって，求める一般解は　　$\phi(x+y+z,\ x^2+y^2+z^2)=0$

($\phi$ は任意の関数)

## 解 答

(1)　補助微分方程式は

$$\frac{dx}{y+z}=\frac{dy}{z+x}=\frac{dz}{z}$$

$$=\frac{dx-dy}{y-x}=\frac{xdx-ydy}{z(x-y)}$$

第 3，4 式から　$\frac{dz}{z}+\frac{d(x-y)}{x-y}=0$ ㋐

$$\therefore \quad z(x-y)=c_1 \quad \cdots\cdots①$$

第 3，5 式と①から　$xdx-ydy=\frac{c_1}{z}dz$ ㋑

$$x^2-y^2=c_1\log z^2+c_2=z(x-y)\log z^2+c_2$$

$$\therefore \quad (x-y)(x+y-z\log z^2)=c_2 \quad \cdots\cdots②$$

よって，①，②から㋒求める一般解は

$$\phi(z(x-y),(x-y)(x+y-z\log z^2))=0$$

$\phi$ は任意の関数　……(答)

(2)　㋓補助微分方程式は

$$\frac{dx}{x}=\frac{dy}{x^2+y}=\frac{dz}{yz}$$

第 1，2 式から，$\frac{dy}{dx}=\frac{x^2+y}{x}$

$$x\frac{dy}{dx}-y=x^2 \qquad \therefore \quad d\left(\frac{y}{x}\right)=1$$ ㋔

$$\therefore \quad y=x(x+c_1) \quad \cdots\cdots③$$

第 1，3 式から，$\frac{dz}{z}=\frac{y}{x}dx=(x+c_1)dx$

$$\therefore \quad \log|z|=\frac{x^2}{2}+c_1x+c_2'=y-\frac{x^2}{2}+c_2'$$ ㋕

すなわち，$z=\pm e^{c_2'}e^{y-\frac{x^2}{2}}=c_2e^{y-\frac{x^2}{2}}$　……④

よって，③，④から求める一般解は，

$$\phi\left(\frac{y}{x}-x,\, ze^{\frac{x^2}{2}-y}\right)=0 \quad \cdots\cdots(答)$$

---

㋐　$\int\frac{dz}{z}+\int\frac{d(x-y)}{x-y}=c_1'$

㋑　両辺を 2 倍して

$$2xdx-2ydy=\frac{2c_1}{z}dz$$

$$\int 2xdx-\int 2ydy$$

$$=2c_1\int\frac{dz}{z}+c_2$$

㋒　$(x-y)(x+y-z\log z^2)$
$=\phi((x-y)z)$
を解としてもよい．

㋓　与式は

$$x\frac{\partial z}{\partial x}+(x^2+y)\frac{\partial z}{\partial y}$$
$=yz$
と同値．

㋔　$d\left(\frac{y}{x}\right)=\frac{y'x-y\cdot 1}{x^2}=1$

$$\frac{y}{x}=x+c_1$$

㋕　③より，
$c_1x=y-x^2$ を代入．

**POINT**　1 階準線形偏微分方程式はその形が前問とどのように違うか，そこをしっかりおさえよう．解法は，前問と変わらない．

## 問題 74 全微分方程式 (1)

(1) 全微分方程式 $dz=2xydx+x^3dy$ は解をもたないことを示せ．

(2) 次の全微分方程式を解け．

(i) $dz=\dfrac{xy^2}{z}dx+\dfrac{x^2y}{z}dy$　　(ii) $dz=\dfrac{z}{y}dx-\dfrac{xz}{y^2}dy$

**解説** 変数 $x$, $y$, $z$ の微分 $dx$, $dy$, $dz$ に関する方程式

$$dz=P(x,y,z)dx+Q(x,y,z)dy \quad \cdots\cdots①$$

を**正規型の全微分方程式**という．これは2つの関係式

$$\frac{\partial z}{\partial x}=P(x,y,z) \quad \cdots\cdots②, \qquad \frac{\partial z}{\partial y}=Q(x,y,z) \quad \cdots\cdots③$$

をみたす関数 $z=f(x,y)$ の全微分 $dz$ ($=f_xdx+f_ydy$) に関する関係式と同値であり，全微分方程式①は連立準線形偏微分方程式②，③と同値である．ここで

$$\frac{\partial}{\partial y}\left(\frac{\partial z}{\partial x}\right)=\frac{\partial}{\partial y}(P(x,y,z))=\frac{\partial P}{\partial x}\frac{\partial x}{\partial y}+\frac{\partial P}{\partial y}\frac{\partial y}{\partial y}+\frac{\partial P}{\partial z}\frac{\partial z}{\partial y}$$

$$=\frac{\partial P}{\partial x}\cdot 0+\frac{\partial P}{\partial y}\cdot 1+\frac{\partial P}{\partial z}\cdot Q=\frac{\partial P}{\partial y}+\frac{\partial P}{\partial z}Q$$

同様に，$\dfrac{\partial}{\partial x}\left(\dfrac{\partial z}{\partial y}\right)=\dfrac{\partial}{\partial x}(Q(x,y,z))=\dfrac{\partial Q}{\partial x}+\dfrac{\partial Q}{\partial z}P$

ここに $\dfrac{\partial}{\partial y}\left(\dfrac{\partial z}{\partial x}\right)=\dfrac{\partial}{\partial x}\left(\dfrac{\partial z}{\partial y}\right)$ だから，①が解をもつための必要条件として，

$$\frac{\partial P}{\partial y}+\frac{\partial P}{\partial z}Q=\frac{\partial Q}{\partial x}+\frac{\partial Q}{\partial z}P \quad \cdots\cdots④$$

が得られる．このとき，①が

$$g'(z)dz=h_x(x,y)dx+h_y(x,y)dy$$

(ただし，$g(z)$ は $z$ のみ，$h(x,y)$ は $x$, $y$ のみの関数)

となれば，　$d(g(z))=d(h(x,y))$

すなわち，①の一般解は，　$g(z)=h(x,y)+C$

となる．ここで，視察でわかる全微分として

$$d(xy)=ydx+xdy,\ \ d(x^2+y^2)=2xdx+2ydy,$$

$$d\left(\frac{y}{x}\right)=\frac{xdy-ydx}{x^2},\ \ d\left(\frac{x}{y}\right)=\frac{ydx-xdy}{y^2}$$

などは確実に覚えておこう．

## 解答

(1)　与えられた全微分方程式は

$$\frac{\partial z}{\partial x}=P=2xy,\quad \frac{\partial z}{\partial y}=Q=x^3$$

と同値である．このとき

$$\underset{㋐}{\frac{\partial P}{\partial y}+\frac{\partial P}{\partial z}Q=2x,\quad \frac{\partial Q}{\partial x}+\frac{\partial Q}{\partial z}P=3x^2}$$

$$\therefore\quad \frac{\partial P}{\partial y}+\frac{\partial P}{\partial z}Q\neq\frac{\partial Q}{\partial x}+\frac{\partial Q}{\partial z}P$$

よって，問題の全微分方程式は解をもたない．

(2)　(i)　$\frac{\partial z}{\partial x}=P=\frac{xy^2}{z},\quad \frac{\partial z}{\partial y}=Q=\frac{x^2y}{z}$ だから

$$\underset{㋑}{\frac{\partial P}{\partial y}+\frac{\partial P}{\partial z}Q=\frac{\partial Q}{\partial x}+\frac{\partial Q}{\partial z}P}=\frac{2xyz^2-x^3y^3}{z^3}$$

したがって，与えられた全微分方程式は解をもつための必要条件をみたす．与式から

$$\underset{㋒}{zdz=xy^2dx+x^2ydy}$$

$$\therefore\quad d(z^2)=d(x^2y^2)$$

よって，求める一般解は

$$z^2=x^2y^2+c \qquad\cdots\cdots(答)$$

(ii)　$\frac{\partial z}{\partial x}=P=\frac{z}{y},\quad \frac{\partial z}{\partial y}=Q=-\frac{xz}{y^2}$ だから

$$\frac{\partial P}{\partial y}+\frac{\partial P}{\partial z}Q=\frac{\partial Q}{\partial x}+\frac{\partial Q}{\partial z}P=-\frac{xz+yz}{y^3}$$

したがって，与えられた全微分方程式は解をもつための必要条件をみたす．与式から

$$\frac{dz}{z}=\frac{dx}{y}-\frac{x}{y^2}dy=\underset{㋓}{\frac{ydx-xdy}{y^2}}$$

$$\therefore\quad d(\log|z|)=d\left(\frac{x}{y}\right)$$

$$\log|z|=\frac{x}{y}+c_1 \qquad \therefore\quad z=\pm e^{c_1}e^{\frac{x}{y}}$$

よって，求める一般解は

$$z=ce^{\frac{x}{y}} \qquad\cdots\cdots(答)$$

㋐　$\frac{\partial P}{\partial y}+\frac{\partial P}{\partial z}Q$
$=2x+0\cdot x^3=2x$
$\frac{\partial Q}{\partial x}+\frac{\partial Q}{\partial z}P$
$=3x^2+0\cdot 2xy=3x^2$

㋑　$\frac{\partial P}{\partial y}+\frac{\partial P}{\partial z}Q$
$=\frac{2xy}{z}-\frac{xy^2}{z^2}\cdot\frac{x^2y}{z}$
$\frac{\partial Q}{\partial x}+\frac{\partial Q}{\partial z}P$ も同様．

㋒　2倍して
$2zdz=2xy^2dx+2x^2ydy$
左辺$=d(z^2)$
右辺$=d(x^2y^2)$

㋓　視察で
$\frac{ydx-xdy}{y^2}=d\left(\frac{x}{y}\right)$

**POINT**　本問では，全微分方程式が解をもつための必要条件を学んだが，これは十分条件でもある（次の問題で学ぶ）．左頁の全微分に関する代表的な等式において，右辺から左辺がすぐに導けるようにしておくこと．

## 問題 75　全微分方程式 (2)

次の全微分方程式を解け．

$$dz=\frac{y-x}{z}dx+\frac{x}{z}dy$$

**解説**　前問に引き続き全微分方程式を学ぼう．前問の解説における①～④はそのまま①～④として続ける．

②は，$y$ を定数またはパラメータと見なすと，$x$ と $z$ の微分方程式となる．したがって，②は $z=\varphi(x,y,C)$（$C$ は任意定数）となるが，このとき $C$ を $u(y)$ とおき換えた，　$z=\varphi(x,y,u(y))$　……⑤

も②をみたす．この②が③をみたすように，すなわち

$$\frac{\partial z}{\partial y}=\frac{\partial\varphi}{\partial y}+\frac{\partial\varphi}{\partial u}\frac{du}{dy}=Q(x,y,\varphi(x,y,u(y))) \quad \cdots\cdots⑥$$

をみたすように関数 $u(y)=\phi(y,c)$ を決定することができれば，①の一般解は

$$z=\varphi(x,y,\phi(y,c)) \quad (c\text{ は任意定数})$$

として得られる．さて，⑥のとき

$$\frac{du}{dy}=\frac{Q(x,y,\varphi(x,y,u))-\dfrac{\partial\varphi}{\partial y}}{\dfrac{\partial\varphi}{\partial u}} \quad \cdots\cdots⑦$$

となり，⑦の右辺が $x$ に無関係で $y$ と $u$ のみの関数であれば，⑦をみたす $u(y)$ は存在する．このとき $\dfrac{\partial}{\partial x}$(⑦の右辺)$=0$ から，分子$=0$ として

$$\left(\frac{\partial Q}{\partial x}+\frac{\partial Q}{\partial\varphi}\frac{\partial\varphi}{\partial x}-\frac{\partial^2\varphi}{\partial x\partial y}\right)\frac{\partial\varphi}{\partial u}-\left(Q-\frac{\partial\varphi}{\partial y}\right)\frac{\partial^2\varphi}{\partial x\partial u}=0 \quad \cdots\cdots⑧$$

ところが，$\dfrac{\partial\varphi}{\partial x}=P$，$\dfrac{\partial\varphi}{\partial y}=Q$，$\varphi=\varphi(x,y,u)$ だから

$$\frac{\partial^2\varphi}{\partial x\partial y}=\frac{\partial}{\partial y}\left(\frac{\partial\varphi}{\partial x}\right)=\frac{\partial P}{\partial y}+\frac{\partial P}{\partial\varphi}\frac{\partial\varphi}{\partial y}=\frac{\partial P}{\partial y}+\frac{\partial P}{\partial\varphi}Q$$

したがって，⑧は $\left(\dfrac{\partial Q}{\partial x}+\dfrac{\partial Q}{\partial\varphi}P-\dfrac{\partial P}{\partial y}-\dfrac{\partial P}{\partial\varphi}Q\right)\dfrac{\partial\varphi}{\partial u}=0$ となるが，これは④が成り立つとき確かに成り立つ．よって，④は①が解をもつための十分条件でもある．

以上から，④は全微分方程式①が解をもつための必要十分条件である．このとき，①は**完全積分可能**であるという．

## 解答

与えられた全微分方程式は

$$\frac{\partial z}{\partial x}=P=\frac{y-x}{z}\cdots\cdots①,\quad \frac{\partial z}{\partial y}=Q=\frac{x}{z}\cdots\cdots②$$

と同値である．このとき

$$\frac{\partial P}{\partial y}+\frac{\partial P}{\partial z}Q=\frac{1}{z}-\frac{y-x}{z^2}\cdot\frac{x}{z}=\frac{x^2-xy+z^2}{z^3}$$

$$\frac{\partial Q}{\partial x}+\frac{\partial Q}{\partial z}P=\frac{1}{z}-\frac{x}{z^2}\cdot\frac{y-x}{z}=\frac{x^2-xy+z^2}{z^3}$$

$$\therefore\quad \underset{㋐}{\frac{\partial P}{\partial y}+\frac{\partial P}{\partial z}Q=\frac{\partial Q}{\partial x}+\frac{\partial Q}{\partial z}P}$$

したがって，与えられた全微分方程式は完全積分可能である．

①において，$y$ をパラメータと見なして

$$\underset{㋑}{(x-y)dx+zdz=0}$$

$$\int(x-y)dx+\int zdz=c_1$$

$$\therefore\quad (x-y)^2+z^2=2c_1=c_1{}'$$

$\underset{㋒}{c_1{}'=u(y)}$ として　　$(x-y)^2+z^2=u(y)$

これが②をみたすように $u(y)$ を定める．

両辺を $y$ で偏微分して

$$-2(x-y)+2z\frac{\partial z}{\partial y}=\underset{㋓}{\frac{du}{dy}}$$

②を代入して

$$\frac{du}{dy}=-2(x-y)+2z\cdot\frac{x}{z}=2y$$

$$\therefore\quad u(y)=\int 2ydy=y^2+C$$

よって，求める一般解は

$$(x-y)^2+z^2=y^2+C$$

すなわち，　　$x^2-2xy+z^2=C$

（$C$ は任意定数）　　……（答）

㋐　この等式は全微分方程式が完全積分可能であるための必要十分条件である．

㋑　$y$ をパラメータと見なして $x$ と $z$ の常微分方程式と考える．したがって，$\dfrac{dz}{dx}=\dfrac{y-x}{z}$ を解くことになる．

㋒　定数変化法．

㋓　$u(y)$ は $y$ のみの関数であるから，

$$\frac{\partial u}{\partial y}=\frac{du}{dy}$$

となる．

**POINT**　全微分方程式が完全積分可能のとき，それと同値な偏微分方程式において，$x$ あるいは $y$ をパラメータとみなすことから解くことを覚えておこう．

## 問題 76　パッフの微分方程式

次の全微分方程式が完全積分可能であることを示し，一般解を求めよ．

(1)　$y^2zdx+2xyzdy-3xy^2dz=0$

(2)　$\dfrac{dx}{y^2}-\dfrac{2x}{y^3}dy-zdz=0$

### 解説

微分方程式

$$P(x,y,z)dx+Q(x,y,z)dy+R(x,y,z)dz=0 \quad \cdots\cdots①$$

を**パッフの微分方程式**という．①の左辺がある関数 $F(x,y,z)$ の全微分，すなわち

$$dF=\frac{\partial F}{\partial x}dx+\frac{\partial F}{\partial y}dy+\frac{\partial F}{\partial z}dz=\text{①の左辺}=0$$

になるとき，①の解は　$F(x,y,z)=C$　$\cdots\cdots②$

で与えられる．②を $z$ について解いて $z=f(x,y)$ が得られるとすると，$z$ は①と同値な全微分方程式

$$dz=-\frac{P}{R}dx-\frac{Q}{R}dy$$

をみたさなければいけない．問題 75 で学んだ完全積分可能の条件を考えると

$$\frac{\partial}{\partial y}\left(-\frac{P}{R}\right)+\frac{\partial}{\partial z}\left(-\frac{P}{R}\right)\cdot\left(-\frac{Q}{R}\right)=\frac{\partial}{\partial x}\left(-\frac{Q}{R}\right)+\frac{\partial}{\partial z}\left(-\frac{Q}{R}\right)\cdot\left(-\frac{P}{R}\right)$$

ここで，$\dfrac{\partial}{\partial y}\left(-\dfrac{P}{R}\right)=-\dfrac{1}{R^2}\left(\dfrac{\partial P}{\partial y}R-P\dfrac{\partial R}{\partial y}\right)$ などを代入して整理すると

$$P\left(\frac{\partial Q}{\partial z}-\frac{\partial R}{\partial y}\right)+Q\left(\frac{\partial R}{\partial x}-\frac{\partial P}{\partial z}\right)+R\left(\frac{\partial P}{\partial y}-\frac{\partial Q}{\partial x}\right)=0 \quad \cdots\cdots③$$

③は①が**完全積分可能であるための必要かつ十分な条件**である．

次に，$P$，$Q$，$R$ がそれぞれ $x$，$y$，$z$ のみの関数であるとき，すなわち

全微分方程式　$P(x)dx+Q(y)dy+R(z)dz=0$

は，完全積分可能条件③をみたす．このとき，一般解は

$$\int P(x)dx+\int Q(y)dy+\int R(z)dz=C$$

となる．また，　$P(x,y)dx+Q(x,y)dy+R(z)dz=0$　$\cdots\cdots④$

が完全積分可能であるための条件は，　$\dfrac{\partial P}{\partial y}-\dfrac{\partial Q}{\partial x}=0$

となる．このとき，④の一般解は，$P(x,y)dx+Q(x,y)dy=du$ となる関数 $u(x,y)$ を求めて，$du+R(z)dz=0$ を解けばよい．

## 解答

(1) ㋐$P=y^2z$, $Q=2xyz$, $R=-3xy^2$ とおくと

$P_y=2yz$, $P_z=y^2$, $Q_x=2yz$,

$Q_z=2xy$, $R_x=-3y^2$, $R_y=-6xy$

これより

$$P(Q_z-R_y)+Q(R_x-P_z)+R(P_y-Q_x)$$ ㋑

$$=y^2z(2xy+6xy)+2xyz(-3y^2-y^2)-3xy^2(2yz-2yz)$$

$$=8xy^3z-8xy^3z=0$$

したがって，全微分方程式は完全積分可能である．与えられた方程式の両辺を $xy^2z$ で割って

$$\frac{dx}{x}+\frac{2}{y}dy-\frac{3}{z}dz=0$$ ㋒

これを積分して

$$\log|x|+2\log|y|-3\log|z|=c_1$$ ㋓

よって，求める一般解は

$$xy^2=cz^3 \quad \cdots\cdots(答)$$

(2) $P=\dfrac{1}{y^2}$, $Q=-\dfrac{2x}{y^3}$, $R=-z$ とおくと

$P_y=-\dfrac{2}{y^3}$, $P_z=0$, $Q_x=-\dfrac{2}{y^3}$, $Q_z=0$,

$R_x=0$, $R_y=0$

これより　㋔$P_y-Q_x=0$

したがって，全微分方程式は完全積分可能である．与えられた方程式を変形して

$$\frac{ydx-2xdy}{y^3}-zdz=0$$ ㋕

$$d\left(\frac{x}{y^2}\right)-zdz=0$$

これを積分して，求める一般解は

$$\frac{x}{y^2}-\frac{z^2}{2}=C \quad \cdots\cdots(答)$$

㋐　与えられた微分方程式はパッフの微分方程式．

㋑　パッフの微分方程式が完全積分可能であるための必要十分条件は，この式が0になることである．

㋒　$xy^2z$ で両辺を割ると
$P(x)dx+Q(y)dy+R(z)dz=0$
の形に変形できる．
実は，最初からこの式を導いて，完全積分可能としてもよい．

㋓　$\log|xy^2|=\log e^{c_1}|z|^3$

㋔　$P(x,y)dx+Q(x,y)dy+R(z)dz=0$
のタイプの全微分方程式が完全積分可能であるための必要十分条件．

㋕　視察で，本式$=d\left(\dfrac{x}{y^2}\right)$を見抜く．

**POINT**　全微分方程式が完全積分可能であるための必要十分条件をしっかりおさえておこう．

## 問題 77　一般の1階偏微分方程式（1）

$p=\dfrac{\partial z}{\partial x}$，$q=\dfrac{\partial z}{\partial y}$ とするとき，次の偏微分方程式の完全解を求めよ．

(1)　$pq-px-qy=0$　　　　(2)　$pq+px^2+2qxy-2xz=0$

### 解説

ここでは，**一般の1階偏微分方程式**を学ぶ．

2つの独立変数 $x$，$y$ の関数 $z$ の偏導関数を $\dfrac{\partial z}{\partial x}=p$，$\dfrac{\partial z}{\partial y}=q$ と表し，1階偏微分方程式

$$f(x, y, z, p, q)=0 \quad \cdots\cdots ①$$

で表す．①の解は，「完全解，特異解，一般解」の3つに分けられるが，2つの任意定数 $a$，$b$ を含む解 $F(x, y, z, a, b)=0$ を**完全解**という．

**(例)**　球面族 $(x-a)^2+(y-b)^2+z^2=1$ は

$$2(x-a)+2z\frac{\partial z}{\partial x}=0,\ 2(y-b)+2z\frac{\partial z}{\partial y}=0 \text{ から}$$

$$x-a=-zp,\ y-b=-zq$$

したがって，　$(-zp)^2+(-zq)^2+z^2=1$ から，　$z^2(p^2+q^2+1)=1$

となり，$z^2(p^2+q^2+1)=1$ の1つの完全解は $(x-a)^2+(y-b)^2+z^2=1$ であることがわかる．

一般に，偏微分方程式①の完全解を求める方法は次のとおりである．

①に対して，連立微分方程式（補助微分方程式）

$$\frac{dx}{f_p}=\frac{dy}{f_q}=\frac{dz}{pf_p+qf_q}=\frac{-dp}{f_x+pf_z}=\frac{-dq}{f_y+qf_z} \quad \cdots\cdots ②$$

の $p$，$q$ の少なくとも一方を含む解　$g(x, y, z, p, q)=a$ を求めればよい

ことが知られている．これと①から

$$p=P(x, y, z, a) \quad \text{かつ} \quad q=Q(x, y, z, a)$$

を求めて，全微分方程式 $dz=Pdx+Qdy$ を積分すれば

$$z=\int Pdx+\int Qdy+b \text{ すなわち，完全解 } F(x, y, z, a, b)=0$$

が得られる．このようにして完全解を求める方法を**チャーピットの解法**という．

とくに，$f(x, y, p, q)=0$ のタイプの場合は，補助微分方程式として

$$\frac{dx}{f_p}=\frac{dy}{f_q}=\frac{-dp}{f_x}=\frac{-dq}{f_y}$$

を考えて，これを解けばよい．

## 解答

(1)　$f(x, y, z, p, q)=pq-px-qy=0$

$f_p=q-x$，$f_q=p-y$，$f_x=-p$，$f_y=-q$

$f_z=0$

したがって，㋐補助微分方程式は

$$\frac{dx}{q-x}=\frac{dy}{p-y}=\frac{-dp}{-p}=\frac{-dq}{-q}$$

第 3，第 4 式から　$\frac{dp}{p}=\frac{dq}{q}$

積分して，㋑$q=ap$

これを与式に代入して，$p(ap-x-ay)=0$

㋒$p\neq 0$ だから，$ap-x-ay=0$

$$\therefore\quad p=\frac{x+ay}{a},\quad q=x+ay$$

すなわち，$dz=\frac{x+ay}{a}dx+(x+ay)dy$

$$=\frac{1}{a}(x+ay)(dx+ady)$$

$$\therefore\quad adz=(x+ay)d(x+ay)$$

よって，㋓$2az=(x+ay)^2+b$　……(答)

(2)　$f(x, y, z, p, q)=pq+px^2+2qxy-2xz=0$

(1) と同様にして，㋔補助微分方程式は（右の㋔の式から）

$$\frac{dx}{q+x^2}=\frac{dy}{p+2xy}=\frac{dz}{p(q+x^2)+q(p+2xy)}$$

$$=\frac{-dp}{2qy-2z}=\frac{-dq}{0}$$

これより，　$dq=0$

$q=a$ とおくと，与式から　$p=\frac{2(z-ay)x}{x^2+a}$

$$\therefore\quad dz=\frac{2(z-ay)x}{x^2+a}dx+ady$$

したがって，㋕$\frac{dz-ady}{z-ay}=\frac{2x}{x^2+a}dx$

よって，$z-ay=b(x^2+a)$　……(答)

㋐　$f$ は $z$ を含まないので，$\frac{dz}{pf_p+qf_q}$ は考えなくてよい．

㋑　$\int\frac{dq}{q}=\int\frac{dp}{p}+c_1$ から

$q=\pm e^{c_1}p=ap$

㋒　$p=0$ とすると $q=0$ となり，$z=c=$ 定数となるので，完全解は得られない．したがって，$p\neq 0$ として考えてよい．

㋓　完全解．

㋔　$f_p=q+x^2$

$f_q=p+2xy$

$f_x=2px+2qy-2z$

$f_y=2qx$，$f_z=-2x$

㋕　$\frac{d(z-ay)}{z-ay}$

**POINT**　左ページ解説の補助微分方程式②を作れるかどうかがカギとなる．

## 問題 78 一般の1階偏微分方程式（2）

次の偏微分方程式の完全解および特異解を求めよ（$p=z_x$, $q=z_y$）.

(1) $pq+px^2+2qxy-2xz=0$

(2) $z=px+qy+3p+4q^2$

**解説** 1階偏微分方程式 $f(x, y, z, p, q)=0$ ……①

の完全解を $F(x, y, z, a, b)=0$ ……②

とするとき，$p, q$ は②を $x, y$ で偏微分した

$$F_x+F_z p=0 \quad かつ \quad F_y+F_z q=0 \quad \cdots\cdots③$$

で与えられる．ここでは，**完全解から特異解と一般解を求める**方法を学ぶ．

定数 $a$，$b$ を $a=a(x, y)$，$b=b(x, y)$ と関数化し，②を $x$，$y$ で偏微分すると

$$\begin{cases} F_x+F_z p+F_a a_x+F_b b_x=0 \\ F_y+F_z q+F_a a_y+F_b b_y=0 \end{cases} \quad \cdots\cdots④$$

ここで，②，③をみたす3つの関数 $z$，$a$，$b$ は①をみたす．③，④を比べて

$$\begin{cases} F_a a_x+F_b b_x=0 \\ F_a a_y+F_b b_y=0 \end{cases} \quad \cdots\cdots⑤ \qquad \therefore \begin{bmatrix} a_x & b_x \\ a_y & b_y \end{bmatrix}\begin{bmatrix} F_a \\ F_b \end{bmatrix}=\begin{bmatrix} 0 \\ 0 \end{bmatrix}$$

これが成り立つのは以下のときである．

$$\begin{bmatrix} F_a \\ F_b \end{bmatrix}=\begin{bmatrix} 0 \\ 0 \end{bmatrix} \quad \cdots\cdots⑥ \quad または， \quad \frac{\partial(a, b)}{\partial(x, y)}=\begin{vmatrix} a_x & b_x \\ a_y & b_y \end{vmatrix}=0 \quad \cdots\cdots⑦$$

⑥が成り立つときは，②と⑥から $a$ と $b$ を消去して，2つのパラメータ $a$，$b$ で表される曲面族②の包絡面の方程式が得られる．一般に，曲面 $\Gamma$ がその任意の点Pにおいて，**曲面族** $f(x, y, z, a, b)=0$ の表す曲面につねに接するとき，曲面 $\Gamma$ をこの曲面族の**包絡面**という．この包絡面の方程式は①をみたすが，任意定数を含まない．このような解を①の**特異解**という．

また，⑦が成り立つときは，⑤の2式は同値となり $F_a$ と $F_b$ は関数関係にある．すなわち $b=\varphi(a)$ ……⑧

のように表されるが，このとき②を $a$ で偏微分すると

$$F_a+F_b b_a=F_a+F_b\varphi'(a)=0 \quad \cdots\cdots⑨$$

②，⑧，⑨から $a$ と $b$ を消去して，パラメータ $a$ で表される曲面族 $F(x, y, z, a, \varphi(a))=0$ の包絡面の方程式が得られる．この包絡面の方程式は①をみたすが，1つの任意の関数 $\varphi$ を含む．このような解を①の**一般解**という．

## 解答

(1)　与えられた偏微分方程式は，問題 77 (2) と同一だから，㋐完全解は

$$z=ay+b(x^2+a) \quad \cdots\cdots ① \quad \cdots\cdots(答)$$

すなわち，$F=z-ay-b(x^2+a)=0$

これより $\begin{cases} F_a=-y-b=0 \\ F_b=-x^2-a=0 \end{cases}$ ㋑

$\therefore \quad b=-y,\ a=-x^2$

これを①に代入して，特異解は，

$$z=(-x^2)y+(-y)(x^2-x^2)$$

よって，　$z=-x^2y$　……(答)

(2)　㋒$f(x, y, z, p, q)=z-px-qy-3p-4q^2=0$

$f_p=-x-3,\ f_q=-y-8q,\ f_x=-p$

$f_y=-q,\ f_z=1$

したがって，補助微分方程式は

$$\frac{dx}{-x-3}=\frac{dy}{-y-8q}=\frac{dz}{p(-x-3)+q(-y-8q)}$$
$$=\frac{-dp}{0}=\frac{-dq}{0}$$

最後の 2 式から，　$dp=0$　かつ　$dq=0$

$p=a,\ q=b$ とおくと，求める完全解は

$$z=ax+by+3a+4b^2 \quad \cdots\cdots ② \quad \cdots\cdots(答)$$

すなわち，$F=z-ax-by-3a-4b^2=0$

これより $\begin{cases} F_a=-x-3=0 \\ F_b=-y-8b=0 \end{cases}$

$$\therefore \quad x=-3,\ b=-\frac{y}{8}$$

これを②に代入して，特異解は

$$z=a\cdot(-3)+\left(-\frac{y}{8}\right)y+3a+4\left(-\frac{y}{8}\right)^2$$

よって，　$z=-\dfrac{y^2}{16}$　……(答)

㋐　解法は確認しておこう．

㋑　特異解は，完全解を $F=0$ とするとき
$F=0,\ F_a=0,\ F_b=0$
からパラメータ $a,\ b$ を消去して得られる．

㋒　偏微分方程式
$z=px+qy+f(p, q)$
を，**クレローの微分方程式**という．この完全解は
$p=a,\ q=b$ とおくことにより
$z=ax+by+f(a, b)$
となる．これは常微分方程式におけるクレローの微分方程式
$$y=x\frac{dy}{dx}+f\left(\frac{dy}{dx}\right)$$
の解法とそっくりである．

**POINT**　これまでのことから，1階偏微分方程式においては，まず完全解を求める（方法をマスターする）ことが重要である．

## 問題 79　2階線形偏微分方程式 (1)

次の2階偏微分方程式を解け．
ただし，$p=z_x$，$q=z_y$，$r=z_{xx}$，$s=z_{xy}$，$t=z_{yy}$ とする．

(1)　$s=6e^{-x}\sin y$　　(2)　$r-p-6z=ye^{-x}$

(3)　$t-4q+4z=xe^{2y}$

**解説**　独立変数 $x$，$y$ に関する $z$ の偏導関数を

$$p=z_x,\quad q=z_y,\quad r=z_{xx},\quad s=z_{xy},\quad t=z_{yy}$$

と表すことにする．$a, b, c, f, g, h, v$ が $x, y$ の既知の関数であるとき，偏微分方程式

$$ar+bs+ct+fp+gq+hz=v \quad \cdots\cdots ①$$

を**2階線形偏微分方程式**という．
とくに，恒等的に $v=0$ のとき，①を**同次形**という．一般に，①の方程式を解くのは容易ではないが，ここでは簡単に解決する特別な場合を学ぼう．

(i)　方程式 $r=k(x, y)$，$s=k(x, y)$，$t=k(x, y)$ のタイプ；

このときは，積分を2回行うことにより，一般解を求めることができる．

(例)　$s=2x+4y+3$ を解いてみよう．

(解)　この偏微分方程式は $\dfrac{\partial^2 z}{\partial x \partial y}=2x+4y+3$ である．まず，$y$ を定数と見なして $x$ に関して積分すると

$$\frac{\partial z}{\partial y}=\int(2x+4y+3)\,dx=x^2+4xy+3x+\varphi_1(y)\quad(\varphi_1 \text{は任意関数})$$

さらに，$y$ について積分すると

$$z=x^2y+2xy^2+3xy+\varphi(y)+\phi(x)\quad(\varphi,\ \phi \text{は任意関数})$$

(ii)　方程式　$ar+fp+hz=v$，$ct+gq+hz=v$ のタイプ；

このときは，それぞれ $y$，$x$ を定数と見なして，常微分方程式の2階線形微分方程式を解く要領で一般解を求めることができる．

(例)　$r-2p-3z=27x^2y$ を解いてみよう．

(解)　この偏微分方程式は $z_{xx}-2z_x-3z=27x^2y$ である．

特性方程式は　$\lambda^2-2\lambda-3=0$　　　$\lambda=-1,\ 3$

$$\therefore\quad \text{余関数 } z_c(x, y)=\varphi(y)e^{-x}+\phi(y)e^{3x}\quad(\varphi,\ \phi \text{は任意関数})$$

特殊解は，$z_0(x, y)=(Ax^2+Bx+C)y$ とおいて $A$，$B$，$C$ を決定すると

$$z_0(x, y)=(-9x^2+12x-14)y$$

よって，一般解は　　$z=z_c(x, y)+z_0(x, y)$ で与えられる．

## 解答

(1)　$z_{xy}=6e^{-x}\sin y$

$y$ を定数と見なして，$x$ について積分すると

$$z_y=6\sin y\int e^{-x}dx=-6e^{-x}\sin y+\varphi_1(y)$$

さらに，$y$ について積分すると

$$z=-6e^{-x}\int\sin y\,dy+\int\varphi_1(y)\,dy$$

$$=6e^{-x}\cos y+\varphi(y)+\psi(x)\quad\cdots\cdots(答)$$

（$\varphi$，$\psi$ は任意関数）

(2)　$z_{xx}-z_x-6z=ye^{-x}$　……①

特性方程式は　$\lambda^2-\lambda-6=0$　　$\lambda=-2$，$3$

$$\therefore\quad z_c(x,y)=\varphi(y)e^{-2x}+\psi(y)e^{3x}$$

特殊解として $z=Aye^{-x}$ とおいて，①に代入すると

$$-4Aye^{-x}=ye^{-x}$$

$$A=-\frac{1}{4}\qquad\therefore\quad z_0(x,y)=-\frac{1}{4}ye^{-x}$$

よって，求める一般解は

$$z=\varphi(y)e^{-2x}+\psi(y)e^{3x}-\frac{1}{4}ye^{-x}\quad\cdots\cdots(答)$$

（$\varphi,\psi$ は任意関数）

(3)　$z_{yy}-4z_y+4z=xe^{2y}$

特性方程式は　$\lambda^2-4\lambda+4=0$

$$(\lambda-2)^2=0\qquad\therefore\quad\lambda=2\quad(2\text{ 重解})$$

$$\therefore\quad z_c(x,y)=\{\varphi(x)+\psi(x)y\}e^{2y}$$

特殊解は，常微分方程式の場合の微分演算子の解法を用いて

$(D-2)^2z=xe^{2y}$ から

$$z=x(D-2)^{-2}e^{2y}$$

$$=x\cdot\frac{y^2}{2!}e^{2y}=\frac{1}{2}xy^2e^{2y}$$

よって，求める一般解は

$$z=\{\varphi(x)+\psi(x)y\}e^{2y}+\frac{1}{2}xy^2e^{2y}$$

（$\varphi,\psi$ は任意関数）　……(答)

---

㋐　$\int e^{-x}dx=-e^{-x}+\varphi_2(y)$
より，
$6\sin y\cdot\varphi_2(y)=\varphi_1(y)$
とおいた．

㋑　常微分における $x$ の 2 階線形微分方程式．

㋒　同次形の微分方程式
$z_{xx}-z_x-6z=0$
の特性方程式．

㋓　一般解 $z$ は
$z=z_c(x,y)+z_0(x,y)$

㋔　$y$ についての微分方程式．$x$ は定数と見なす．

㋕　$(D-\lambda_0)^{-m}e^{\alpha y}$
$=\dfrac{y^m}{m!}e^{\alpha y}$　$(\alpha=\lambda_0)$

**POINT**　この本ではとりあげられなかったが，物理学や工学で扱われる，波動方程式・ラプラスの方程式・熱伝導方程式などはすべて 2 階線形偏微分方程式である．

## 問題 80　2階線形偏微分方程式（2）

次の2階偏微分方程式を解け（$p=z_x$，$r=z_{xx}$，$s=z_{xy}$ とする）．

$$xr-ys=2-p$$

**解説**　$a, b, c, v$ が $x, y, z, p, q$ の関数であるとき，偏微分方程式

$$ar+bs+ct=v \quad \cdots\cdots ①$$

を**2階準線形偏微分方程式**という．このタイプの特別な場合の解法を学ぼう．

（i）①が $ar+bs=v$ で，$a, b, v$ が $x, y, p$ のみの関数のタイプ；

このとき，$az_{xx}+bz_{xy}=v$ となるので，

$$a\frac{\partial}{\partial x}\left(\frac{\partial z}{\partial x}\right)+b\frac{\partial}{\partial y}\left(\frac{\partial z}{\partial x}\right)=v \quad \text{より} \quad a\frac{\partial p}{\partial x}+b\frac{\partial p}{\partial y}=v$$

したがって，問題73で学んだ1階準線形偏微分方程式に帰着する．これを解いて $p=P(x, y)=z_x$ が求まれば，さらに $x$ で積分することにより，$z$ の一般解を求めることができる．これは，①が $bs+ct=v$ で，$b, c, v$ が $x, y, q$ のみの関数であるときも同様にして解くことができる．

（ii）一般のタイプ；

$z$，$p$，$q$ は $x$，$y$ のみの関数だから，$dz$，$dp$，$dq$ はそれぞれ

$$\begin{cases} dz=z_xdx+z_ydy=p\,dx+q\,dy & \cdots\cdots ② \\ dp=p_xdx+p_ydy=r\,dx+s\,dy & \cdots\cdots ③ \\ dq=q_xdx+q_ydy=s\,dx+t\,dy & \cdots\cdots ④ \end{cases}$$

①，③，④から $r$，$t$ を消去すると，①×$dxdy$ から

$$ar\,dxdy+bs\,dxdy+ct\,dxdy=v\,dxdy$$

$$a(dp-sdy)dy+bs\,dxdy+c\,dx(dq-s\,dx)=v\,dxdy$$

$$\therefore\quad s(a\,dy^2-b\,dxdy+c\,dx^2)=a\,dpdy+c\,dqdx-v\,dxdy \quad \cdots\cdots ⑤$$

ここで

$$\begin{cases} a\,dy^2-b\,dxdy+c\,dx^2=0 & \cdots\cdots ⑥ \\ a\,dpdy+c\,dqdx-v\,dxdy=0 & \cdots\cdots ⑦ \end{cases}$$

を同時にみたす $p$，$q$ を求めることができれば，⑤は成り立つ．

したがって，②，⑥，⑦を連立全微分方程式として解くことにより，①の一般解が得られる．まず，⑥，⑦をみたす2つの解

$$f(x, y, z, p, q)=c_1, \quad g(x, y, z, p, q)=c_2$$

を求め，$f(x, y, z, p, q)=c_1=\varphi(c_2)=\varphi(g(x, y, z, p, q))$（$\varphi$ は任意関数）とおくことにより，解を求めることになる．

## 解 答

与えられた微分方程式は,

$$\text{㋐}\ xz_{xx}-yz_{xy}=2-p$$

すなわち, $x\dfrac{\partial p}{\partial x}-y\dfrac{\partial p}{\partial y}=2-p$ ㋑

と同値である. 補助微分方程式は

$$\frac{dx}{x}=\frac{dy}{-y}=\frac{dp}{2-p}$$

第 1 式と第 2 式から, $\displaystyle\int\frac{dx}{x}+\int\frac{dy}{y}=c_1'$

$$\therefore\quad xy=c_1$$

第 1 式と第 3 式から, $\displaystyle\int\frac{dx}{x}+\int\frac{dp}{p-2}=c_2'$

$$\therefore\quad x(p-2)=c_2$$

したがって, $p$ についての方程式の一般解は,

$$\text{㋒}\ p=2+\frac{c_2}{x}=2+\frac{\varphi(c_1)}{x}$$

$$=2+\frac{\varphi(xy)}{x}\quad(\varphi \text{ は任意関数})$$

すなわち, $\dfrac{\partial z}{\partial x}=2+\dfrac{\varphi(xy)}{x}$

これを $x$ について積分して,

$$z=2x+\int\frac{\varphi(xy)}{x}dx+\psi(y)$$

($\psi$ は任意関数)

$xy=u$ とおくと, $ydx=du$

$$\therefore\quad \frac{dx}{x}=\frac{du}{u}$$

したがって, $\displaystyle\int\frac{\varphi(xy)}{x}dx=\int\frac{\varphi(u)}{u}du$ ㋓

$$=\varphi_1(u)=\varphi_1(xy)$$

よって, 求める解は,

$$z=2x+\varphi_1(xy)+\psi(y)\qquad\cdots\cdots(\text{答})$$

㋐ $z_{xx}=\dfrac{\partial^2 z}{\partial x^2}=\dfrac{\partial}{\partial x}\left(\dfrac{\partial z}{\partial x}\right)=\dfrac{\partial p}{\partial x}$

$z_{xy}=\dfrac{\partial^2 z}{\partial y\partial x}=\dfrac{\partial}{\partial y}\left(\dfrac{\partial z}{\partial x}\right)=\dfrac{\partial p}{\partial y}$

㋑ 1 階準線形偏微分方程式とみなせる.

㋒ 任意定数 $c_1$, $c_2$ の関係を任意関数 $\varphi$ を用いて $c_2=\varphi(c_1)$ と表した.

㋓ 被積分関数は $u$ のみの関数だから, 積分すると $u$ のみの関数となる. これを $\varphi_1(u)$ とおいた.

**POINT** こちらも前問同様, 特別な場合のみを扱ったが, 物理学・工学方面での応用として, 深い理論に発展している.

## 練習問題

解答は 225 ページから

06

1 次の偏微分方程式を解け．

(1) $x\dfrac{\partial z}{\partial x}-y\dfrac{\partial z}{\partial y}=0$

(2) $x^2(y+z)\dfrac{\partial u}{\partial x}+y^2(z+x)\dfrac{\partial u}{\partial y}+z^2(x+y)\dfrac{\partial u}{\partial z}=0$

2 次の全微分方程式を解け．

(1) $dz=\dfrac{2x}{y^2}\,dx-\dfrac{x^2}{y^2}\,dy$

(2) $2x\,dx+\dfrac{dy}{z^2}-\dfrac{2y}{z^3}\,dz=0$

(3) $2xyz\,dx+x^2z\,dy+x^2y\,dz=0$

(4) $z\,dx+y\,dy-(2x+y+z)\,dz=0$

3 $p=\dfrac{\partial z}{\partial x}$，$q=\dfrac{\partial z}{\partial y}$ とするとき，次の偏微分方程式の完全解を求めよ．

(1) $4x^2pq+1=0$

(2) $pq=p+q$

4　次の問いに答えよ．

(1)　2 変数の関数

$$f(x,y)=x^4-4x^3y+ax^2y^2+bxy^3+cy^4$$

が次の 2 階偏微分方程式 $\dfrac{\partial^2 f}{\partial x^2}+\dfrac{\partial^2 f}{\partial y^2}=0$ をみたすとき，実定数 $a$，$b$，$c$ の値を求めよ．

(2)　上の関数 $f(x,y)$ に対して，次の関係式

$$\frac{\partial g}{\partial x}=-\frac{\partial f}{\partial y},\quad \frac{\partial g}{\partial y}=\frac{\partial f}{\partial x}$$

をみたす 2 変数の関数 $g(x,y)$ を求めよ．

(3)　$w=f(x,y)+i\,g(x,y)$ を $z=x+iy$ を用いて表せ．ただし，$i$ は虚数単位である．

5　次の偏微分方程式を解け．

(1)　$\dfrac{\partial^2 z}{\partial x^2}-\dfrac{\partial^2 z}{\partial x\partial y}+\dfrac{\partial z}{\partial x}=0$

(2)　$x\dfrac{\partial^2 z}{\partial x^2}+2\dfrac{\partial z}{\partial x}=0$

## ◆◇◆　曲面群の直交截線群　◇◆◇　コラム

次の問題を考えてみよう．

> 曲面群 $f(x,y,z)=\alpha$ の直交截線群（曲面群の各曲面と直交する曲線の全体）は，微分方程式 $\dfrac{dx}{f_x}=\dfrac{dy}{f_y}=\dfrac{dz}{f_z}$ の解であることを示せ．
>
> また，曲面群 $x^2+y^2+z^2=\alpha z$ の直交截線群を求めよ．

曲面群 $f(x,y,z)=\alpha$ 上の点 $(x,y,z)$ における法線ベクトルは，$(f_x,f_y,f_z)$ に平行である．$xy$ 平面における曲線群 $g(x,y)=\alpha$ の直交截線を求めるときと同様に考える．すなわち，曲面群 $f(x,y,z)=\alpha$ と求める曲線との交点において，それぞれの接線が直交する条件を考える．

**解答**

$$f(x,y,z)=\alpha \qquad \cdots\cdots①$$

①の曲面上の点 $(x,y,z)$ における法線ベクトルの1つは $(f_x,f_y,f_z)$ であるから，①と求める曲線との交点において，①の法線が求める曲線に接する条件は

$$\frac{dx}{f_x}=\frac{dy}{f_y}=\frac{dz}{f_z} \qquad \cdots\cdots②$$

これが求める曲線の微分方程式である．

また　$f(x,y,z)=\dfrac{x^2+y^2+z^2}{z}=\alpha$

$$f_x=\frac{2x}{z},\quad f_y=\frac{2y}{z},\quad f_z=\frac{2z\cdot z-(x^2+y^2+z^2)\cdot 1}{z^2}=\frac{z^2-x^2-y^2}{z^2}$$

②は　$\dfrac{dx}{2xz}=\dfrac{dy}{2yz}=\dfrac{dz}{z^2-x^2-y^2}=\dfrac{x\,dx+y\,dy+z\,dz}{z(x^2+y^2+z^2)}$　（加比の理）　……③

③の第1，第2式から　$\dfrac{dx}{x}=\dfrac{dy}{y}$

積分して　$y=C_1x$

③の第1，第4式から　$\dfrac{dx}{x}=\dfrac{2x\,dx+2y\,dy+2z\,dz}{x^2+y^2+z^2}=\dfrac{d(x^2+y^2+z^2)}{x^2+y^2+z^2}$

積分して　$x^2+y^2+z^2=C_2x$

よって，求める直交截線群は

$$y=C_1x,\quad x^2+y^2+z^2=C_2x \qquad \cdots\cdots(答)$$

これは，平面と球面の交線で円である．

# 練習問題　解答

**Chapter 1**（p. 48～p. 51）

1

(1)　$x\dfrac{dy}{dx}=y(y+1)$

のとき，

$$x\neq 0,\ \ y\neq 0,\ \ y\neq -1$$

ならば

$$\frac{dy}{y(y+1)}=\frac{dx}{x}$$

$$\int\frac{dy}{y(y+1)}=\int\frac{dx}{x}$$

$$\int\left(\frac{1}{y}-\frac{1}{y+1}\right)dy=\int\frac{dx}{x}$$

$$\log\left|\frac{y}{y+1}\right|=\log|x|+C_1$$

$$\therefore\quad \frac{y}{y+1}=\pm e^{C_1}x=Cx$$

$$(1-Cx)y=Cx$$

$$\therefore\quad y=\frac{Cx}{1-Cx}$$

$x=0$，$y=0$，$y=-1$ も解であるが，$y=0$ は $C=0$ のとき得られる．$x=0$，$y=-1$ は特異解である．

よって

$$y=\frac{Cx}{1-Cx},\ \ x=0,\ \ y=-1$$

……(答)

(2)　$\dfrac{dy}{dx}=\dfrac{x^2(y+1)}{y^2(x-1)}$

のとき

$y\neq -1$ ならば

$$\frac{y^2}{y+1}dy=\frac{x^2}{x-1}dx$$

$$\int\left(y-1+\frac{1}{y+1}\right)dy$$

$$=\int\left(x+1+\frac{1}{x-1}\right)dx$$

$$\frac{y^2}{2}-y+\log|y+1|$$

$$=\frac{x^2}{2}+x+\log|x-1|+C_1$$

よって

$$x^2+2x-y^2+2y+2\log\left|\frac{x-1}{y+1}\right|=C$$

$y=-1$ は特異解である．　……(答)

(3)　$y'\tan x\tan y=1$ のとき

$\tan x\neq 0$ だから

$$\frac{dx}{\tan x}-\tan y\,dy=0$$

$$\int\frac{dx}{\tan x}-\int\tan y\,dy=C_1$$

$$\log|\sin x|+\log|\cos y|=C_1$$

$$\log|\sin x\cos y|=C_1$$

$$\therefore\quad \sin x\cos y=\pm e^{C_1}=C$$

……(答)

(4)　$\dfrac{dv}{dt}=-g+av^2$

のとき，

$$v\neq\pm\sqrt{\frac{g}{a}}$$

ならば

$$\frac{dv}{av^2-g}=dt$$

$$\int\frac{dv}{av^2-g}=\int dt=t+C_1$$

$$\text{左辺}=\int\frac{dv}{a\left(v^2-\dfrac{g}{a}\right)}$$

$$=\frac{1}{2\sqrt{ag}}\int\left(\frac{1}{v-\sqrt{\dfrac{g}{a}}}-\frac{1}{v+\sqrt{\dfrac{g}{a}}}\right)dv$$

$$=\frac{1}{2\sqrt{ag}}\log\left|\frac{v-\sqrt{\frac{g}{a}}}{v+\sqrt{\frac{g}{a}}}\right|$$

したがって

$$\log\left|\frac{v-\sqrt{\frac{g}{a}}}{v+\sqrt{\frac{g}{a}}}\right|=2\sqrt{ag}\,t+C_2$$

$$\frac{v-\sqrt{\frac{g}{a}}}{v+\sqrt{\frac{g}{a}}}=\pm e^{C_2}e^{2\sqrt{ag}t}=Ce^{2\sqrt{ag}t}$$

$$\therefore\quad v=\sqrt{\frac{g}{a}}\cdot\frac{1+Ce^{2\sqrt{ag}t}}{1-Ce^{2\sqrt{ag}t}}$$

$v=\sqrt{\frac{g}{a}}$ は $C=0$ のとき得られる．

よって

$$v=\sqrt{\frac{g}{a}}\cdot\frac{1+Ce^{2\sqrt{ag}t}}{1-Ce^{2\sqrt{ag}t}},\quad v=-\sqrt{\frac{g}{a}}$$

……(答)

2

$$x\sqrt{1+y^2}\,dx+y\sqrt{1+x^2}\,dy=0$$

$$\frac{x}{\sqrt{1+x^2}}dx+\frac{y}{\sqrt{1+y^2}}dy=0$$

$$\int\frac{x}{\sqrt{1+x^2}}dx+\int\frac{y}{\sqrt{1+y^2}}dy=C$$

よって

$$\sqrt{1+x^2}+\sqrt{1+y^2}=C$$

……(答)

3

(1)　$\frac{dy}{dx}=xy\cos x$ のとき

$$\frac{dy}{y}=x\cos x\,dx$$

$$\int\frac{dy}{y}=\int x\cos x\,dx$$

$$\log|y|=x\sin x+\cos x+C_1$$

$$y=\pm e^{C_1}e^{x\sin x+\cos x}$$

$$\therefore\quad y=Ce^{x\sin x+\cos x}$$

$x=0$ のとき $y=2e$ だから

$Ce=2e\quad\therefore\quad C=2$

よって

$$y=2\,e^{x\sin x+\cos x}$$

……(答)

(2)　$(2+x^2)\frac{dy}{dx}+y=0$

のとき

$$\frac{dy}{y}=-\frac{dx}{2+x^2}$$

$$\int\frac{dy}{y}=-\int\frac{dx}{2+x^2}$$

$$\log|y|=-\frac{1}{\sqrt{2}}\tan^{-1}\frac{x}{\sqrt{2}}+C_1$$

$$y=\pm e^{C_1}e^{-\frac{1}{\sqrt{2}}\tan^{-1}\frac{x}{\sqrt{2}}}$$

$$\therefore\quad y=Ce^{-\frac{1}{\sqrt{2}}\tan^{-1}\frac{x}{\sqrt{2}}}$$

$x=0$ のとき $y=1$ だから　$C=1$

よって

$$y=e^{-\frac{1}{\sqrt{2}}\tan^{-1}\frac{x}{\sqrt{2}}}$$

……(答)

4

(1)　$xy\frac{dy}{dx}=x^2+y^2$

$x=0$ は与式をみたさないので，両辺を $x^2$ で割って

$$\frac{y}{x}\frac{dy}{dx}=1+\left(\frac{y}{x}\right)^2$$

$\frac{y}{x}=z$ とおくと

$$\frac{dy}{dx}=z+x\frac{dz}{dx}$$

$$\therefore \quad z\left(z+x\frac{dz}{dx}\right)=1+z^2$$

$$xz\frac{dz}{dx}=1 \qquad zdz=\frac{dx}{x}$$

$$\int\frac{dx}{x}=\int zdz \qquad \log|x|=\frac{z^2}{2}+C_1$$

$$x=\pm e^{C_1}e^{\frac{z^2}{2}}$$

よって

$$x=Ce^{\frac{y^2}{2x^2}} \qquad \cdots\cdots(答)$$

(2) $\dfrac{dy}{dx}=36\left(\dfrac{x+y}{11x+y}\right)^2$

$x=0$ は与式をみたさないので，

$\dfrac{y}{x}=z$ とおくと

$$z+x\frac{dz}{dx}=36\left(\frac{1+z}{11+z}\right)^2$$

$$x\frac{dz}{dx}=36\left(\frac{1+z}{11+z}\right)^2-z$$

$$=-\frac{z^3-14z^2+49z-36}{(z+11)^2}$$

$$=-\frac{(z-1)(z-4)(z-9)}{(z+11)^2}$$

これより

$$\frac{(z+11)^2}{(z-1)(z-4)(z-9)}dz=-\frac{dx}{x}$$

両辺を積分して

$$\int\left(\frac{6}{z-1}-\frac{15}{z-4}+\frac{10}{z-9}\right)dz=-\int\frac{dx}{x}$$

$$6\log|z-1|-15\log|z-4|+10\log|z-9|$$

$$=-\log|x|+C_1$$

$$\log\frac{|z-1|^6|z-9|^{10}|x|}{|z-4|^{15}}=C_1$$

$$\therefore \quad \frac{(z-1)^6(z-9)^{10}x}{(z-4)^{15}}=\pm e^{C_1}=C$$

よって

$$(y-x)^6(y-9x)^{10}=C(y-4x)^{15}$$

$$\cdots\cdots(答)$$

(3) $\dfrac{dy}{dx}=\dfrac{\sqrt{x^2+y^2}+y}{x} \quad (x>0)$

$\dfrac{y}{x}=z$ とおくと

$$z+x\frac{dz}{dx}=\sqrt{1+z^2}+z$$

$$x\frac{dz}{dx}=\sqrt{1+z^2}$$

より，

$$\frac{dz}{\sqrt{1+z^2}}=\frac{dx}{x}$$

$$\int\frac{dz}{\sqrt{1+z^2}}=\int\frac{dx}{x}$$

$$\log(z+\sqrt{1+z^2})=\log x+C_1$$

$$\therefore \quad z+\sqrt{1+z^2}=e^{C_1}x=Cx$$

$$\sqrt{1+z^2}-z=\frac{1}{\sqrt{1+z^2}+z}=\frac{1}{Cx}$$

$$\therefore \quad z=\frac{1}{2}\left(Cx-\frac{1}{Cx}\right)$$

よって

$$y=\frac{1}{2}\left(Cx^2-\frac{1}{C}\right) \quad (C>0)$$

$$\cdots\cdots(答)$$

(4) $\dfrac{dy}{dx}=\dfrac{y}{x}+\sqrt{1-\dfrac{y^2}{x^2}} \quad (x>0)$

$\dfrac{y}{x}=z$ とおくと

$$z+x\frac{dz}{dx}=z+\sqrt{1-z^2}$$

$$x\frac{dz}{dx}=\sqrt{1-z^2}$$

より，

$$\frac{dz}{\sqrt{1-z^2}}=\frac{dx}{x}$$

$$\int\frac{dz}{\sqrt{1-z^2}}=\int\frac{dx}{x}$$

$$\sin^{-1}z=\log x+C$$

$$\therefore\quad z=\sin(\log x+C)$$

よって

$$y=x\sin(\log x+C)\ \cdots\cdots(答)$$

5

(1) $3x-y=(x+y)\dfrac{dy}{dx}$ ……①

$x=0$ は①をみたさないので，両辺を $x$ で割って，$\dfrac{y}{x}=z$ とおくと

$$3-z=(1+z)\left(z+x\frac{dz}{dx}\right)$$

$$x(1+z)\frac{dz}{dx}=3-2z-z^2$$

$$\frac{z+1}{z^2+2z-3}dz=-\frac{dx}{x}$$

$$\int\frac{2z+2}{z^2+2z-3}dz+\int\frac{2}{x}dx=C_1$$

$$\log|z^2+2z-3|+2\log|x|=C_1$$

$$(z^2+2z-3)x^2=\pm e^{C_1}=C_2$$

よって

$$3x^2-2xy-y^2=C\ \cdots\cdots(答)$$

(2) $6x-2y-3=0$，$-2x-2y+1=0$ を解くと

$$x=\frac{1}{2},\ y=0$$

したがって，

$$x=X+\frac{1}{2},\ y=Y$$

とおくと，与えられた微分方程式は

$$(6X-2Y)+(-2X-2Y)\frac{dY}{dX}=0$$

$$\therefore\quad(3X-Y)-(X+Y)\frac{dY}{dX}=0$$

これは(1)の①と同値であるから，この解は

$$3X^2-2XY-Y^2=C$$

よって，求める解は

$$3\left(x-\frac{1}{2}\right)^2-2\left(x-\frac{1}{2}\right)y-y^2=C$$

……(答)

6

(1) $\dfrac{dy}{dx}+y=\cos x$

の両辺に $e^x$ を掛けて

$$e^x\frac{dy}{dx}+e^xy=(e^xy)'=e^x\cos x$$

$$\therefore\quad e^xy=\int e^x\cos x\,dx$$

ここで

$$\int e^x\cos x\,dx=e^x\sin x-\int e^x\sin x\,dx$$
$$=e^x\sin x+e^x\cos x-\int e^x\cos x\,dx$$

より

$$\int e^x\cos x\,dx=\frac{e^x}{2}(\sin x+\cos x)+C$$

$$\therefore\quad e^xy=\frac{e^x}{2}(\sin x+\cos x)+C$$

よって

$$y=\frac{1}{2}(\sin x+\cos x)+Ce^{-x}$$

……(答)

(2)　$x\dfrac{dy}{dx}=2x+y$

$x=0$ は与式をみたさないので

$$\frac{x\dfrac{dy}{dx}-y}{x^2}=\frac{2x}{x^2}=\frac{2}{x} \qquad \left(\frac{y}{x}\right)'=\frac{2}{x}$$

$$\therefore \quad \frac{y}{x}=\int\frac{2}{x}dx=2\log|x|+C$$

よって

$$y=x(2\log|x|+C) \quad \cdots\cdots(\text{答})$$

（別解）

1 階線形微分方程式の公式により

(1)　$y=e^{-\int dx}\left(\int\cos x\cdot e^{\int dx}dx+C\right)$

$$=e^{-x}\left(\int e^x\cos x\,dx+C\right)$$

$$=e^{-x}\left\{\frac{e^x}{2}(\sin x+\cos x)+C\right\}$$

$$=\frac{1}{2}(\sin x+\cos x)+Ce^{-x}$$

(2)　$\dfrac{dy}{dx}-\dfrac{x}{y}=2$

として，同様に求める．

7

(1)　$x\dfrac{dy}{dx}+y=0$ のとき　$(xy)'=0$

$$\therefore \quad xy=C \qquad \cdots\cdots(\text{答})$$

(2)　(1)の任意定数 $C$ を関数 $u(x)$ でおき換えて，

$$y=\frac{u(x)}{x}$$

とおくと

$$\frac{dy}{dx}=\frac{u'(x)x-u(x)}{x^2}$$

与式に代入して

$$x\cdot\frac{u'(x)x-u(x)}{x^2}+\frac{u(x)}{x}=\log x$$

$$\therefore \quad u'(x)=\log x$$

したがって

$$u(x)=\int\log x\,dx=x\log x-x+C$$

よって

$$y=\log x-1+\frac{C}{x} \quad \cdots\cdots(\text{答})$$

8

(1)　$xf(x)=\displaystyle\int_{\frac{\pi}{2}}^{x}\{2f(t)+t^2\cos t\}dt$　……①

$$\frac{d}{dx}\int_{\alpha}^{x}f(t)dt=f(x) \quad (\alpha\text{ は定数})$$

を用いて，①の両辺を $x$ で微分すると

$$f(x)+xf'(x)=2f(x)+x^2\cos x$$

$$xf'(x)-f(x)=x^2\cos x$$

$$\frac{xf'(x)-f(x)}{x^2}=\cos x$$

$$\therefore \quad \left\{\frac{f(x)}{x}\right\}'=\cos x$$

これより

$$\frac{f(x)}{x}=\int\cos x\,dx=\sin x+C$$

$$\therefore \quad f(x)=x(\sin x+C)$$

ここで，①は $x$ の恒等式だから，

$x=\dfrac{\pi}{2}$ のとき

$$\frac{\pi}{2}f\left(\frac{\pi}{2}\right)=0 \qquad \therefore \quad f\left(\frac{\pi}{2}\right)=0$$

$$\frac{\pi}{2}\left(\sin\frac{\pi}{2}+C\right)=0$$

から　$C=-1$

よって

$$f(x)=x(\sin x-1) \quad \cdots\cdots(答)$$

(2)　$f(x)=-1+\int_1^x \{t-f(t)\}dt$

$$\cdots\cdots②$$

②の両辺を $x$ で微分すると

$$f'(x)=x-f(x)$$

$$f(x)+f'(x)=x$$

$$e^x f(x)+e^x f'(x)=xe^x$$

$$\therefore \quad \{e^x f(x)\}'=xe^x$$

これより

$$e^x f(x)=\int xe^x dx=(x-1)e^x+C$$

$$\therefore \quad f(x)=x-1+Ce^{-x}$$

②で $x=1$ とおくと　$f(1)=-1$

$Ce^{-1}=-1$ から　$C=-e$

よって

$$f(x)=x-1-e^{1-x} \quad \cdots\cdots(答)$$

9

(1)　$e^y dx+(xe^y-3y^2)dy=0$

$$P=e^y,\ Q=xe^y-3y^2$$

とおくと

$$\frac{\partial P}{\partial y}=\frac{\partial Q}{\partial x}=e^y$$

したがって，完全微分方程式である．

$$\int P dx=\int e^y dx=xe^y$$

から

$$f(x,y)=xe^y+\varphi(y)$$

とおくと

$$\frac{\partial f}{\partial y}=xe^y+\varphi'(y)$$

から

$$xe^y+\varphi'(y)=Q=xe^y-3y^2$$

$$\therefore \quad \varphi'(y)=-3y^2$$

これより

$$\varphi(y)=\int(-3y^2)dy=-y^3$$

よって，求める一般解は

$$xe^y-y^3=C \quad \cdots\cdots(答)$$

(2)　$(3xy-2y^2)dx+(x^2-2xy)dy=0$

$$P=3xy-2y^2,\ Q=x^2-2xy$$

とおくと

$$P_y=3x-4y,\ Q_x=2x-2y$$

となり，完全微分形にならないので積分因数として，

$$\lambda(x,y)=x^m y^n$$

を考える．

$$x^m y^n(3xy-2y^2)dx + x^m y^n(x^2-2xy)dy=0 \quad \cdots\cdots①$$

$$\frac{\partial}{\partial y}x^m y^n(3xy-2y^2)$$

$$=3(n+1)x^{m+1}y^n-2(n+2)x^m y^{n+1}$$

$$\frac{\partial}{\partial x}x^m y^n(x^2-2xy)$$

$$=(m+2)x^{m+1}y^n-2(m+1)x^m y^{n+1}$$

したがって，①が完全微分形であるための必要十分条件は

$$3(n+1)=m+2,$$

$$-2(n+2)=-2(m+1)$$

$$\therefore \quad m=1, \quad n=0$$

したがって，積分因数は

$$\lambda(x,y)=x$$

このとき，①は

$$(3x^2y-2xy^2)dx+(x^3-2x^2y)dy=0$$

よって，求める一般解は

$$x^3y-x^2y^2=C \quad \cdots\cdots(答)$$

10

(1)　$\dfrac{dy}{dx}=p$ とおくと

$$y=xp+\frac{4}{p}$$

これはクレローの微分方程式である．
一般解は

$$y=Cx+\frac{4}{C} \quad \cdots\cdots①\cdots\cdots(答)$$

特異解は，①を $C$ で偏微分して

$$x-\frac{4}{C^2}=0 \qquad \therefore \quad x=\frac{4}{C^2}$$

$$y=C\cdot\frac{4}{C^2}+\frac{4}{C}=\frac{8}{C}$$

$C$ を消去して，特異解は

$$y^2=16x \qquad \cdots\cdots(答)$$

(2)　$y+x\dfrac{dy}{dx}+2x^4\left(\dfrac{dy}{dx}\right)^2=0 \quad \cdots\cdots①$

$x=\dfrac{1}{t}$ とおくと，

$$\frac{dy}{dx}=\frac{dy}{dt}\frac{dt}{dx}=-t^2\frac{dy}{dt}$$

したがって，①は

$$y+\frac{1}{t}\cdot\left(-t^2\frac{dy}{dt}\right)+\frac{2}{t^4}\cdot\left(-t^2\frac{dy}{dt}\right)^2=0$$

$$\therefore \quad y=t\frac{dy}{dt}-2\left(\frac{dy}{dt}\right)^2$$

これはクレローの微分方程式である．
一般解は

$$y=Ct-2C^2 \qquad \cdots\cdots②$$

すなわち

$$y=\frac{C}{x}-2C^2 \qquad \cdots\cdots(答)$$

特異解は，②を $C$ で偏微分して

$$0=t-4C \qquad \therefore \quad C=\frac{t}{4}$$

これを②に代入して，

$$y=\frac{t}{4}\cdot t-2\left(\frac{t}{4}\right)^2=\frac{t^2}{8}$$

すなわち

$$y=\frac{1}{8x^2} \qquad \cdots\cdots(答)$$

11

$X=p$ のとき

$$\frac{dX}{dp}=1$$

$Y=px-y$ のとき

$$\frac{dY}{dp}=x$$

したがって

$$P=\frac{dY}{dX}=\frac{\dfrac{dY}{dp}}{\dfrac{dX}{dp}}=x$$

このとき

$$y=px-Y=XP-Y$$

よって，$y=f(x)p$ は

$$XP-Y=f(P)X$$

$$\{P-f(P)\}X=Y$$

$$\therefore \quad P-f(P)=\frac{Y}{X}$$

すなわち

$$\frac{dY}{dX}-f\left(\frac{dY}{dX}\right)=\frac{Y}{X}$$

よって，

$$\frac{dY}{dX}=g\left(\frac{Y}{X}\right)$$

となり同次形微分方程式となる．
　また，

$$(y-px)x=y$$

のとき

$$(x-1)y=px^2 \qquad \therefore \quad y=\frac{x^2}{x-1}p$$

上の結果から，ルジャンドル変換で同次形に帰着できる．

$$y-px=-Y,\ x=P,\ y=XP-Y$$

だから，与えられた微分方程式は

$$-YP=XP-Y \qquad (X+Y)P=Y$$

$\dfrac{Y}{X}=u$ とおくと

$$P=\frac{dY}{dX}=u+X\frac{du}{dX}$$

$$\therefore \quad (1+u)\left(u+X\frac{du}{dX}\right)=u$$

$$\left(\frac{1}{u}+\frac{1}{u^2}\right)du+\frac{dX}{X}=0$$

$$\int\left(\frac{1}{u}+\frac{1}{u^2}\right)du+\int\frac{dX}{X}=C_1$$

$$\log|u|-\frac{1}{u}+\log|X|=C_1$$

$$\log|Xu|=\frac{1}{u}+C_1$$

$$\therefore \quad Xu=\pm e^{c_1}e^{\frac{1}{u}}=C_2e^{\frac{1}{u}}$$

これより

$$Y=C_2e^{\frac{X}{Y}} \qquad \cdots\cdots①$$

ところで

$$Y=px-y=-\frac{y}{x},$$

$$X=p=\frac{1}{x}\left(y-\frac{y}{x}\right)=\frac{y}{x}\left(1-\frac{1}{x}\right)$$

①に代入して

$$-\frac{y}{x}=C_2e^{\frac{1}{x}-1}$$

よって

$$y=-\frac{C_2}{e}xe^{\frac{1}{x}}=Cxe^{\frac{1}{x}}$$

……(答)

12

(1) $$y'+Py^2+Qy+R=0 \quad \cdots\cdots①$$

①の１つの特殊解を $y_1$ とおくと

$$y_1'+Py_1{}^2+Qy_1+R=0 \quad \cdots\cdots②$$

①の一般解を

$$y=y_1+u$$

とおくと，①は

$$y_1'+u'+P(y_1+u)^2+Q(y_1+u)+R=0$$

②により

$$u'+(2Py_1+Q)u=-Pu^2$$

……③

これはベルヌーイの微分方程式である．

$$v=u^{1-2}=u^{-1}$$

とおくと

$$v'=-u^{-2}u'$$

③に代入して

$$v'-(2Py_1+Q)v=P$$

これは変数分離形だから，

$$2Py_1+Q=P_1$$

とおくと

$$v=e^{\int P_1dx}\left\{\int Pe^{-\int P_1dx}dx+C\right\}$$

により $v$ が求められるので，①の一般解 $y$ は

$$y=y_1+u=y_1+\frac{1}{v} \quad \cdots\cdots④$$

となる．さて，

$$v=Cf_3(x)+f_4(x)$$

とおくと，④は

$$y=y_1+\frac{1}{Cf_3(x)+f_4(x)}$$
$$=\frac{Cy_1f_3(x)+y_1f_4(x)+1}{Cf_3(x)+f_4(x)}$$

$$y_1f_3(x)=f_1(x),\quad y_1f_4(x)+1=f_2(x)$$

とおくと，①の一般解は次式で与えられる．

$$y=\frac{Cf_1(x)+f_2(x)}{Cf_3(x)+f_4(x)}$$

(2)　4つの特殊解を

$$y_k=\frac{C_kf_1+f_2}{C_kf_3+f_4}\quad (k=1, 2, 3, 4)$$

とおくと

$$y-y_k=\frac{Cf_1+f_2}{Cf_3+f_4}-\frac{C_kf_1+f_2}{C_kf_3+f_4}$$
$$=\frac{(C-C_k)(f_1f_4-f_2f_3)}{(Cf_3+f_4)(C_kf_3+f_4)}$$

これより

$$\frac{y_4-y_1}{y_4-y_2}=\frac{(C_4-C_1)(f_1f_4-f_2f_3)}{(C_4f_3+f_4)(C_1f_3+f_4)}\times\frac{(C_4f_3+f_4)(C_2f_3+f_4)}{(C_4-C_2)(f_1f_4-f_2f_3)}$$
$$=\frac{C_4-C_1}{C_4-C_2}\cdot\frac{C_2f_3+f_4}{C_1f_3+f_4}$$

同様にして

$$\frac{y_3-y_1}{y_3-y_2}=\frac{C_3-C_1}{C_3-C_2}\cdot\frac{C_2f_3+f_4}{C_1f_3+f_4}$$

よって

$$\frac{y_4-y_1}{y_4-y_2}:\frac{y_3-y_1}{y_3-y_2}=\frac{C_4-C_1}{C_4-C_2}:\frac{C_3-C_1}{C_3-C_2}$$

（＝一定比）

(注)　この比は，問題32で出てきた**複比**である．

13

(1)　求める曲線上の点を$\mathrm{P}(x, y)$とおくと，法線の方程式は

$$Y-y=-\frac{1}{y'}(X-x)$$

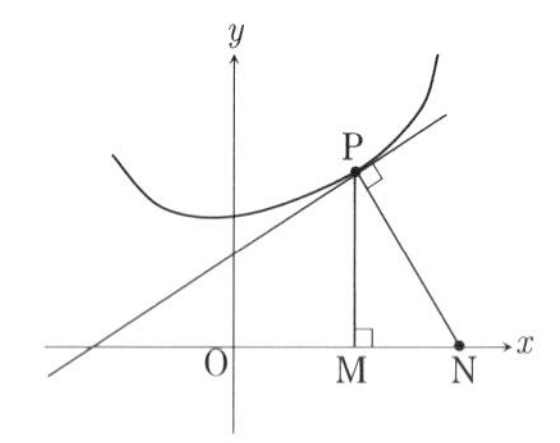


$Y=0$として

$$X-x=yy'$$

したがって，法線の$x$切片は

$$X=x+yy'$$

一方，法線の長さは上の図において

$$\mathrm{PN}=\sqrt{\mathrm{PM}^2+\mathrm{MN}^2}=\sqrt{y^2+(yy')^2}$$
$$=|y|\sqrt{1+y'^2}$$

これより

$$|y|\sqrt{1+y'^2}=x+yy'\quad\cdots\cdots①$$

両辺を平方して

$$y^2(1+y'^2)=(x+yy')^2$$
$$\therefore\quad x^2+2xyy'=y^2$$

同次形であるから，両辺を$x^2$で割って，$y=xz$とおくと

$$1+2z\left(z+x\frac{dz}{dx}\right)=z^2$$

$$\frac{dx}{x}+\frac{2z}{1+z^2}dz=0$$

$$\int\frac{dx}{x}+\int\frac{2z}{1+z^2}dz=C_1$$

$$\log|x|+\log(1+z^2)=C_1$$
$$\log|x|(1+z^2)=C_1$$

$$\therefore \quad x(1+z^2)=\pm e^{C_1}=C$$

よって

$$x^2+y^2-Cx=0$$

このとき，

$$2x+2yy'-C=0$$

から

$$①の右辺=x+yy'=\frac{C}{2}$$

となるので，$C>0$ であるべきである．以上から，求める曲線は

$$円\ x^2+y^2-Cx=0 \quad (C>0)$$

……(答)

(2)　条件から，比例定数を $k\,(>0)$ として

$$\int_0^x |y|\,dx=k\int_0^x \sqrt{1+y'^2}\,dx$$

両辺を $x$ で微分して

$$|y|=k\sqrt{1+y'^2}$$

平方して

$$y^2=k^2(1+y'^2)$$

$$\therefore \quad y'=\pm\sqrt{\frac{y^2}{k^2}-1}$$

$$\pm\int dx=\int\frac{dy}{\sqrt{\left(\frac{y}{k}\right)^2-1}}$$

$$C_1\pm x=k\log\left(\frac{y}{k}+\sqrt{\left(\frac{y}{k}\right)^2-1}\right)$$

$$\therefore \quad \frac{y}{k}+\sqrt{\left(\frac{y}{k}\right)^2-1}=e^{\frac{C_1\pm x}{k}}$$

……①

この逆数をとって

$$\frac{y}{k}-\sqrt{\left(\frac{y}{k}\right)^2-1}=e^{-\frac{C_1\pm x}{k}}$$

……②

①，②から

$$y=\frac{k}{2}\left(e^{\frac{C_1\pm x}{k}}+e^{-\frac{C_1\pm x}{k}}\right)$$

$$=k\cosh\left(\frac{C_1\pm x}{k}\right)=k\cosh\left(\frac{x}{k}\pm\frac{C_1}{k}\right)$$

すなわち

$$y=k\cosh\left(\frac{x}{k}+C\right) \quad \text{……(答)}$$

(注)　この曲線を**カテナリー**(**懸垂線**)という(p. 203 にグラフあり)．

14

与えられた楕円群の方程式は

$$\frac{x^2}{(2\alpha)^2}+\frac{y_2}{\alpha^2}=1$$

とおける．両辺を $x$ で微分すると

$$\frac{2x}{4\alpha^2}+\frac{2yy'}{\alpha^2}=0$$

$$\therefore \quad x+4yy'=0$$

したがって，求める曲線の微分方程式は

$$x+4y\cdot\left(-\frac{1}{y'}\right)=0 \qquad \therefore \quad xy'=4y$$

$$\frac{dy}{y}=\frac{4}{x}dx \qquad \int\frac{dy}{y}=\int\frac{4}{x}dx$$

$$\log|y|=4\log|x|+C_1=\log e^{C_1}x^4$$

よって，求める直交截線は

$$y=Cx^4 \qquad \text{……(答)}$$

**Chapter 2** (p. 86～ p. 89)

1

(1)　特性方程式は

$$\lambda^2-\lambda-2=0$$

$$(\lambda+1)(\lambda-2)=0 \qquad \therefore \quad \lambda=-1, 2$$

よって，一般解は

$$y=C_1e^{-x}+C_2e^{2x} \quad \cdots\cdots(答)$$

(2)　特性方程式は

$$\lambda^2+6\lambda+9=0$$

$$(\lambda+3)^2=0 \qquad \therefore \quad \lambda=-3 \quad (2\ 重解)$$

よって，一般解は

$$y=(C_1+C_2x)e^{-3x} \quad \cdots\cdots(答)$$

(3)　特性方程式は

$$\lambda^2+4\lambda+5=0$$

$$\therefore \quad \lambda=-2\pm i$$

よって，一般解は

$$y=e^{-2x}(C_1\cos x+C_2\sin x)$$

……(答)

2

(1)　同次方程式の特性方程式は

$$\lambda^2-\lambda+2=0 \qquad \lambda=\frac{1\pm\sqrt{7}i}{2}$$

したがって，余関数は

$$y_C(x)=e^{\frac{1}{2}x}\left(C_1\cos\frac{\sqrt{7}}{2}x+C_2\sin\frac{\sqrt{7}}{2}x\right)$$

特殊解を

$$Y(x)=Ax^2+Bx+C$$

とおくと

$$Y'=2Ax+B, \quad Y''=2A$$

与式に代入して

$$2A-(2Ax+B)+2(Ax^2+Bx+C)$$
$$=x^2+x$$

両辺の対応する係数を比べて

$$2A=1, \quad -2A+2B=1,$$
$$2A-B+2C=0$$

$$A=\frac{1}{2}, \quad B=1, \quad C=0$$

$$\therefore \quad Y(x)=\frac{x^2}{2}+x$$

よって，求める一般解は

$$y=e^{\frac{x}{2}}\left(C_1\cos\frac{\sqrt{7}}{2}x+C_2\sin\frac{\sqrt{7}}{2}x\right)$$
$$+\frac{x^2}{2}+x \qquad \cdots\cdots(答)$$

(2)　$\lambda^2-2\lambda-8=0$ から

$$(\lambda+2)(\lambda-4)=0 \qquad \lambda=-2, 4$$

したがって

$$y_C(x)=C_1e^{-2x}+C_2e^{4x}$$

特殊解を $Y(x)=Ae^{2x}$ とおくと

$$Y'=2Ae^{2x}, \quad Y''=4Ae^{2x}$$

与式に代入して

$$4Ae^{2x}-4Ae^{2x}-8Ae^{2x}=16e^{2x}$$

$$-8Ae^{2x}=16e^{2x} \qquad \therefore \quad A=-2$$

$$\therefore \quad Y(x)=-2e^{2x}$$

よって，求める一般解は

$$y=C_1e^{-2x}+C_2e^{4x}-2e^{2x}$$

……(答)

(3)　$\lambda^2+\lambda-2=0$ から

$$(\lambda+2)(\lambda-1)=0 \qquad \lambda=-2, 1$$

したがって

$$y_C(x)=C_1e^{-2x}+C_2e^{x}$$

特殊解を $Y(x)=Axe^x$ とおくと

$$Y'=A(x+1)e^x, \quad Y''=A(x+2)e^x$$

与式に代入して

$$A(x+2)e^x+A(x+1)e^x-2Axe^x=e^x$$

整理して

$$3Ae^x=e^x$$

$$A=\frac{1}{3} \qquad \therefore \quad Y(x)=\frac{1}{3}xe^x$$

よって，求める一般解は

$$y=C_1e^{-2x}+\left(C_2+\frac{x}{3}\right)e^x \quad \cdots\cdots(答)$$

(4)　$\lambda^2-4\lambda+4=0$

から

$$(\lambda-2)^2=0 \qquad \therefore \quad \lambda=2 \quad (2\,重解)$$

したがって

$$y_C(x)=(C_1+C_2x)e^{2x}$$

特殊解を

$$Y(x)=Ax^2e^{2x}$$

とおくと

$$Y'=A(2x^2+2x)e^{2x}$$

$$Y''=A(4x^2+8x+2)e^{2x}$$

与式に代入して

$$A(4x^2+8x+2)e^{2x}-4A(2x^2+2x)e^{2x} +4Ax^2e^{2x}=e^{2x}$$

整理して

$$2Ae^{2x}=e^{2x}$$

$$A=\frac{1}{2} \qquad \therefore \quad Y(x)=\frac{1}{2}x^2e^{2x}$$

よって，求める一般解は

$$y=\left(C_1+C_2x+\frac{x^2}{2}\right)e^{2x} \quad \cdots\cdots(答)$$

3

(1)　条件から

$$y_1''+ay_1'+by_1=f(x)$$

かつ

$$y_2''+ay_2'+by_2=g(x)$$

この２式を辺々加えると

$$(y_1+y_2)''+a(y_1+y_2)'+b(y_1+y_2) =f(x)+g(x)$$

よって，$y_1+y_2$ は

$$y''+ay'+by=f(x)+g(x)$$

に対する１つの特殊解である．

(2)　$\lambda^2+\lambda-2=0$

から

$$(\lambda+2)(\lambda-1)=0 \quad \lambda=-2, 1$$

$$\therefore \quad y_C(x)=C_1e^{-2x}+C_2e^x$$

$$y''+y'-2y=\cos x$$

の特殊解を

$$Y_1(x)=A\cos x+B\sin x$$

とおくと

$$Y_1'=-A\sin x+B\cos x$$

$$Y_1''=-A\cos x-B\sin x$$

これより

$$(-A\cos x-B\sin x) +(-A\sin x+B\cos x) -2(A\cos x+B\sin x)=\cos x$$

整理して

$$(-3A+B)\cos x+(-A-3B)\sin x =\cos x$$

$$-3A+B=1, \quad -A-3B=0$$

$$A=-\frac{3}{10}, \quad B=\frac{1}{10}$$

$$\therefore \quad Y_1(x)=-\frac{3}{10}\cos x+\frac{1}{10}\sin x$$

また，$y''+y'-2y=e^x$ の特殊解を

$$Y_2(x)=Cxe^x$$

とおくと

$$Y_2'=C(x+1)e^x, \quad Y_2''=C(x+2)e^x$$

これより

$$C(x+2)e^x+C(x+1)e^x-2Cxe^x=e^x$$

整理して $3Ce^x=e^x$

$$C=\frac{1}{3} \qquad \therefore \quad Y_2(x)=\frac{1}{3}xe^x$$

したがって，求める特殊解は

$$Y(x)=Y_1(x)+Y_2(x)$$
$$=-\frac{3}{10}\cos x+\frac{1}{10}\sin x+\frac{x}{3}e^x$$

よって，求める一般解は

$$y=C_1e^{-2x}+\left(C_2+\frac{x}{3}\right)e^x$$
$$-\frac{3}{10}\cos x+\frac{1}{10}\sin x$$

……(答)

4

(1)　$\lambda^2-12\lambda+36=0 \qquad (\lambda-6)^2=0$

$\lambda=6$　(2 重解)

したがって

$$y=(C_1+C_2x)e^{6x}$$

このとき

$$y'=(6C_1+C_2+6C_2x)e^{6x}$$

条件から，

$x=0$ のとき $y=-1$，$y'=-8$

だから

$$C_1=-1,\ 6C_1+C_2=-8$$
$$\therefore \quad C_1=-1, \quad C_2=-2$$

よって

$$y=-(1+2x)e^{6x}$$ ……(答)

(2)　$\lambda^2-3\lambda+2=0 \quad (\lambda-1)(\lambda-2)=0$

$\lambda=1,2 \qquad \therefore \quad y_C(x)=C_1e^x+C_2e^{2x}$

特殊解を $Y(x)=Axe^x$ とおくと

$$Y'=A(x+1)e^x, \quad Y''=A(x+2)e^x$$

与式に代入して

$$A(x+2)e^x-3A(x+1)e^x+2Axe^x$$
$$=12e^x$$

整理して

$$-Ae^x=12e^x \qquad A=-12$$
$$\therefore \quad Y(x)=-12xe^x$$

したがって，一般解は

$$y=(C_1-12x)e^x+C_2e^{2x}$$

このとき

$$y'=(C_1-12-12x)e^x+2C_2e^{2x}$$

条件から，

$x=0$ のとき $y=0$，$y'=1$

だから

$$C_1+C_2=0, \quad C_1-12+2C_2=1$$
$$\therefore \quad C_1=-13, \quad C_2=13$$

よって

$$y=-(13+12x)e^x+13e^{2x}$$

……(答)

5

(1)　特性方程式は

$$\lambda^2+2b\lambda+\omega^2=0$$

$b^2-\omega^2=0$ のとき

$\lambda=-b$ (2 重解)

$b^2-\omega^2<0$ のとき

$$\lambda=-b\pm\sqrt{\omega^2-b^2}\,i$$

よって，求める一般解は

$$\begin{cases} b^2-\omega^2=0 \text{ のとき} \\ \quad x=(C_1+C_2t)e^{-bt} \\ b^2-\omega^2<0 \text{ のとき} \\ \quad x=e^{-bt}(C_1\cos\sqrt{\omega^2-b^2}\,t \\ \qquad +C_2\sin\sqrt{\omega^2-b^2}\,t) \end{cases}$$

……(答)

(2)　(ⅰ)　$b^2-\omega^2=0$ のとき；

$$x'=(-bC_1+C_2-bC_2t)e^{-bt}$$

$t=0$ のとき $x=0$, $x'=1$ だから

$$C_1=0,\quad -bC_1+C_2=1$$

$$\therefore\quad C_1=0,\quad C_2=1$$

したがって，解 $x$ は

$$x=te^{-bt} \qquad \cdots\cdots(\text{答})$$

(ii)　$b^2-\omega^2<0$ のとき；

$$x'=-be^{-bt}(C_1\cos\sqrt{\omega^2-b^2}\,t+C_2\sin\sqrt{\omega^2-b^2}\,t)+\sqrt{\omega^2-b^2}\,e^{-bt}(-C_1\sin\sqrt{\omega^2-b^2}\,t+C_2\cos\sqrt{\omega^2-b^2}\,t)$$

$t=0$ のとき $x=0$, $x'=1$ だから

$$C_1=0,\quad -bC_1+\sqrt{\omega^2-b^2}\,C_2=1$$

$$\therefore\quad C_1=0,\quad C_2=\frac{1}{\sqrt{\omega^2-b^2}}$$

したがって，解 $x$ は

$$x=\frac{1}{\sqrt{\omega^2-b^2}}e^{-bt}\sin\sqrt{\omega^2-b^2}\,t$$

$\cdots\cdots$(答)

$b>0$ のとき解のグラフは

(i)のとき

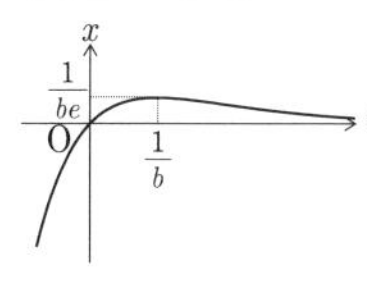


(ii)のとき

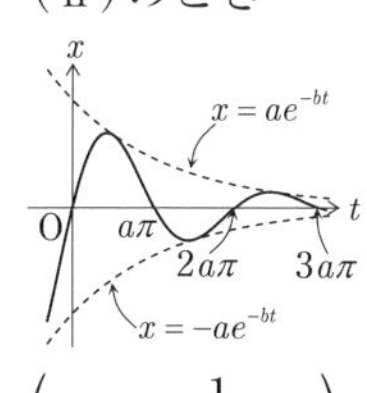


$$\left(a=\frac{1}{\sqrt{\omega^2-b^2}}\right)$$

6

(1)　$\lambda^2-a=0$ から $\lambda^2=a$

$a>0$ のとき

$$\lambda=\pm\sqrt{a}$$

$a<0$ のとき

$$\lambda=\pm\sqrt{a}=\pm\sqrt{-a}\,i$$

したがって，一般解は

$a>0$ のとき

$$x=C_1e^{\sqrt{a}t}+C_2e^{-\sqrt{a}t}$$

$a<0$ のとき

$$x=C_1\cos\sqrt{-a}\,t+C_2\sin\sqrt{-a}\,t$$

(i)　$a>0$ のとき；

$$x'=C_1\sqrt{a}\,e^{\sqrt{a}t}-C_2\sqrt{a}\,e^{-\sqrt{a}t}$$

$t=0$ のとき $x=x_0$, $x'=0$ だから

$$C_1+C_2=x_0,\quad C_1\sqrt{a}-C_2\sqrt{a}=0$$

$$\therefore\quad C_1=C_2=\frac{x_0}{2}$$

したがって，解 $x(t)$ は

$$x(t)=\frac{x_0}{2}(e^{\sqrt{a}t}+e^{-\sqrt{a}t})$$

$\cdots\cdots$(答)

(ii)　$a<0$ のとき；

$$x'=\sqrt{-a}\,(-C_1\sin\sqrt{-a}\,t+C_2\cos\sqrt{-a}\,t)$$

$t=0$ のとき $x=x_0$, $x'=0$ だから

$$C_1=x_0,\quad \sqrt{-a}\,C_2=0$$

$$\therefore\quad C_1=x_0,\quad C_2=0$$

したがって，解 $x(t)$ は

$$x(t)=x_0\cos\sqrt{-a}\,t \qquad \cdots\cdots(\text{答})$$

また，解 $x(t)$ のグラフは次のようになる．

(i)のとき

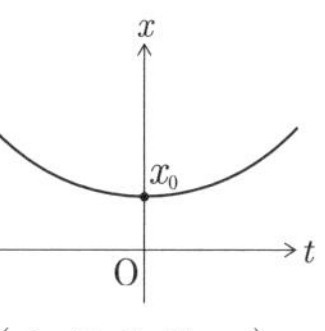


(カテナリー)

(ii)のとき

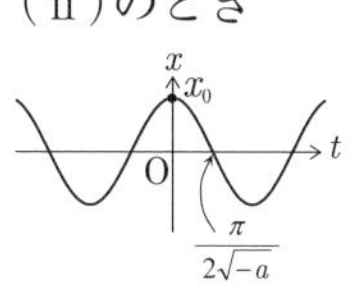


(余弦曲線)

(2)　$a>0$ のとき，一般解は

$$x(t)=C_1e^{\sqrt{a}t}+C_2e^{-\sqrt{a}t}$$

$\lim_{t\to\infty} e^{\sqrt{a}t}=\infty$，$\lim_{t\to\infty} e^{-\sqrt{a}t}=0$ だから，条件をみたすには，$C_1=0$ でなければいけない．よって，たとえば $C_1=0$，$C_2=1$ となるような初期条件を考えて

$$x(0)=C_1+C_2=1$$
$$x'(0)=C_1\sqrt{a}-C_2\sqrt{a}=-\sqrt{a}$$

よって

$$x(0)=1,\ x'(0)=-\sqrt{a}$$

……(答)

とすればよい．

7

$$\frac{d^2y}{dx^2}=\frac{2}{x}\frac{dy}{dx} \quad \cdots\cdots①$$

$\dfrac{dy}{dx}=p$ とおくと

$$\frac{d^2y}{dx^2}=\frac{d}{dx}\left(\frac{dy}{dx}\right)=\frac{dp}{dx}$$

したがって，①は

$$\frac{dp}{dx}=\frac{2}{x}p \qquad \therefore \quad \frac{dp}{p}=\frac{2}{x}dx$$

$$\int\frac{dp}{p}=\int\frac{2}{x}dx$$

$$\log|p|=2\log|x|+C=\log e^C x^2$$

$$\therefore \quad p=\pm e^C x^2=C'x^2$$

すなわち $\dfrac{dy}{dx}=C'x^2$

$$\therefore \quad y=\int C'x^2dx=\frac{C'}{3}x^3+C''$$

よって，求める一般解は

$$y=C_1x^3+C_2 \quad \cdots\cdots(答)$$

8

(1)　$\lambda^2+1=0$ から $\lambda=\pm i$

よって，求める一般解は

$$y=C_1\cos x+C_2\sin x$$

……(答)

(2)　$4xw''+2w'+w=0$ ……①

$x=t^2$ とおくとき

$$w'=\frac{dw}{dx}=\frac{dw}{dt}\frac{dt}{dx}=\frac{dw}{dt}\frac{1}{\dfrac{dx}{dt}}$$

$$=\frac{1}{2t}\frac{dw}{dt}$$

$$w''=\frac{d^2w}{dx^2}=\frac{d}{dx}\left(\frac{dw}{dx}\right)=\frac{d}{dx}\left(\frac{1}{2t}\frac{dw}{dt}\right)$$

$$=\frac{d}{dx}\left(\frac{1}{2t}\right)\cdot\frac{dw}{dt}+\frac{1}{2t}\cdot\frac{d}{dx}\left(\frac{dw}{dt}\right)$$

$$=-\frac{1}{2t^2}\frac{dt}{dx}\cdot\frac{dw}{dt}+\frac{1}{2t}\cdot\frac{d^2w}{dt^2}\cdot\frac{dt}{dx}$$

$$=-\frac{1}{4t^3}\frac{dw}{dt}+\frac{1}{4t^2}\frac{d^2w}{dt^2}$$

これらを①に代入すると

$$4t^2\left(-\frac{1}{4t^3}\frac{dw}{dt}+\frac{1}{4t^2}\frac{d^2w}{dt^2}\right)$$
$$+2\cdot\frac{1}{2t}\frac{dw}{dt}+w=0$$

$$\therefore \quad \frac{d^2w}{dt^2}+w=0$$

よって，$u=w(t^2)$ のみたす微分方程式は

$$u''+u=0 \ \cdots\cdots② \quad \cdots\cdots(答)$$

(3)　②は(1)の微分方程式と同値であるから，$u$ の一般解は

$$u=C_1\cos t+C_2\sin t$$

$t^2=x$ のとき $t=\pm\sqrt{x}$ だから，求める①の一般解は

$$w=C_1\cos(\pm\sqrt{x})+C_2\sin(\pm\sqrt{x})$$
$$=C_1\cos\sqrt{x}\pm C_2\sin\sqrt{x}$$
$$=C_1\cos\sqrt{x}+C_2'\sin\sqrt{x} \quad \cdots\cdots(答)$$

9

$$x^2y''-3xy'+4y=x^2 \quad (x>0) \quad \cdots\cdots①$$

$t=\log x$ すなわち $x=e^t$ とおくと

$$\frac{dy}{dx}=\frac{dy}{dt}\frac{dt}{dx}=\frac{dy}{dt}\cdot\frac{1}{x}=\frac{dy}{dt}e^{-t}$$

$$\frac{d^2y}{dx^2}=\frac{d}{dx}\left(\frac{dy}{dx}\right)=\frac{d}{dt}\left(\frac{dy}{dt}e^{-t}\right)\frac{dt}{dx}$$

$$=\left(\frac{d^2y}{dt^2}e^{-t}-\frac{dy}{dt}e^{-t}\right)e^{-t}$$

$$=\left(\frac{d^2y}{dt^2}-\frac{dy}{dt}\right)e^{-2t}$$

これらを①に代入して整理すると

$$\left(\frac{d^2y}{dt^2}-\frac{dy}{dt}\right)-3\frac{dy}{dt}+4y=e^{2t}$$

$$\therefore \quad \frac{d^2y}{dt^2}-4\frac{dy}{dt}+4y=e^{2t} \quad \cdots\cdots②$$

$\lambda^2-4\lambda+4=0$ から $(\lambda-2)^2=0$

$$\lambda=2 \quad (2\text{ 重解})$$

したがって

$$y_C(t)=(C_1+C_2t)e^{2t}$$

②の特殊解を

$$Y(t)=At^2e^{2t}$$

とおくと

$$Y'=A(2t^2+2t)e^{2t}$$

$$Y''=A(4t^2+8t+2)e^{2t}$$

②に代入して

$$A(4t^2+8t+2)e^{2t}-4A(2t^2+2t)e^{2t}$$
$$+4At^2e^{2t}=e^{2t}$$

整理して $2Ae^{2t}=e^{2t}$

$$A=\frac{1}{2} \qquad \therefore \quad Y(x)=\frac{1}{2}t^2e^{2t}$$

よって，②の一般解は

$$y=\left(C_1+C_2t+\frac{t^2}{2}\right)e^{2t}$$

$t=\log x$，$e^t=x$ だから，求める一般解は

$$y=x^2\left\{C_1+C_2\log x+\frac{1}{2}(\log x)^2\right\}$$

……(答)

10

$$x^2y''+xy'-y=0 \quad (x>0) \quad \cdots\cdots(*)$$

(1)　$y=x$ のとき

$$y'=1,\ y''=0$$

①の左辺$=x^2\cdot 0+x\cdot 1-x=0=$右辺

よって，$y_1=x$ は$(*)$の解である．

(2)　$y=y_1z=xz$ のとき

$$y'=z+xz', \quad y''=2z'+xz''$$

$y=xz$ が$(*)$の解であるとき

$$x^2(2z'+xz'')+x(z+xz')-xz=0$$

$$x^3z''+3x^2z'=0$$

$x\neq 0$ から，$z$ のみたす微分方程式は

$$xz''+3z'=0 \qquad \cdots\cdots(\text{答})$$

(3)　(2)から

$$\frac{z''}{z'}=-\frac{3}{x}$$

$$\int\frac{z''}{z'}dx=-3\int\frac{dx}{x}$$

$$\log|z'|=-3\log x+C$$

$$\therefore \quad z'=\pm\frac{e^C}{x^3}=\frac{C'}{x^3}$$

$$z=\int\frac{C'}{x^3}dx=-\frac{C'}{2x^2}+C''$$

$$\therefore \quad z=\frac{C_1}{x^2}+C_2$$

よって，$y_1$ と独立な解 $y_2$ は

$$y_2 = xz = \frac{C_1}{x} + C_2 x \quad \cdots\cdots(答)$$

11

(1)　$y'' + y = e^{3x}$　……①

$\lambda^2 + 1 = 0$ から $\lambda = \pm i$

したがって

$$y_C(x) = C_1 \cos x + C_2 \sin x$$

特殊解を

$$Y(x) = Ae^{3x}$$

とおくと

$$Y' = 3Ae^{3x}, \quad Y'' = 9Ae^{3x}$$

①に代入して

$$9Ae^{3x} + Ae^{3x} = e^{3x}$$

$$10Ae^{3x} = e^{3x}$$

$$A = \frac{1}{10} \qquad \therefore \quad Y(x) = \frac{1}{10}e^{3x}$$

よって，①の一般解は

$$y = C_1 \cos x + C_2 \sin x + \frac{1}{10}e^{3x} \quad \cdots\cdots②$$

このとき

$$y' = -C_1 \sin x + C_2 \cos x + \frac{3}{10}e^{3x}$$

$$y'' = -C_1 \cos x - C_2 \sin x + \frac{9}{10}e^{3x}$$

$$y''' = C_1 \sin x - C_2 \cos x + \frac{27}{10}e^{3x}$$

②が

$$y''' + ay'' + by' + cy = 0$$

をみたすとき，

$$\{(1-b)C_1 + (c-a)C_2\}\sin x + \{(c-a)C_1 + (b-1)C_2\}\cos x + \frac{1}{10}(9a + 3b + c + 27)e^{3x} = 0$$

すべての $x$ およびすべての $C_1$，$C_2$ で成立するので

$$1 - b = 0, \quad c - a = 0, \quad b - 1 = 0, \quad 9a + 3b + c + 27 = 0$$

よって

$$a = -3, \ b = 1, \ c = -3 \quad \cdots\cdots(答)$$

(2)　(1)から

$$y''' - 3y'' + y' - 3y = 0$$

$\lambda^3 - 3\lambda^2 + \lambda - 3 = 0$ から

$$(\lambda - 3)(\lambda^2 + 1) = 0$$

$$\therefore \quad \lambda = 3, \ \pm i$$

よって，求める一般解は

$$y = C_1 e^{3x} + C_2 \cos x + C_3 \sin x \quad \cdots\cdots(答)$$

(3)　①の解②が $x = 0$ のとき $y = 0$，$y' = 0$ となるように定めればよい．

$$C_1 + \frac{1}{10} = 0, \quad C_2 + \frac{3}{10} = 0$$

$$\therefore \quad C_1 = -\frac{1}{10}, \quad C_2 = -\frac{3}{10}$$

よって，求める解は

$$y = \frac{1}{10}(e^{3x} - \cos x - 3\sin x) \quad \cdots\cdots(答)$$

12

(1)　$\lambda^3 - 3\lambda + 2 = 0$ から

$$(\lambda - 1)^2(\lambda + 2) = 0$$

$$\lambda = 1 \ (2 重解), \ -2$$

$$\therefore \quad y_C(x) = (C_1 + C_2 x)e^x + C_3 e^{-2x}$$

特殊解として

$$Y(x) = A\cos x + B\sin x$$

とおくと

$$Y'=-A\sin x+B\cos x$$
$$Y''=-A\cos x-B\sin x$$
$$Y'''=A\sin x-B\cos x$$

これらを与式に代入して整理すると

$$(2A-4B)\cos x+(4A+2B)\sin x=\sin x$$

これより

$$2A-4B=0,\ 4A+2B=1$$
$$A=\frac{1}{5},\quad B=\frac{1}{10}$$
$$\therefore\quad Y(x)=\frac{1}{5}\cos x+\frac{1}{10}\sin x$$

よって

$$y=(C_1+C_2x)e^x+C_3e^{-2x}+\frac{1}{5}\cos x+\frac{1}{10}\sin x$$

……(答)

(2)　$\lambda^3-\lambda^2+2=0$ から

$$(\lambda+1)(\lambda^2-2\lambda+2)=0$$
$$\lambda=-1,\ 1\pm i$$
$$\therefore\quad y_C(x)=C_1e^{-x}+e^x(C_2\cos x+C_3\sin x)$$

特殊解を

$$Y(x)=xe^x(A\cos x+B\sin x)$$

とおくと

$$Y'=e^x\{(A+B)x+A\}\cos x+e^x\{(B-A)x+B\}\sin x$$
$$Y''=2e^x(Bx+A+B)\cos x+2e^x(-Ax-A+B)\sin x$$
$$Y'''=2e^x\{(B-A)x+3B\}\cos x-2e^x\{(A+B)x+3A\}\sin x$$

これらを与式に代入して整理すると

$$2(-A+2B)e^x\cos x-2(2A+B)e^x\sin x=2\,e^x\cos x+4e^x\sin x$$

したがって

$$2(-A+2B)=2,\quad -2(2A+B)=4$$
$$\therefore\quad A=-1,\quad B=0$$

すなわち

$$Y(x)=-xe^x\cos x$$

よって

$$y=C_1e^{-x}+(C_2-x)e^x\cos x+C_3e^x\sin x$$

……(答)

(3)　$\lambda^3-7\lambda^2+15\lambda-9=0$ から

$$(\lambda-1)(\lambda-3)^2=0$$
$$\lambda=3\ (2\text{重解}),\ 1$$
$$\therefore\quad y_C(x)=C_1e^x+(C_2+C_3x)e^{3x}$$

特殊解を

$$Y(x)=Ax^2e^{3x}$$

とおくと

$$Y'=A(3x^2+2x)e^{3x}$$
$$Y''=A(9x^2+12x+2)e^{3x}$$
$$Y'''=A(27x^2+54x+18)e^{3x}$$

これらを与式に代入して整理すると

$$4Ae^{3x}=2e^{3x}$$
$$A=\frac{1}{2}\qquad\therefore\quad Y(x)=\frac{1}{2}x^2e^{3x}$$

よって

$$y=C_1e^x+\left(C_2+C_3x+\frac{x^2}{2}\right)e^{3x}$$

…(答)

13

$\lambda^2+2\lambda+2=0$ を解いて

$$\lambda=-1\pm i$$
$$\therefore\quad y_C(t)=e^{-t}(C_1\cos t+C_2\sin t)$$

$0 \leqq t \leqq \pi$ の特殊解を

$$Y(t)=A\cos t+B\sin t$$

とおくと

$$Y'=-A\sin t+B\cos t$$
$$Y''=-A\cos t-B\sin t$$

これらを $0 \leqq t \leqq \pi$ の与式に代入して

$$(-A\cos t-B\sin t)+2(-A\sin t+B\cos t)+2(A\cos t+B\sin t)=\cos t$$

$$(A+2B)\cos t+(-2A+B)\sin t=\cos t$$

$$\therefore \quad A+2B=1, \quad -2A+B=0$$

$$A=\frac{1}{5}, \quad B=\frac{2}{5}$$

したがって

$$Y(t)=\frac{1}{5}\cos t+\frac{2}{5}\sin t$$

また，$\pi \leqq t$ の特殊解は

$$Y(x)=-\frac{1}{2}$$

これより

$$\begin{cases} y_1=e^{-t}(C_1\cos t+C_2\sin t)+\dfrac{1}{5}\cos t+\dfrac{2}{5}\sin t & (0 \leqq t \leqq \pi) \\ y_2=e^{-t}(C_3\cos t+C_4\sin t)-\dfrac{1}{2} & (\pi \leqq t) \end{cases}$$

ここで，$y_1'$ は

$$y_1'=-e^{-t}(C_1\cos t+C_2\sin t)+e^{-t}(-C_1\sin t+C_2\cos t)-\frac{1}{5}\sin t+\frac{2}{5}\cos t$$

$t=0$ のとき $y_1=0$，$y_1'=1$ より

$$C_1+\frac{1}{5}=0, \quad -C_1+C_2+\frac{2}{5}=1$$

$$\therefore \quad C_1=-\frac{1}{5}, \quad C_2=\frac{2}{5}$$

よって

$$y_1=e^{-t}\left(-\frac{1}{5}\cos t+\frac{2}{5}\sin t\right)+\frac{1}{5}\cos t+\frac{2}{5}\sin t$$

ここで，$t=\pi$ のとき $y_1=y_2$，$y_1'=y_2'$ である．

$$y_2'=-e^{-t}(C_3\cos t+C_4\sin t)+e^{-t}(-C_3\sin t+C_4\cos t)$$

より

$$\begin{cases} \dfrac{1}{5}e^{-\pi}-\dfrac{1}{5}=-e^{-\pi}C_3-\dfrac{1}{2} \\ -\dfrac{1}{5}e^{-\pi}-\dfrac{2}{5}e^{-\pi}-\dfrac{2}{5}=e^{-\pi}(C_3-C_4) \end{cases}$$

$$\therefore \quad C_3=-\frac{1}{10}(3e^{\pi}+2),$$

$$C_4=\frac{1}{10}(e^{\pi}+4)$$

以上から，求める解は

$$y=\begin{cases} e^{-t}\left(-\dfrac{1}{5}\cos t+\dfrac{2}{5}\sin t\right)+\dfrac{1}{5}\cos t+\dfrac{2}{5}\sin t & (0 \leqq t \leqq \pi) \\ \dfrac{e^{-t}}{10}\{-(3e^{\pi}+2)\cos t+(e^{\pi}+4)\sin t\}-\dfrac{1}{2} & (\pi \leqq t) \end{cases}$$

……(答)

**Chapter 3**（p. 114〜p. 115）

1

(1)　$P(\lambda)=\lambda^3-2\lambda^2-5\lambda+6=0$

から

$$(\lambda-1)(\lambda+2)(\lambda-3)=0$$

$$\lambda=-2, 1, 3$$

$$\therefore\ \ y_C(x)=C_1e^{-2x}+C_2e^x+C_3e^{3x}$$

与方程式は $P(D)y=e^{2x}$

$$P(2)=1\cdot4\cdot(-1)=-4\neq0$$

だから，特殊解は

$$y_0(x)=\frac{e^{2x}}{P(2)}=-\frac{e^{2x}}{4}$$

よって，一般解は

$$y=C_1e^{-2x}+C_2e^x+C_3e^{3x}-\frac{e^{2x}}{4}$$

……(答)

(2)　$P(\lambda)=\lambda^4-2\lambda^2+1=0$ から

$$(\lambda+1)^2(\lambda-1)^2=0$$

$$\lambda=-1, 1\ \ （ともに2重解）$$

$$\therefore\ \ y_C(x)=(C_1+C_2x)e^{-x}+(C_3+C_4x)e^x$$

与方程式は

$$P(D)y=e^x$$

$P(1)=0$ だから

$$(D+1)^2((D-1)^2y)=e^x$$

$$(D-1)^2y=\frac{e^x}{(1+1)^2}=\frac{e^x}{4}$$

$$\therefore\ \ y_0(x)=\frac{x^2}{2!}\frac{e^x}{4}=\frac{x^2}{8}e^x$$

よって，一般解は

$$y=(C_1+C_2x)e^{-x}+\left(C_3+C_4x+\frac{x^2}{8}\right)e^x$$

……(答)

2

(1)　$P(\lambda)=\lambda^3-5\lambda^2-\lambda+5=0$ から

$$(\lambda+1)(\lambda-1)(\lambda-5)=0$$

$$\lambda=-1, 1, 5$$

$$\therefore\ \ y_C(x)=C_1e^{-x}+C_2e^x+C_3e^{5x}$$

$$\frac{1}{P(\lambda)}=\frac{1}{5-\lambda-5\lambda^2+\lambda^3}$$

$$=\frac{1}{5}+\frac{\lambda}{25}+\frac{26}{125}\lambda^2+\frac{\lambda^3R(\lambda)}{5-\lambda-5\lambda^2+\lambda^3}$$

$P(D)y=x^2$ だから

$$y_0(x)=P(D)^{-1}x^2$$

$$=\left(\frac{1}{5}+\frac{D}{25}+\frac{26}{125}D^2\right)x^2$$

$$=\frac{x^2}{5}+\frac{2}{25}x+\frac{52}{125}$$

よって，一般解は

$$y=C_1e^{-x}+C_2e^x+C_3e^{5x}+\frac{x^2}{5}+\frac{2}{25}x+\frac{52}{125}$$

……(答)

(2)　$P(\lambda)=\lambda^3+1=0$ から

$$(\lambda+1)(\lambda^2-\lambda+1)=0$$

$$\lambda=-1, \frac{1\pm\sqrt{3}i}{2}$$

$$\therefore\ \ y_C(x)=C_1e^{-x}+e^{\frac{x}{2}}\left(C_2\cos\frac{\sqrt{3}}{2}x+C_3\sin\frac{\sqrt{3}}{2}x\right)$$

$$\frac{1}{P(\lambda)}=\frac{1}{1+\lambda^3}=1-\lambda^3+\frac{\lambda^4R(\lambda)}{1+\lambda^3}$$

$P(D)\,y=x^3$ だから

$$y_0(x)=P(D)^{-1}x^3$$

$$=(1-D^3)x^3=x^3-6$$

よって，一般解は

$$y=C_1e^{-x}+e^{\frac{x}{2}}\left(C_2\cos\frac{\sqrt{3}}{2}x\right.$$
$$\left.+C_3\sin\frac{\sqrt{3}}{2}x\right)+x^3-6 \quad \cdots\cdots(答)$$

(3)　$P(\lambda)=\lambda^4+2\lambda^3+\lambda^2=0$ から
$$\lambda^2(\lambda+1)^2=0$$
$\lambda=0,\ -1$　（ともに 2 重解）

$\therefore\quad y_C(x)=C_1+C_2x+(C_3+C_4x)e^{-x}$

$P(D)y=(D+1)^2(D^2y)=x^3$ だから
$$D^2y=(D+1)^{-2}x^3$$
$$\frac{1}{(1+\lambda)^2}=(1-\lambda+\lambda^2-\lambda^3+\cdots)^2$$
$$=1-2\lambda+3\lambda^2-4\lambda^3+\frac{\lambda^4R(\lambda)}{(1+\lambda)^2}$$
$$\therefore\quad D^2y=(1-2D+3D^2-4D^3)x^3$$
$$=x^3-6x^2+18x-24$$

したがって，積分を 2 回行って，特殊解は
$$y_0(x)=D^{-2}(x^3-6x^2+18x-24)$$
$$=\frac{x^5}{20}-\frac{x^4}{2}+3x^3-12x^2$$

よって，一般解は
$$y=C_1+C_2x-12x^2+3x^3-\frac{x^4}{2}+\frac{x^5}{20}$$
$$+(C_3+C_4x)e^{-x} \quad \cdots\cdots(答)$$

3

$P(D)y=e^{\alpha x}Q_k(x)$（$Q_k(x)$ は多項式）のとき
$$P(D+\alpha)(e^{-\alpha x}y)=Q_k(x) \quad \cdots\cdots①$$
が成り立つことを用いる．

(1)　$(D^3-2D^2-D+2)y=xe^{2x}$
$$(D-2)(D+1)(D-1)y=xe^{2x}$$

①により
$$D(D+3)(D+1)(e^{-2x}y)=x$$
$$\therefore\quad (D^2+4D+3)D(e^{-2x}y)=x$$

これより
$$D(e^{-2x}y)=(D^2+4D+3)^{-1}x$$
$$=\left(\frac{1}{3}-\frac{4}{9}D\right)x=\frac{x}{3}-\frac{4}{9}$$
$$\therefore\quad e^{-2x}y_0(x)=D^{-1}\left(\frac{x}{3}-\frac{4}{9}\right)$$
$$=\frac{x^2}{6}-\frac{4}{9}x$$

したがって，特殊解は
$$y_0(x)=\left(\frac{x^2}{6}-\frac{4}{9}x\right)e^{2x}$$

また，$(\lambda-2)(\lambda+1)(\lambda-1)=0$ から
$$\lambda=-1,1,2$$
$$\therefore\quad y_C(x)=C_1e^{-x}+C_2e^x+C_3e^{2x}$$

よって，一般解は
$$y=C_1e^{-x}+C_2e^x+\left(C_3-\frac{4}{9}x+\frac{x^2}{6}\right)e^{2x}$$
$$\cdots\cdots(答)$$

(2)　$(D^4-2D^2+1)y=(x^2+1)e^{2x}$
$$(D+1)^2(D-1)^2y=(x^2+1)e^{2x}$$

①により
$$(D+3)^2(D+1)^2(e^{-2x}y)=x^2+1$$
$$\frac{1}{(1+\lambda)^2(3+\lambda)^2}=\left(\frac{1}{1+\lambda}\right)^2\left(\frac{1}{3+\lambda}\right)^2$$
$$=\left\{1-\lambda+\lambda^2+\frac{R_1(\lambda)}{1+\lambda}\right\}^2$$
$$\cdot\left\{\frac{1}{3}-\frac{\lambda}{9}+\frac{\lambda^2}{27}+\frac{R_2(\lambda)}{3+\lambda}\right\}^2$$
$$=\left\{\frac{1}{3}-\frac{4}{9}\lambda+\frac{13}{27}\lambda^2+\frac{R(\lambda)}{(1+\lambda)(3+\lambda)}\right\}^2$$
$$=\frac{1}{9}-\frac{8}{27}\lambda+\frac{14}{27}\lambda^2+\frac{R(\lambda)}{(1+\lambda)^2(3+\lambda)^2}$$

$$\therefore\quad e^{-2x}y=(D+1)^{-2}(D+3)^{-2}(x^2+1)$$
$$=\left(\frac{1}{9}-\frac{8}{27}D+\frac{14}{27}D^2\right)(x^2+1)$$
$$=\frac{1}{9}x^2-\frac{16}{27}x+\frac{31}{27}$$

したがって，特殊解は

$$y_0(x)=\left(\frac{1}{9}x^2-\frac{16}{27}x+\frac{31}{27}\right)e^{2x}$$

また，$(\lambda+1)^2(\lambda-1)^2=0$ から

$\lambda=-1, 1$　（いずれも 2 重解）

$$\therefore\quad y_C(x)=(C_1+C_2x)e^{-x}+(C_3+C_4x)e^x$$

よって，一般解は

$$y=(C_1+C_2x)e^{-x}+(C_3+C_4x)e^x+\left(\frac{1}{9}x^2-\frac{16}{27}x+\frac{31}{27}\right)e^{2x}$$

……(答)

4

(1)　$P(D)=D^2-3D+2$，$P(\lambda)=0$ から

$$(\lambda-1)(\lambda-2)=0,\quad \lambda=1, 2$$
$$\therefore\quad y_C(x)=C_1e^x+C_2e^{2x}$$

与式は $P(D)y=\cos x$

特殊解は，$P(D)y=e^{ix}$ の実部である．

$$P(i)=i^2-3i+2=1-3i\neq 0$$
$$y=\frac{e^{ix}}{P(i)}=\frac{e^{ix}}{1-3i}$$
$$=\frac{1+3i}{10}(\cos x+i\sin x)$$

したがって

$$y_0(x)=\frac{1}{10}(\cos x-3\sin x)$$

よって，一般解は

$$y=C_1e^x+C_2e^{2x}+\frac{1}{10}(\cos x-3\sin x)$$

……(答)

(2)　$P(D)=D^2+4=(D+2i)(D-2i)$

$P(\lambda)=0$ から $\lambda=\pm 2i$

$$\therefore\quad y_C(x)=C_1\cos 2x+C_2\sin 2x$$

与式は

$$P(D)y=\sin 2x+2\cos x$$

特殊解は，

$$P(D)y=e^{2ix}+2e^{ix}$$

を考える．

$$P(2i)=0,\quad P(i)=3\neq 0$$
$$y=P(D)^{-1}(e^{2ix}+2e^{ix})$$
$$=\frac{x}{1!}\cdot\frac{e^{2ix}}{2i+2i}+\frac{2e^{ix}}{3}$$
$$=-\frac{i}{4}x(\cos 2x+i\sin 2x)+\frac{2}{3}(\cos x+i\sin x)$$
$$=\left(\frac{x}{4}\sin 2x-\frac{i}{4}x\cos 2x\right)+\frac{2}{3}(\cos x+i\sin x)$$

したがって

$$y_0(x)=-\frac{x}{4}\cos 2x+\frac{2}{3}\cos x$$

よって，一般解は

$$y=\left(C_1-\frac{x}{4}\right)\cos 2x+C_2\sin 2x+\frac{2}{3}\cos x$$

……(答)

5

(1)　$P(D)=D^2-3D+2$
$$=(D-1)(D-2)$$

$$y_C(x)=C_1e^x+C_2e^{2x}$$

$$\begin{cases}(D^2-3D+2)y=e^{4x}\sin x\\(D^2-3D+2)z=e^{4x}\cos x\end{cases}$$

とおくと

$$(D^2-3D+2)(z+iy)$$
$$=e^{4x}(\cos x+i\sin x)=e^{(4+i)x}$$

ここで

$$P(D)=D^2-3D+2=(D-2)(D-1)$$

だから

$$P(4+i)=(2+i)(3+i)=5(1+i)\neq 0$$

したがって

$$z+iy=P(D)^{-1}e^{(4+i)x}$$
$$=\frac{1}{P(4+i)}e^{(4+i)x}$$
$$=\frac{1}{5(1+i)}e^{4x}(\cos x+i\sin x)$$
$$=\frac{1-i}{10}e^{4x}(\cos x+i\sin x)$$
$$=\frac{1}{10}e^{4x}(\cos x+\sin x)$$
$$+i\frac{1}{10}e^{4x}(\sin x-\cos x)$$

∴　特殊解

$$y_0(x)=\frac{1}{10}e^{4x}(\sin x-\cos x)$$

よって，一般解は

$$y=C_1e^x+C_2e^{2x}+\frac{1}{10}e^{4x}(\sin x-\cos x)$$

……(答)

(2)　$P(D)=D^4-1=(D^2-1)(D^2+1)$

$P(\lambda)=0$ から $\lambda=\pm1,\ \pm i$

$$\therefore\quad y_0(x)=C_1e^x+C_2e^{-x}+C_3\cos x+C_4\sin x$$

$$\begin{cases}(D^4-1)y=8x\sin x\\(D^4-1)z=8x\cos x\end{cases}$$

とおくと

$$(D^4-1)(z+iy)$$
$$=8x(\cos x+i\sin x)=8xe^{ix}$$

したがって

$$\{(D+i)^2-1\}\{(D+i)^2+1\}\{e^{-ix}(z+yi)\}$$
$$=(D^2+2iD-2)(D^2+2iD)\{e^{-ix}(z+yi)\}$$
$$=(D^2+2iD-2)(D+2i)D\{e^{-ix}(z+yi)\}$$
$$=(D^3+4iD^2-6D-4i)D\{e^{-ix}(z+yi)\}$$
$$=8x$$

$$\therefore\quad D\{e^{-ix}(z+iy)\}$$
$$=(D^3+4iD^2-6D-4i)^{-1}(8x)$$

ここで

$$\frac{1}{\lambda^3+4i\lambda^2-6\lambda-4i}$$
$$=\frac{1}{-4i}\cdot\frac{1}{1-\frac{3}{2}i\lambda-\lambda^2+\frac{i}{4}\lambda^3}$$
$$=\frac{i}{4}\left(1+\frac{3}{2}i\lambda+\cdots\right)$$

となるので

$$D\{e^{-ix}(z+iy)\}$$
$$=\frac{i}{4}\left(1+\frac{3}{2}iD\right)(8x)=2ix-3$$

$$\therefore\quad z+iy=e^{ix}\int(2ix-3)\,dx$$
$$=(\cos x+i\sin x)(ix^2-3x)$$
$$=-(3x\cos x+x^2\sin x)$$
$$+i(x^2\cos x-3x\sin x)$$

これより，特殊解は

$$y_0(x)=x^2\cos x-3x\sin x$$

よって，一般解は

$$y=C_1e^x+C_2e^{-x}+C_3\cos x+C_4\sin x$$

$$+x^2\cos x-3x\sin x$$
……(答)

6

(1)　$(D^3-5D^2+6D)y=x^2$

$\lambda^3-5\lambda^2+6\lambda=0$ から

$$\lambda(\lambda-2)(\lambda-3)=0 \qquad \lambda=0, 2, 3$$

$$\therefore \quad y_C(x)=C_1+C_2e^{2x}+C_3e^{3x}$$

与式は

$$D(D-2)(D-3)y=x^2$$

したがって，特殊解は

$$y_0(x)=(D-2)^{-1}(D-3)^{-1}D^{-1}x^2$$

$$D^{-1}x^2=\int x^2dx=\frac{x^3}{3}$$

$$(D-3)^{-1}\frac{x^3}{3}=-\frac{1}{3}\left(1-\frac{D}{3}\right)^{-1}\frac{x^3}{3}$$

$$=-\frac{1}{9}\left(1+\frac{D}{3}+\frac{D^2}{9}+\frac{D^3}{27}\right)x^3$$

$$=-\frac{1}{9}\left(x^3+x^2+\frac{2}{3}x+\frac{2}{9}\right)$$

$$\therefore \quad y_0(x)$$

$$=(D-2)^{-1}\left\{-\frac{1}{9}\left(x^3+x^2+\frac{2}{3}x+\frac{2}{9}\right)\right\}$$

$$=\frac{1}{18}\left(1-\frac{D}{2}\right)^{-1}\left(x^3+x^2+\frac{2}{3}x+\frac{2}{9}\right)$$

$$=\frac{1}{18}\left(1+\frac{D}{2}+\frac{D^2}{4}+\frac{D^3}{8}\right)\left(x^3+x^2+\frac{2}{3}x+\frac{2}{9}\right)$$

$$=\frac{1}{18}\left(x^3+\frac{5}{2}x^2+\frac{19}{6}x+\frac{19}{18}\right)$$

$$=\frac{1}{18}x^3+\frac{5}{36}x^2+\frac{19}{108}x+\frac{19}{324}$$

よって，一般解は

$$y=C_1+C_2e^{2x}+C_3e^{3x}+\frac{1}{18}x^3+\frac{5}{36}x^2+\frac{19}{108}x+\frac{19}{324}$$
……(答)

(2)　$(D-1)(D+3)(D+4)y=e^{-2x}x$

$(\lambda-1)(\lambda+3)(\lambda+4)=0$ から

$$\lambda=1, -3, -4$$

$$\therefore \quad y_C(x)=C_1e^x+C_2e^{-3x}+C_3e^{-4x}$$

与式を変形して

$$(D-3)(D+1)(D+2)(e^{2x}y)=x$$

$$\frac{1}{(\lambda-3)(\lambda+1)(\lambda+2)}=\frac{A}{\lambda-3}+\frac{B}{\lambda+1}+\frac{C}{\lambda+2}$$

とおいて，分母を払うと

$$1=A(\lambda+1)(\lambda+2)+B(\lambda-3)(\lambda+2)+C(\lambda-3)(\lambda+1)$$

$\lambda=3, -1, -2$ とおいて

$$A=\frac{1}{20}, \quad B=-\frac{1}{4}, \quad C=\frac{1}{5}$$

したがって

$$e^{2x}y=\frac{1}{20}(D-3)^{-1}x-\frac{1}{4}(D+1)^{-1}x+\frac{1}{5}(D+2)^{-1}x$$

$$=\frac{1}{20}\cdot\frac{1}{-3}\left(1+\frac{D}{3}\right)x-\frac{1}{4}(1-D)x+\frac{1}{5}\cdot\frac{1}{2}\left(1-\frac{D}{2}\right)x$$

$$=-\frac{1}{60}\left(x+\frac{1}{3}\right)-\frac{1}{4}(x-1)+\frac{1}{10}\left(x-\frac{1}{2}\right)$$

$$=-\frac{1}{6}x+\frac{7}{36}$$

∴　特殊解は

$$y_0(x)=\left(-\frac{1}{6}x+\frac{7}{36}\right)e^{-2x}$$

よって，一般解は

$$y=C_1e^x+C_2e^{-3x}+C_3e^{-4x}+\left(-\frac{1}{6}x+\frac{7}{36}\right)e^{-2x}$$

……(答)

7

$$\begin{cases} P(D)y=Q_k(x)e^{\alpha x}\cos\beta x & \cdots\cdots① \\ P(D)z=Q_k(x)e^{\alpha x}\sin\beta x & \cdots\cdots② \end{cases}$$

のとき

$$\begin{aligned} &P(D)(y+iz) \\ &=Q_k(x)e^{\alpha x}(\cos\beta x+i\sin\beta x) \\ &=Q_k(x)e^{\alpha x}e^{i\beta x} \\ &=Q_k(x)e^{(\alpha+i\beta)x} \quad \cdots\cdots③ \end{aligned}$$

$$\therefore\quad y+iz=P(D)^{-1}Q_k(x)e^{(\alpha+i\beta)x}$$

したがって，①，②の解 $y$，$z$ はそれぞれ，

$$P(D)^{-1}Q_k(x)e^{(\alpha+i\beta)x}$$

の実部，虚部によって与えられる．さらに，③は

$$P(D+\alpha+i\beta)\{e^{-(\alpha+i\beta)x}(y+iz)\}=Q_k(x)$$

となるので

$$\begin{cases} (D^2+n^2)y=x\cos nx \\ (D^2+n^2)z=x\sin nx \end{cases}$$

に対しては

$$\{(D+in)^2+n^2\}\{e^{-inx}(y+iz)\}=x$$

$$(D^2+2inD)\{e^{-inx}(y+iz)\}=x$$

$$2in\left(1-\frac{i}{2n}D\right)D\{e^{-inx}(y+iz)\}=x$$

$$\begin{aligned} \therefore\quad D\{e^{-inx}(y+iz)\} &=\frac{1}{2in}\left(1-\frac{i}{2n}D\right)^{-1}x \\ &=-\frac{i}{2n}\left(1+\frac{i}{2n}D\right)x \\ &=-\frac{i}{2n}\left(x+\frac{i}{2n}\right) \\ &=-\frac{i}{2n}x+\frac{1}{4n^2} \end{aligned}$$

これより

$$\begin{aligned} e^{-inx}(y+iz) &=\int\left(-\frac{i}{2n}x+\frac{1}{4n^2}\right)dx \\ &=-\frac{i}{4n}x^2+\frac{x}{4n^2} \end{aligned}$$

よって

$$\begin{aligned} &y+iz \\ &=e^{inx}\left(-\frac{i}{4n}x^2+\frac{x}{4n^2}\right) \\ &=(\cos nx+i\sin nx)\left(-\frac{i}{4n}x^2+\frac{x}{4n^2}\right) \\ &=\frac{1}{4n^2}(x\cos nx+nx^2\sin nx) \\ &\quad+i\frac{1}{4n^2}(x\sin nx-nx^2\cos nx) \end{aligned}$$

以上から，求める特殊解は

$$\begin{cases} y_0(x)=\dfrac{1}{4n^2}(x\cos nx+nx^2\sin nx) \\ z_0(x)=\dfrac{1}{4n^2}(x\sin nx-nx^2\cos nx) \end{cases}$$

……(答)

**Chapter 4**　(p. 134～p. 135)

1

求める解を

$$y=\sum_{n=0}^{\infty} a_n x^n$$

とおくと

$$y'=\sum_{n=1}^{\infty} n a_n x^{n-1}=\sum_{n=0}^{\infty} (n+1) a_{n+1} x^n$$

与式に代入すると

$$\sum_{n=0}^{\infty} (n+1) a_{n+1} x^n = x+2x\sum_{n=0}^{\infty} a_n x^n$$

$$a_1+2a_2x+\cdots+(n+1)a_{n+1}x^n+\cdots$$
$$=x+2x(a_0+a_1x+\cdots+a_{n-1}x^{n-1}+\cdots)$$

すなわち

$$a_1+2a_2x+\cdots+(n+1)a_{n+1}x^n+\cdots$$
$$=(1+2a_0)x+2a_1x^2+\cdots+2a_{n-1}x^n+\cdots$$

両辺の定数項，1 次の項および $x^n$ の係数を比べて

$$\begin{cases} a_1=0, \quad 2a_2=1+2a_0 & \cdots\cdots① \\ (n+1)a_{n+1}=2a_{n-1} \quad (n\geqq 2) \end{cases}$$

$$\therefore \quad a_{n+1}=\frac{2}{n+1}a_{n-1} \quad (n\geqq 2) \quad \cdots\cdots②$$

①，②から

$$a_{2m-1}=0$$

$$a_{2m}=\frac{2}{2m}a_{2m-2}=\frac{2}{2m}\cdot\frac{2}{2m-2}a_{2m-4}$$
$$=\cdots$$
$$=\frac{2}{2m}\cdot\frac{2}{2m-2}\cdot\frac{2}{2m-4}\cdots\frac{2}{4}a_2$$
$$=\frac{1}{m!}\left(a_0+\frac{1}{2}\right) \quad (m\geqq 1)$$

よって，求める級数解は

$$y=\sum_{m=0}^{\infty} a_{2m}x^{2m}$$
$$=a_0+\sum_{m=1}^{\infty}\frac{1}{m!}\left(a_0+\frac{1}{2}\right)x^{2m}$$
$$=a_0+\left(a_0+\frac{1}{2}\right)\left(x^2+\frac{x^4}{2!}+\frac{x^6}{3!}+\cdots\right)$$
$$=a_0+\left(a_0+\frac{1}{2}\right)(e^{x^2}-1)=Ce^{x^2}-\frac{1}{2}$$

……(答)

2

求める解を

$$y=\sum_{n=0}^{\infty} a_n x^n$$

とおくと

$$y'=\sum_{n=1}^{\infty} n a_n x^{n-1}=\sum_{n=0}^{\infty} (n+1) a_{n+1} x^n$$

$$y''=\sum_{n=1}^{\infty} n(n+1) a_{n+1} x^{n-1}$$
$$=\sum_{n=0}^{\infty} (n+1)(n+2) a_{n+2} x^n$$

これらを与式に代入して

$$\sum_{n=0}^{\infty} (n+1)(n+2) a_{n+2} x^n$$
$$+\frac{2}{x}\sum_{n=0}^{\infty} (n+1) a_{n+1} x^n+\sum_{n=0}^{\infty} a_n x^n=0$$

両辺に $x$ を掛けて

$$\sum_{n=0}^{\infty} (n+1)(n+2) a_{n+2} x^{n+1}$$
$$+2\sum_{n=0}^{\infty} (n+1) a_{n+1} x^n+\sum_{n=0}^{\infty} a_n x^{n+1}=0$$

$$\sum_{n=0}^{\infty} (n+1) a_{n+1} x^n$$
$$=a_1+\sum_{n=0}^{\infty} (n+2) a_{n+2} x^{n+1}$$

だから

$$\sum_{n=0}^{\infty} [\{(n+1)(n+2)+2(n+2)\}a_{n+2}$$
$$+a_n]x^{n+1}+2a_1=0$$

これより，定数項および $x^{n+1}$ の係数から

$$\begin{cases} a_1=0 & \cdots\cdots① \\ \{(n+1)(n+2)+2(n+2)\}a_{n+2} \\ \qquad\qquad +a_n=0 \end{cases}$$

$$\therefore\quad a_{n+2}=-\frac{a_n}{(n+3)(n+2)}\quad (n\geqq 0)\qquad\cdots\cdots②$$

①，②から

$$a_{2m-1}=0$$

$$a_{2m}=-\frac{a_{2m-2}}{(2m+1)(2m)}$$
$$=(-1)^2\times\frac{a_{2m-4}}{(2m+1)(2m)(2m-1)(2m-2)}$$
$$=\cdots$$
$$=(-1)^m\frac{a_0}{(2m+1)(2m)\cdots 3\cdot 2}$$
$$=(-1)^m\frac{a_0}{(2m+1)!}\quad (m\geqq 0)$$

よって，求める級数解は

$$y=\sum_{m=0}^{\infty}a_{2m}x^{2m}=a_0\sum_{m=1}^{\infty}\frac{(-1)^m}{(2m+1)!}x^{2m}$$
$$=\frac{a_0}{x}\sum_{m=1}^{\infty}\frac{(-1)^m}{(2m+1)!}x^{2m+1}$$
$$=\frac{a_0}{x}\sin x\qquad\cdots\cdots(答)$$

3

求める解を

$$y=\sum_{n=0}^{\infty}a_nx^n$$

とおくと

$$y'=\sum_{n=0}^{\infty}(n+1)a_{n+1}x^n$$

$$y''=\sum_{n=0}^{\infty}(n+1)(n+2)a_{n+2}x^n$$

これらを与式に代入して

$$\sum_{n=0}^{\infty}(n+1)(n+2)a_{n+2}x^n$$
$$+x\sum_{n=0}^{\infty}(n+1)a_{n+1}x^n+\sum_{n=0}^{\infty}a_nx^n=0$$

$$2a_2+\sum_{n=1}^{\infty}(n+1)(n+2)a_{n+2}x^n$$
$$+\sum_{n=1}^{\infty}na_nx^n+a_0+\sum_{n=1}^{\infty}a_nx^n=0$$

整理して

$$\sum_{n=1}^{\infty}\{(n+1)(n+2)a_{n+2}+(n+1)a_n\}x^n$$
$$+2a_2+a_0=0$$

これより

$$\begin{cases} 2a_2+a_0=0 & \cdots\cdots① \\ (n+1)(n+2)a_{n+2}+(n+1)a_n=0 \end{cases}$$

$$\therefore\quad a_{n+2}=-\frac{a_n}{n+2}\quad (n\geqq 1)\qquad\cdots\cdots②$$

ここで初期条件

$$y(0)=1,\quad y'(0)=-1$$

から

$$a_0=1,\quad a_1=-1$$

したがって，①，②から

$$a_2=-\frac{1}{2}$$

$$a_{2m}=-\frac{a_{2m-2}}{2m}=(-1)^2\frac{a_{2m-4}}{(2m)(2m-2)}$$
$$=\cdots$$
$$=(-1)^{m-1}\frac{a_2}{(2m)(2m-2)\cdots 4}$$
$$=(-1)^m\frac{1}{(2m)(2m-2)\cdots 4\cdot 2}$$

$$=\frac{(-1)^m}{2^m m!}$$

($m=0$ のときもみたす)

$$a_{2m+1}=-\frac{a_{2m-1}}{2m+1}$$

$$=(-1)^2\frac{a_{2m-3}}{(2m+1)(2m-1)}$$

$$=\ \cdots$$

$$=(-1)^m\frac{a_1}{(2m+1)(2m-1)\cdots 3}$$

$$=(-1)^{m+1}\frac{1}{(2m+1)(2m-1)\cdots 3}$$

$$=(-1)^{m+1}\frac{2^m m!}{(2m+1)!}$$

($m=0$ のときもみたす)

よって，求める級数解は

$$y=\sum_{n=0}^{\infty}a_{2n}x^{2n}+\sum_{n=0}^{\infty}a_{2n+1}x^{2n+1}$$

$$=\sum_{n=0}^{\infty}\frac{(-1)^n}{2^n n!}x^{2n}$$

$$+\sum_{n=0}^{\infty}\frac{(-1)^{n+1}2^n n!}{(2n+1)!}x^{2n+1}$$

……(答)

(注)　$2m\cdot(2m-2)\cdots 4\cdot 2=(2m)!!$

$(2m+1)(2m-1)\cdots 3\cdot 1=(2m+1)!!$

の表記法を用いると，

$$y=\sum_{n=0}^{\infty}(-1)^n\frac{x^{2n}}{(2n)!!}$$

$$+\sum_{n=0}^{\infty}(-1)^{n+1}\frac{x^{2n+1}}{(2n+1)!!}$$

となってスッキリした形になる．

4

条件から

$$y=ax^3+bx^2+cx+d$$

とおく．

$$y'=3ax^2+2bx+c$$

初期条件により

$$d=c=0$$

$$\therefore\quad y=ax^3+bx^2 \qquad \cdots\cdots ①$$

ここで，$x=y=0$ の十分近くで

$$\sin(x+y)=(x+y)-\frac{(x+y)^3}{3!}+\cdots$$

$$\fallingdotseq x+y$$

となるので，与式は

$$y''+y\fallingdotseq x+y$$

したがって，$y''=x$ と考えてよい．

①のとき

$$y'=3ax^2+2bx$$

$$y''=6ax+2b$$

$y''=x$ と比べて

$$6a=1,\ 2b=0$$

$$\therefore\quad a=\frac{1}{6},\quad b=0$$

よって

$$y=\frac{1}{6}x^3 \qquad \cdots\cdots(答)$$

5

$$(x^2-x)y''+(-x+2)y'+y=0$$

$x^2-x=0$ となる $x=0, 1$ は確定特異点である．

求める解を

$$y=\sum_{n=0}^{\infty}a_n x^{\lambda+n}\quad (a_0\neq 0)$$

とおく．

$$y'=\sum_{n=0}^{\infty}(\lambda+n)a_n x^{\lambda+n-1}$$

$$y''=\sum_{n=0}^{\infty}(\lambda+n)(\lambda+n-1)a_n x^{\lambda+n-2}$$

これらを与式に代入して

$$(x^2-x)\sum_{n=0}^{\infty}(\lambda+n)(\lambda+n-1)a_n x^{\lambda+n-2}$$
$$+(-x+2)\sum_{n=0}^{\infty}(\lambda+n)a_n x^{\lambda+n-1}$$
$$+\sum_{n=0}^{\infty}a_n x^{\lambda+n}=0$$

変形して

$$\sum_{n=0}^{\infty}(\lambda+n)(\lambda+n-1)a_n(x^{\lambda+n}-x^{\lambda+n-1})$$
$$+\sum_{n=0}^{\infty}(\lambda+n)a_n(-x^{\lambda+n}+2x^{\lambda+n-1})$$
$$+\sum_{n=0}^{\infty}a_n x^{\lambda+n}=0$$

したがって

$$-\lambda(\lambda-3)a_0x^{\lambda-1}$$
$$+\sum_{n=0}^{\infty}[\{(\lambda+n)(\lambda+n-2)+1\}a_n$$
$$-(\lambda+n+1)(\lambda+n-2)a_{n+1}]x^{\lambda+n}=0$$

$$\therefore\quad -\lambda(\lambda-3)a_0=0 \qquad \cdots\cdots①$$

かつ

$$\{(\lambda+n)(\lambda+n-2)+1\}a_n$$
$$-(\lambda+n+1)(\lambda+n-2)a_{n+1}=0 \qquad \cdots\cdots②$$

①から　$\lambda=0, 3$

（イ）　$\lambda=0$ のとき；②から

$$(n-1)^2a_n-(n+1)(n-2)a_{n+1}=0$$

$$\therefore\quad a_{n+1}=\frac{(n-1)^2}{(n+1)(n-2)}a_n$$

$a_0=1$ とすると

$$a_1=-\frac{1}{2},\quad a_2=a_3=\cdots=0$$

$$\therefore\quad y_1=\sum_{n=0}^{\infty}a_nx^n=1-\frac{1}{2}x$$

（ロ）　$\lambda=3$ のとき；②から

$$(n+2)^2a_n-(n+4)(n+1)a_{n+1}=0$$

$$\therefore\quad a_{n+1}=\frac{(n+2)^2}{(n+4)(n+1)}a_n$$

$a_0=1$ とすると

$$a_1=1, a_2=\frac{9}{10}, a_3=\frac{4}{5}, a_4=\frac{5}{7}, \cdots$$

$$\therefore\quad y_2=\sum_{n=0}^{\infty}a_nx^{n+3}$$
$$=x^3\left(1+x+\frac{9}{10}x^2+\frac{4}{5}x^3+\frac{5}{7}x^4+\cdots\right)$$

よって，求める一般解は

$$y=C_1y_1+C_2y_2$$
$$=C_1\left(1-\frac{x}{2}\right)+C_2x^3\left(1+x+\frac{9}{10}x^2+\frac{4}{5}x^3+\frac{5}{7}x^4+\cdots\right) \qquad \cdots\cdots(答)$$

6

$z=\dfrac{1}{x}$ とおくと

$$\frac{dy}{dx}=\frac{dy}{dz}\frac{dz}{dx}=-\frac{1}{x^2}\frac{dy}{dz}=-z^2\frac{dy}{dz}$$

$$\frac{d^2y}{dx^2}=\frac{d}{dx}\left(\frac{dy}{dx}\right)=\frac{d}{dz}\left(-z^2\frac{dy}{dz}\right)\frac{dz}{dx}$$
$$=\left(-2z\frac{dy}{dz}-z^2\frac{d^2y}{dz^2}\right)\cdot(-z^2)$$
$$=z^4\frac{d^2y}{dz^2}+2z^3\frac{dy}{dz}$$

与えられた微分方程式に上の変換を行うと

$$\frac{1}{z^4}\left(z^4\frac{d^2y}{dz^2}+2z^3\frac{dy}{dz}\right)$$
$$+\left(\frac{2}{z^2}+1\right)\frac{1}{z}\left(-z^2\frac{dy}{dz}\right)-2y=0$$

$$\therefore\quad \frac{d^2y}{dz^2}-z\frac{dy}{dz}-2y=0 \quad \cdots\cdots①$$

この解を

$$y=\sum_{n=0}^{\infty} a_n z^n$$

とおくと

$$y'=\sum_{n=0}^{\infty}(n+1)a_{n+1}z^n$$

$$y''=\sum_{n=0}^{\infty}(n+1)(n+2)a_{n+2}z^n$$

これらを①に代入して

$$\sum_{n=0}^{\infty}(n+1)(n+2)a_{n+2}z^n$$
$$-z\sum_{n=0}^{\infty}(n+1)a_{n+1}z^n-2\sum_{n=0}^{\infty}a_n z^n=0$$

$$2a_2+\sum_{n=1}^{\infty}(n+1)(n+2)a_{n+2}z^n$$
$$-\sum_{n=1}^{\infty}na_n z^n-2a_0-2\sum_{n=1}^{\infty}a_n z^n=0$$

整理して

$$\sum_{n=1}^{\infty}\{(n+1)(n+2)a_{n+2}-(n+2)a_n\}z^n$$
$$+2(a_2-a_0)=0$$

$$\therefore\ \begin{cases} a_2-a_0=0 \\ (n+1)(n+2)a_{n+2}-(n+2)a_n=0 \end{cases}$$

すなわち

$$a_2=a_0,\quad a_{n+2}=\frac{a_n}{n+1}\quad (n\geqq 1)$$

したがって

$$a_{2m}=\frac{a_{2m-2}}{2m-1}=\frac{a_{2m-4}}{(2m-1)(2m-3)}$$
$$=\cdots$$
$$=\frac{a_2}{(2m-1)(2m-3)\cdots 3}$$
$$=\frac{a_0}{(2m-1)!!}$$

（ただし，$m\geqq 1$）

$$a_{2m+1}=\frac{a_{2m-1}}{2m}=\frac{a_{2m-3}}{(2m)(2m-2)}$$
$$=\cdots$$
$$=\frac{a_1}{(2m)(2m-2)\cdots 2}=\frac{a_1}{2^m m!}$$

（$m=0$ のときもみたす）

よって，①の解は

$$y=a_0\left\{1+\sum_{n=1}^{\infty}\frac{z^{2n}}{(2n-1)!!}\right\}+a_1\sum_{n=0}^{\infty}\frac{z^{2n+1}}{2^n n!}$$
$$=a_0\left\{1+\sum_{n=1}^{\infty}\frac{z^{2n}}{n(2n-1)!!}\right\}$$
$$+a_1 z\sum_{n=0}^{\infty}\frac{1}{n!}\left(\frac{z^2}{2}\right)^n$$
$$=a_0\left\{1+\sum_{n=1}^{\infty}\frac{z^{2n}}{(2n-1)!!}\right\}+a_1 z e^{\frac{z^2}{2}}$$

となり，求める一般解は

$$y=C_1\left\{1+\sum_{n=1}^{\infty}\frac{1}{(2n-1)!!\,x^{2n}}\right\}+\frac{C_2}{x}e^{\frac{1}{2x^2}}$$

……（答）

7

$x-1=t$ とおくと，

$$\frac{dy}{dx}=\frac{dy}{dt},\quad \frac{d^2y}{dx^2}=\frac{d^2y}{dt^2}$$

だから，与えられた微分方程式は

$$t(t+2)\frac{d^2y}{dt^2}-4(t+1)\frac{dy}{dt}+6y=0$$

……①

条件

$$\lim_{x\to 1}y=4$$

すなわち

$$\lim_{t\to 0}y=4$$

となる解を求める．$t=0,\ -2$ は確定特異点だから，

$$y=\sum_{n=0}^{\infty} a_n t^{\lambda+n}$$

とおくと

$$y'=\sum_{n=0}^{\infty}(\lambda+n)\,a_n t^{\lambda+n-1}$$

$$y''=\sum_{n=0}^{\infty}(\lambda+n)(\lambda+n-1)a_n t^{\lambda+n-2}$$

これらを①に代入して

$$(t^2+2t)\sum_{n=0}^{\infty}(\lambda+n)(\lambda+n-1)a_n t^{\lambda+n-2}$$
$$-4(t+1)\sum_{n=0}^{\infty}(\lambda+n)a_n t^{\lambda+n-1}$$
$$+6\sum_{n=0}^{\infty}a_n t^{\lambda+n}=0$$

変形して

$$\sum_{n=0}^{\infty}(\lambda+n)(\lambda+n-1)a_n(t^{\lambda+n}+2t^{\lambda+n-1})$$
$$-4\sum_{n=0}^{\infty}(\lambda+n)a_n(t^{\lambda+n}+t^{\lambda+n-1})$$
$$+6\sum_{n=0}^{\infty}a_n t^{\lambda+n}=0$$

したがって

$$\{2\lambda(\lambda-1)-4\lambda\}a_0 t^{\lambda-1}$$
$$+\sum_{n-1}^{\infty}[\{(\lambda+n)(\lambda+n-1)$$
$$-4(\lambda+n)+6\}a_n$$
$$+\{2(\lambda+n+1)(\lambda+n)$$
$$-4(\lambda+n+1)\}a_{n+1}]t^{\lambda+n}=0$$

$$\therefore\quad 2\lambda(\lambda-3)a_0=0 \qquad \cdots\cdots②$$

かつ

$$\{(\lambda+n)(\lambda+n-1)-4(\lambda+n)+6\}a_n$$
$$+\{2(\lambda+n+1)(\lambda+n)$$
$$-4(\lambda+n+1)\}a_{n+1}$$
$$=0 \qquad \cdots\cdots③$$

②から

$$\lambda=0,3$$

(イ)　$\lambda=0$ のとき；③から

$$(n-2)(n-3)a_n+2(n+1)(n-2)a_{n+1}$$
$$=0$$

$$\therefore\quad a_{n+1}=-\frac{n-3}{2(n+1)}a_n$$

$a_0=1$ とすると

$$a_1=\frac{3}{2},\ a_2=\frac{3}{4},\ a_3=\frac{1}{8},\ a_4=a_5=\cdots=0$$

$$\therefore\quad y_1=1+\frac{3}{2}t+\frac{3}{4}t^2+\frac{1}{8}t^3$$

(ロ)　$\lambda=3$ のとき；③から

$$n(n+1)a_n+2(n+1)(n+4)a_{n+1}=0$$

$$\therefore\quad a_{n+1}=-\frac{n}{2(n+4)}a_n$$

$a_0=1$ とすると

$$a_1=a_2=\cdots=0$$

$$\therefore\quad y_2=t^3$$

よって，①の一般解は

$$y=C_1y_1+C_2y_2$$
$$=C_1\left(1+\frac{3}{2}t+\frac{3}{4}t^2+\frac{1}{8}t^3\right)+C_2t^3$$

$\lim_{t\to 0}y=4$ から

$$C_1=4$$

以上から，求める解は

$$y=4+6t+3t^2+\left(C_2+\frac{1}{2}\right)t^3$$
$$=4+6(x-1)+3(x-1)^2+C(x-1)^3$$
$$=C(x-1)^3+3x^2+1 \qquad \cdots\cdots(答)$$

8

(1)　$x(1-x)y''+(3-4x)y'+4y=0$

$$\gamma=3,\ \alpha+\beta=3,\ \alpha\beta=-4$$

$t^2-3t-4=0$ を解いて

$$(t+1)(t-4)=0 \qquad t=-1,4$$

$$\therefore \quad \alpha=-1, \ \beta=4$$

よって，求める一般解は超幾何関数を用いて

$$\begin{aligned} y&=C_1F(\alpha,\beta,\gamma;x) \\ &\quad +C_2x^{1-\gamma}F(\alpha-\gamma+1,\beta-\gamma+1,\\ &\qquad\qquad 2-\gamma;x) \\ &=C_1F(-1,4,3;x) \\ &\quad +C_2x^{-2}F(-3,2,-1;x) \end{aligned}$$

……(答)

(2)　$x(1-x)y''+\left(\frac{2}{3}-\frac{2}{3}x\right)y'+\frac{2}{9}y=0$

$$\gamma=\frac{2}{3}, \ \alpha+\beta=-\frac{1}{3}, \ \alpha\beta=-\frac{2}{9}$$

$t^2+\frac{1}{3}t-\frac{2}{9}=0$ を解いて

$$\left(t+\frac{2}{3}\right)\left(t-\frac{1}{3}\right)=0 \qquad t=-\frac{2}{3}, \frac{1}{3}$$

$$\therefore \quad \alpha=-\frac{2}{3}, \ \beta=\frac{1}{3}$$

よって，求める一般解は

$$\begin{aligned} y&=C_1F\left(-\frac{2}{3},\frac{1}{3},\frac{2}{3};x\right) \\ &\quad +C_2x^{\frac{1}{3}}F\left(-\frac{1}{3},\frac{2}{3},\frac{4}{3};x\right) \end{aligned}$$

……(答)

**Chapter 5** (p. 162～p. 163)

1

(1)　$\begin{cases} x'=2x-5y \\ y'=\quad -y \end{cases}$

固有方程式は $\begin{vmatrix} 2-\lambda & -5 \\ 0 & -1-\lambda \end{vmatrix}=0$

$$(2-\lambda)(-1-\lambda)-(-5)\cdot 0=0$$

$$(2-\lambda)(1+\lambda)=0 \qquad \therefore \quad \lambda=2,-1$$

$\lambda=2$ のとき

$$\begin{bmatrix} 0 & -5 \\ 0 & -3 \end{bmatrix} \to \begin{bmatrix} 0 & 1 \\ 0 & 0 \end{bmatrix}$$

より，固有ベクトル $\begin{bmatrix} k \\ l \end{bmatrix}$ は

$$k:l=1:0$$

$$\therefore \quad x=e^{2t}, \quad y=0 \quad \cdots\cdots ①$$

$\lambda=-1$ のとき

$$\begin{bmatrix} 3 & -5 \\ 0 & 0 \end{bmatrix} \text{ より } \quad k:l=5:3$$

$$\therefore \quad x=5e^{-t}, \quad y=3e^{-t} \cdots\cdots ②$$

したがって，①，②から一般解は

$$\begin{cases} x=C_1e^{2t}+5C_2e^{-t} \\ y=\qquad\quad 3C_2e^{-t} \end{cases}$$

初期条件 $t=0$ のとき

$$x=\frac{1}{3}, \ y=2$$

から

$$C_1+5C_2=\frac{1}{3}, \quad 3C_2=2$$

$$\therefore \quad C_2=\frac{2}{3}, \quad C_1=-3$$

よって，求める解は

$$x=-3e^{2t}+\frac{10}{3}e^{-t}, \quad y=2e^{-t}$$

……(答)

(2) $\begin{cases} 2x'+y'=x & \cdots\cdots① \\ x'+2y'=y & \cdots\cdots② \end{cases}$

①＋②から

$$3(x'+y')=x+y$$

$$(x+y)'=\frac{1}{3}(x+y)$$

$$\therefore\quad x+y=Ae^{\frac{t}{3}} \qquad \cdots\cdots③$$

①－②から

$$x'-y'=x-y$$

$$(x-y)'=x-y$$

$$\therefore\quad x-y=Be^{t} \qquad \cdots\cdots④$$

③，④から

$$x=\frac{1}{2}\left(Ae^{\frac{t}{3}}+Be^{t}\right),$$

$$y=\frac{1}{2}\left(Ae^{\frac{t}{3}}-Be^{t}\right)$$

初期条件 $t=0$ のとき

$$x=1,\ y=0$$

から

$$A+B=2,\quad A-B=0$$

$$\therefore\quad A=B=1$$

よって，求める解は

$$x=\frac{1}{2}\left(e^{\frac{t}{3}}+e^{t}\right),\quad y=\frac{1}{2}\left(e^{\frac{t}{3}}-e^{t}\right)$$

……(答)

2

固有方程式は

$$\begin{vmatrix} -\lambda & 3 & 0 \\ 1 & -\lambda & -1 \\ 0 & -1 & -\lambda \end{vmatrix}=0$$

$$(-\lambda)^3-(-\lambda)-(-3\lambda)=0$$

$$\lambda^3-4\lambda=0 \qquad \lambda(\lambda+2)(\lambda-2)=0$$

$$\lambda=0,\ \pm 2$$

$\lambda=0$ のとき

$$\begin{bmatrix} 0 & 3 & 0 \\ 1 & 0 & -1 \\ 0 & -1 & 0 \end{bmatrix} \to \begin{bmatrix} 1 & 0 & -1 \\ 0 & 1 & 0 \\ 0 & 0 & 0 \end{bmatrix} \text{より}$$

$$k:l:m=1:0:1$$

$$\therefore\quad x=1,\ y=0,\ z=1$$

$\lambda=2$ のとき

$$\begin{bmatrix} -2 & 3 & 0 \\ 1 & -2 & -1 \\ 0 & -1 & -2 \end{bmatrix} \to \begin{bmatrix} 1 & 0 & 3 \\ 0 & 1 & 2 \\ 0 & 0 & 0 \end{bmatrix} \text{より}$$

$$k:l:m=3:2:-1$$

$$\therefore\quad x=3e^{2t},\ y=2e^{2t},\ z=-e^{2t}$$

$\lambda=-2$ のとき

$$\begin{bmatrix} 2 & 3 & 0 \\ 1 & 2 & -1 \\ 0 & -1 & 2 \end{bmatrix} \to \begin{bmatrix} 1 & 0 & 3 \\ 0 & 1 & -2 \\ 0 & 0 & 0 \end{bmatrix} \text{より}$$

$$k:l:m=3:-2:-1$$

$$\therefore\quad x=3e^{-2t},\ y=-2e^{-2t},\ z=-e^{-2t}$$

よって，求める一般解は

$$\begin{cases} x=C_1+3C_2e^{2t}+3C_3e^{-2t} \\ y=\qquad 2C_2e^{2t}-2C_3e^{-2t} \\ z=C_1-\ C_2e^{2t}-C_3e^{-2t} \end{cases} \cdots\cdots(\text{答})$$

3

$$\begin{cases} 2x'+4x+3y'+3y=\sin t \\ x'+x+y'+y=0 \end{cases}$$

$x'$，$y'$ について解くと

$$\begin{cases} x'=x-\sin t & \cdots\cdots① \\ y'=-2x-y+\sin t & \cdots\cdots② \end{cases}$$

①から

$$e^{-t}(x'-x)=-e^{-t}\sin t$$

$$(e^{-t}x)'=-e^{-t}\sin t$$

$$\therefore\quad e^{-t}x=-\int e^{-t}\sin t\,dt$$

$$(e^{-t}\sin t)'=-e^{-t}\sin t+e^{-t}\cos t$$
$$(e^{-t}\cos t)'=-e^{-t}\sin t-e^{-t}\cos t$$

この2式から

$$-e^{-t}\sin t=\left\{\frac{e^{-t}}{2}(\sin t+\cos t)\right\}'$$

したがって

$$e^{-t}x=\frac{e^{-t}}{2}(\sin t+\cos t)+C_1$$
$$\therefore\quad x=C_1e^t+\frac{1}{2}(\sin t+\cos t)$$

……(答)

また，①＋②から

$$(x+y)'=-(x+y)$$
$$x+y=C_2e^{-t}$$
$$\therefore\quad y=C_2e^{-t}-x$$
$$=C_2e^{-t}-C_1e^t-\frac{1}{2}(\sin t+\cos t)$$

……(答)

4

$$\begin{cases} x'+ay=0 & \cdots\cdots① \\ ax-y'=0 & \cdots\cdots② \end{cases}$$

（イ）　$a=0$ のとき；①，②から

$$x'=0,\quad y'=0$$
$$\therefore\quad x=C_1,\quad y=C_2 \cdots\cdots(答)$$

よって，$(x, y)$ はただ1点 $(C_1, C_2)$ をえがく．　……(答)

（ロ）　$a\neq 0$ のとき；

①から

$$y=-\frac{1}{a}x'\qquad y'=-\frac{1}{a}x''$$

②に代入して

$$ax+\frac{1}{a}x''=0$$
$$\therefore\quad x''+a^2x=0$$

$\lambda^2+a^2=0$ を解くと，$\lambda=\pm ai$ だから

$$x=C_1\cos at+C_2\sin at$$

このとき

$$y=-\frac{1}{a}x'=C_1\sin at-C_2\cos at$$
$$\therefore\quad x^2+y^2$$
$$=(C_1\cos at+C_2\sin at)^2$$
$$+(C_1\sin at-C_2\cos at)^2$$
$$=C_1{}^2+C_2{}^2=C^2 \qquad \cdots\cdots(答)$$

よって，$(x, y)$ は円

$$x^2+y^2=C^2$$

をえがく．　……(答)

5

(1)　$$\frac{dx}{x+y}=\frac{dy}{y}=\frac{dz}{y+z}=\frac{dx-dz}{x-z}$$

第2，第3式から

$$\frac{dz}{dy}=\frac{y+z}{y}=1+\frac{z}{y}$$

$\frac{z}{y}=t$ とおくと，$z=yt$ だから

$$\frac{dz}{dy}=t+y\frac{dt}{dy}$$
$$\therefore\quad t+y\frac{dt}{dy}=1+t$$
$$dt=\frac{dy}{y}\qquad \int dt=\int\frac{dy}{y}$$
$$t=\log y+C_1$$

したがって

$$z=y(\log y+C_1)$$

また，第2，第4式から

$$\frac{dy}{y}=\frac{d(x-z)}{x-z}$$

積分して

$$x-z=C_2'y$$

$$\therefore \quad x=z+C_2'y$$

$$=y(\log y+C_1+C_2')$$

$$=y(\log y+C_2)$$

よって，求める一般解は

$$x=y(\log y+C_2), \quad z=y(\log y+C_1)$$

……(答)

(2) $$\frac{dx}{3x-4y+2z}=\frac{dy}{-2x+5y-2z}$$

$$=\frac{dz}{-6x+14y-6z}$$

$$k=\frac{ldx+mdy+ndz}{\lambda(lx+my+nz)} \quad \cdots\cdots①$$

をみたす $l$, $m$, $n$, $\lambda$ を求める．

$k$ の分母 $=l(3x-4y+2z)$

$+m(-2x+5y-2z)$

$+n(-6x+14y-6z)$

$=(3l-2m-6n)x$

$+(-4l+5m+14n)y$

$+(2l-2m-6n)z$

……②

①，②の分母の $x$, $y$, $z$ の係数を比べて

$$\begin{cases} 3l-2m-6n=\lambda l \\ -4l+5m+14n=\lambda m \\ 2l-2m-6n=\lambda n \end{cases}$$

すなわち

$$\begin{vmatrix} 3-\lambda & -2 & -6 \\ -4 & 5-\lambda & 14 \\ 2 & -2 & -6-\lambda \end{vmatrix}=0$$

$$\begin{vmatrix} 1-\lambda & 0 & \lambda \\ -4 & 5-\lambda & 14 \\ 2 & -2 & -6-\lambda \end{vmatrix}=0$$

$$(1-\lambda)\begin{vmatrix} 5-\lambda & 14 \\ -2 & -6-\lambda \end{vmatrix}$$

$$+\lambda\begin{vmatrix} -4 & 5-\lambda \\ 2 & -2 \end{vmatrix}=0$$

$$(1-\lambda)(\lambda^2+\lambda-2)+\lambda(2\lambda-2)=0$$

$$(\lambda-1)(\lambda^2-\lambda-2)=0$$

$$(\lambda-1)(\lambda+1)(\lambda-2)=0$$

$$\therefore \quad \lambda=\pm 1, 2$$

$\lambda=1$ のとき

$$\begin{bmatrix} 2 & -2 & -6 \\ -4 & 4 & 14 \\ 2 & -2 & -7 \end{bmatrix} \to \begin{bmatrix} 1 & -1 & 0 \\ 0 & 0 & 1 \\ 0 & 0 & 0 \end{bmatrix}$$ より

$$l:m:n=1:1:0$$

$\lambda=-1$ のとき

$$\begin{bmatrix} 4 & -2 & -6 \\ -4 & 6 & 14 \\ 2 & -2 & -5 \end{bmatrix} \to \begin{bmatrix} 2 & 0 & -1 \\ 0 & 1 & 2 \\ 0 & 0 & 0 \end{bmatrix}$$ より

$$l:m:n=1:-4:2$$

$\lambda=2$ のとき

$$\begin{bmatrix} 1 & -2 & -6 \\ -4 & 3 & 14 \\ 2 & -2 & -8 \end{bmatrix} \to \begin{bmatrix} 1 & 0 & -2 \\ 0 & 1 & 2 \\ 0 & 0 & 0 \end{bmatrix}$$ より

$$l:m:n=2:-2:1$$

$$\therefore \quad (k=)\frac{dx+dy}{x+y}=\frac{dx-4dy+2dz}{-(x-4y+2z)}$$

$$=\frac{2dx-2dy+dz}{2(2x-2y+z)}$$

第1，第2式から

$$\frac{d(x+y)}{x+y}=\frac{d(x-4y+2z)}{-(x-4y+2z)}$$

$$\therefore \quad (x+y)(x-4y+2z)=C_1$$

第1，第3式から

$$\frac{d(x+y)}{x+y}=\frac{d(2x-2y+z)}{2(2x-2y+z)}$$

$$\therefore \quad (x+y)^2 = C_2(2x-2y+z)$$

よって，求める一般解は

$$\begin{cases} (x+y)(x-4y+2z) = C_1 \\ (x+y)^2 = C_2(2x-2y+z) \end{cases}$$

……(答)

6

$$\frac{dx}{cy-bz} = \frac{dy}{az-cx} = \frac{dz}{bx-ay}$$
$$= \frac{adx+bdy+cdz}{0}$$
$$= \frac{xdx+ydy+zdz}{0}$$

となるので

$$adx+bdy+cdz=0 \quad \cdots\cdots①$$

かつ

$$xdx+ydy+zdz=0 \quad \cdots\cdots②$$

①から

$$d(ax+by+cz)=0$$
$$\therefore \quad ax+by+cz=C_1 \quad \cdots\cdots③$$

②から

$$d(x^2+y^2+z^2)=0$$
$$\therefore \quad x^2+y^2+z^2=C_2 \quad \cdots\cdots④$$

ここに，③は3次元空間における平面を表し，④は球面の方程式を表す．

よって，与えられた連立微分方程式の解曲線は，平面と球面との交線である円である．

**Chapter 6** (p. 186〜p. 187)

1

(1)　補助方程式は $\dfrac{dx}{x} = \dfrac{dy}{-y}$

$$\int \frac{dx}{x} + \int \frac{dy}{y} = C_1$$
$$\log|x| + \log|y| = C_1$$
$$\therefore \quad xy = \pm e^{C_1} = C$$

よって，求める一般解は

$z = \phi(xy)$，$\phi$ は任意の関数 ……(答)

(2)　補助方程式は

$$\frac{dx}{x^2(y+z)} = \frac{dy}{y^2(z+x)} = \frac{dz}{z^2(x+y)}$$
$$= \frac{dx-dy}{(x-y)(xy+yz+zx)}$$
$$= \frac{dy-dz}{(y-z)(yz+zx+xy)}$$
$$= \frac{yzdx+zxdy+xydz}{2xyz(xy+yz+zx)}$$

第4，第5式から

$$\frac{dx-dy}{x-y} = \frac{dy-dz}{y-z}$$
$$\frac{d(x-y)}{x-y} = \frac{d(y-z)}{y-z}$$

積分して $y-z = C_1(x-y)$

すなわち

$$\frac{y-z}{x-y} = C_1 \quad \cdots\cdots①$$

第4，第6式から

$$\frac{2(dx-dy)}{x-y} = \frac{yzdx+zxdy+xydz}{xyz}$$
$$2\frac{d(x-y)}{x-y} = \frac{d(xyz)}{xyz}$$

積分して $xyz = C_2(x-y)^2$

すなわち

$$\frac{xyz}{(x-y)^2}=C_2 \qquad \cdots\cdots ②$$

よって，①，②から求める一般解は

$$u=\phi\left(\frac{y-z}{x-y},\ \frac{xyz}{(x-y)^2}\right)$$

……(答)

2

(1)　与えられた全微分方程式は

$$\frac{\partial z}{\partial x}=P=\frac{2x}{y^2} \qquad \cdots\cdots ①$$

$$\frac{\partial z}{\partial y}=Q=-\frac{x^2}{y^2} \qquad \cdots\cdots ②$$

と同値である．このとき

$$\frac{\partial P}{\partial y}+\frac{\partial P}{\partial z}Q=-\frac{4x}{y^3}+0\cdot\left(-\frac{x^2}{y^2}\right)$$

$$=-\frac{4x}{y^3}$$

$$\frac{\partial Q}{\partial x}+\frac{\partial Q}{\partial z}P=-\frac{2x}{y^2}+0\cdot\left(\frac{2x}{y^2}\right)=-\frac{2x}{y^2}$$

$$\therefore \quad \frac{\partial P}{\partial y}+\frac{\partial P}{\partial z}Q\neq\frac{\partial Q}{\partial x}+\frac{\partial Q}{\partial z}P$$

よって，全微分方程式は解をもたない．……(答)

(2)　$P=2x,\ Q=\dfrac{1}{z^2},\ R=-\dfrac{2y}{z^3}$

とおくと

$P_y=P_z=Q_x=R_x=0,\ Q_z=-\dfrac{2}{z^3},$

$R_y=-\dfrac{2}{z^3}$

これより

$P(Q_z-R_y)+Q(R_x-P_z)+R(P_y-Q_x)$
$\quad =0$

したがって，全微分方程式は完全積分可能である．与式を変形して

$$2xdx+\frac{zdy-2ydz}{z^3}=0$$

$$d(x^2)+d\left(\frac{y}{z^2}\right)=0$$

積分して，求める一般解は

$$x^2+\frac{y}{z^2}=C \qquad \cdots\cdots(答)$$

(3)　$P=2xyz,\ Q=x^2z,\ R=x^2y$

とおくと

$P_y=2xz,\ P_z=2xy,\ Q_x=2xz,$
$Q_z=x^2,\ R_x=2xy,\ R_y=x^2$

これより

$P(Q_z-R_y)+Q(R_x-P_z)+R(P_y-Q_x)$
$\quad =0$

したがって，全微分方程式は完全積分可能である．与式の両辺を $x^2yz$ で割って

$$\frac{2}{x}dx+\frac{dy}{y}+\frac{dz}{z}=0$$

積分して

$$2\log|x|+\log|y|+\log|z|=C_1$$

$$\therefore \quad x^2yz=\pm e^{C_1}=C$$

よって，求める一般解は

$$x^2yz=C \qquad \cdots\cdots(答)$$

(4)　$P=z,\ Q=y,\ R=-(2x+y+z)$

とおくと

$P_y=0,\ P_z=1,\ Q_x=0,\ Q_z=0$
$R_x=-2,\ R_y=-1$

このとき

$P(Q_z-R_y)+Q(R_x-P_z)+R(P_y-Q_x)$
$\quad =z(0+1)+y(-2-1)$
$\qquad -(2x+y+z)(0-0)$
$\quad =z-3y\neq 0$

よって，全微分方程式は解をもたな

い．　……(答)

3

(1)　$f(x, y, z, p, q) = 4x^2pq + 1 = 0$

$f_p = 4x^2q,\ f_q = 4x^2p,\ f_x = 8xpq,$

$f_y = 0,\ f_z = 0$

したがって，補助微分方程式は

$$\frac{dx}{4x^2q} = \frac{dy}{4x^2p} = \frac{dz}{8x^2pq} = \frac{-dp}{8xpq} = \frac{-dq}{0}$$

これより

$$dq = 0 \qquad \therefore\ q = a$$

与式に代入して

$$4x^2pa + 1 = 0 \quad p = -\frac{1}{4ax^2}$$

$$\therefore\ dz = pdx + qdy = -\frac{dx}{4ax^2} + ady$$

積分して，求める完全解は

$$z = \frac{1}{4ax} + ay + b \qquad \text{……(答)}$$

(2)　$f(x, y, z, p, q) = pq - p - q = 0$

$f_p = q - 1,\quad f_q = p - 1,$

$f_x = f_y = f_z = 0$

したがって，補助微分方程式は

$$\frac{dx}{q-1} = \frac{dy}{p-1} = \frac{dz}{2pq - p - q} = \frac{-dp}{0} = \frac{-dq}{0}$$

これより

$$dp = 0 \qquad \therefore\ p = a$$

与式に代入して

$$aq = a + q \quad q = \frac{a}{a-1}$$

$$\therefore\ dz = pdx + qdy = adx + \frac{a}{a-1}dy$$

積分して，求める完全解は

$$z = ax + \frac{a}{a-1}y + b \quad \text{……(答)}$$

4

(1)　$f(x, y) = x^4 - 4x^3y + ax^2y^2 + bxy^3 + cy^4$

$f_x = 4x^3 - 12x^2y + 2axy^2 + by^3$

$f_y = -4x^3 + 2ax^2y + 3bxy^2 + 4cy^3$

$f_{xx} = 12x^2 - 24xy + 2ay^2$

$f_{yy} = 2ax^2 + 6bxy + 12cy^2$

$f_{xx} + f_{yy} = 0$ のとき

$$(12 + 2a)x^2 + (-24 + 6b)xy + (2a + 12c)y^2 = 0$$

したがって

$$12 + 2a = 0,\ -24 + 6b = 0,\ 2a + 12c = 0$$

$$\therefore\ a = -6,\ b = 4,\ c = 1$$

……(答)

(2)　(1)の結果から

$$f = x^4 - 4x^3y - 6x^2y^2 + 4xy^3 + y^4$$

したがって

$$g_x = -f_y = 4x^3 + 12x^2y - 12xy^2 - 4y^3 \quad \text{……①}$$

$$g_y = f_x = 4x^3 - 12x^2y - 12xy^2 + 4y^3 \quad \text{……②}$$

①から

$$g(x, y) = \int (4x^3 + 12x^2y - 12xy^2 - 4y^3)dx = x^4 + 4x^3y - 6x^2y^2 - 4xy^3 + \varphi(y)$$

これより

$$g_y = 4x^3 - 12x^2y - 12xy^2 + \varphi'(y)$$

②と比較して

$$\varphi'(y) = 4y^3$$

$$\therefore \quad \varphi(y)=y^4+C_1$$

よって

$$g(x, y)=x^4+4x^3y-6x^2y^2-4xy^3+y^4+C_1 \quad \cdots\cdots(答)$$

(3)　(1)，(2)の結果から

$$w=x^4-4x^3y-6x^2y^2+4xy^3+y^4+i(x^4+4x^3y-6x^2y^2-4xy^3+y^4+C_1)$$

$$=\{x^4+4x^3(iy)+6x^2(iy)^2+4x(iy)^3+(iy)^4\}+i\{x^4+4x^3(iy)+6x^2(iy)^2+4x(iy)^3+(iy)^4\}+iC_1$$

$$=(x+iy)^4+i(x+iy)^4+iC_1$$

$z=x+iy$ を用いて表すと

$$w=(1+i)z^4+iC_1 \quad \cdots\cdots(答)$$

5

(1)　$\dfrac{\partial z}{\partial x}=p$ とおくと，

$$\frac{\partial^2 z}{\partial x^2}=\frac{\partial p}{\partial x} \quad および \quad \frac{\partial^2 z}{\partial x \partial y}=\frac{\partial p}{\partial y}$$

だから，偏微分方程式は

$$\frac{\partial p}{\partial x}-\frac{\partial p}{\partial y}+p=0$$

すなわち

$$\frac{\partial p}{\partial x}-\frac{\partial p}{\partial y}=-p$$

と同値である．補助微分方程式は

$$\frac{dx}{1}=\frac{dy}{-1}=\frac{dp}{-p}$$

第1式，第2式から

$$dx+dy=0 \qquad \therefore \quad x+y=C_1$$

第1式，第3式から

$$dx+\frac{dp}{p}=0 \qquad \therefore \quad p=C_2e^{-x}$$

$C_2=\varphi_1(C_1)=\varphi_1(x+y)$ とおくと

$$p=\varphi_1(x+y)e^{-x}$$

$$\therefore \quad \frac{\partial z}{\partial x}=\varphi_1(x+y)e^{-x}$$

$x$ について積分して，

$$z=\int \varphi_1(x+y)e^{-x}dx+\phi(y)$$

ここで，$x+y=u$ とおくと $x=u-y$

$$dx=du$$

$$\therefore \quad \int \varphi_1(x+y)e^{-x}dx=\int \varphi_1(u)e^{y-u}du=e^y\int \varphi_1(u)e^{-u}du=e^y\varphi(u)=e^y\varphi(x+y)$$

よって，求める一般解は

$$z=e^y\varphi(x+y)+\phi(y) \quad \cdots\cdots(答)$$

(2)　$\dfrac{\partial z}{\partial x}=p$ とおくと，偏微分方程式は

$$x\frac{\partial p}{\partial x}+2p=0, \quad \frac{\partial p}{p}+\frac{2}{x}\partial x=0$$

積分して

$$\log|p|+2\log|x|=\varphi_1(y)$$

$$\therefore \quad p=\pm\frac{e^{\varphi_1(y)}}{x^2}=\frac{\varphi(y)}{x^2}$$

すなわち

$$\frac{\partial z}{\partial x}=\frac{\varphi(y)}{x^2}$$

$x$ について積分して，求める一般解は

$$z=\int \frac{\varphi(y)}{x^2}dx+\phi(y)=-\frac{\varphi(y)}{x}+\phi(y) \quad \cdots\cdots(答)$$

# 索　引

## ◆タ行◆



## ◆ナ行◆



## ◆ハ行◆



## ◆マ行◆



## ◆ヤ行◆

## ◆ラ行◆

●著者紹介


江川博康（えがわ ひろやす）

横浜市立大学文理学部数学科卒業.
1976年より予備校教師となる.
両国予備校を経て，現在は，中央ゼミナール，一橋学院で教えている.
ミスのない，確実な計算力をもとにした模範解答作りには定評がある.
数学全般に精通している実力派人気講師.


著書に
『改訂版　大学1・2年生のためのすぐわかる数学』
『弱点克服　大学生の微積分』
『弱点克服　大学生の線形代数　改訂版』
『合格ナビ！ 数学検定1級1次 解析・確率統計』
『合格ナビ！ 数学検定1級1次 線形代数』（東京図書）
などがある.


弱点克服（じゃくてんこくふく） 大学生（だいがくせい）の微分方程式（びぶんほうていしき）

2019年11月25日　第1刷発行
Printed in Japan




著者 江川博康

発行所 東京図書株式会社

〒102-0072　東京都千代田区飯田橋3-11-19
振替 00140-4-13803　電話 03(3288)9461
http://www.tokyo-tosho.co.jp

ISBN 978-4-489-02324-8